全国中等职业学校机械类专业通用教材
全国技工院校机械类专业通用教材（中级技能层级）

机床加工工艺学

（第四版）

人力资源社会保障部教材办公室组织编写

中国劳动社会保障出版社

简介

本书主要内容包括：机床加工的基本知识、车削、铣削、刨削、磨削、数控加工、零件加工工艺。

本书由管林东任主编，王文景、严红俊、张荣全任副主编，王卫国、周秋荣、颜维维、郭守超、罗永东参与编写。崔兆华任主审。

图书在版编目（CIP）数据

机床加工工艺学 / 人力资源社会保障部教材办公室组织编写 . -- 4 版 . -- 北京：中国劳动社会保障出版社，2020

全国中等职业学校机械类专业通用教材　全国技工院校机械类专业通用教材 . 中级技能层级

ISBN 978-7-5167-4635-6

Ⅰ. ①机…　Ⅱ. ①人…　Ⅲ. ①金属切削－工艺学－中等专业学校－教材　Ⅳ. ①TG506

中国版本图书馆 CIP 数据核字（2020）第 215581 号

中国劳动社会保障出版社出版发行

（北京市惠新东街 1 号　邮政编码：100029）

*

三河市华骏印务包装有限公司印刷装订　新华书店经销

787 毫米 ×1092 毫米　16 开本　14.5 印张　341 千字

2020 年 12 月第 4 版　　2025 年 2 月第 5 次印刷

定价：28.00 元

营销中心电话：400-606-6496

出版社网址：http://www.class.com.cn

http://jg.class.com.cn

前言

为了更好地适应全国技工院校机械类专业的教学要求，全面提升教学质量，人力资源社会保障部教材办公室组织有关学校的一线教师和行业、企业专家，在充分调研企业生产和学校教学情况、广泛听取教师对教材使用反馈意见的基础上，对全国技工院校机械类专业通用教材中所包含的车工、钳工、机修钳工、铣工、焊工、冷作工、机床加工等工艺学、技能训练教材进行了修订。

本次教材修订工作的重点主要体现在以下几个方面：

第一，合理更新教材内容。

根据机械类专业毕业生所从事岗位的实际需要和教学实际情况的变化，合理确定学生应具备的能力与知识结构，对部分教材内容及其深度、难度做了适当调整；根据相关专业领域的最新发展，在教材中充实新知识、新技术、新设备、新材料等方面的内容，体现教材的先进性；采用最新国家技术标准，使教材更加科学和规范。

第二，紧密衔接国家职业技能标准要求。

教材编写以国家职业技能标准《车工（2018年版）》《钳工（2020年版）》《铣工（2018年版）》《焊工（2018年版）》等为依据，涵盖国家职业技能标准（中级）的知识和技能要求，并在与教材配套的习题册、技能训练图册中增加了针对相关职业技能鉴定考试的练习题。

第三，精心设计教材形式。

在教材内容的呈现形式上，尽可能使用图片、实物照片和表格等形式将知识点生动地展示出来，力求让学生更直观地理解和掌握所学内容。针对不同的知识点，设计了许多贴近实际的互动栏目，在激发学生学习兴趣和自主学习积极性的同时，使教材“易教易学，易懂易用”。在教材插图的制作中采用了立体造型技术，同时部分教材在印刷工艺上采用了四色印刷，增强了教材的表现力。

第四，引入“互联网+”技术，进一步做好教学服务工作。

在《车工工艺学（第六版）》《车工技能训练（第六版）》《钳工工艺学（第六版）》等教材中使用了增强现实（AR）技术。学生在移动终端上安装App，扫描教材中带有AR图标的页面，可以对呈现的立体模型进行缩放、旋转、剖切等操作，以及观察模型的运动和拆分动画，便于更直观、细致地探究机构的内部结构和工作原理，还可以浏览相关视频、图片、文本等拓展资料。在部分教材中使用了二维码技术，针对教材中的教学重点和难点制作了动画、视频、微课等多媒体资源，学生使用移动终端扫描二维码即可在线观看相应内容。

本套教材中的工艺学教材配有习题册，技能训练教材配有技能训练图册。另外，还配有方便教师上课使用的电子课件，电子课件和习题册答案可通过技工教育网（http://jg.class.com.cn）下载。

本次教材的修订工作得到了辽宁、江苏、浙江、山东、河南等省人力资源和社会保障厅及有关学校的大力支持，在此我们表示诚挚的谢意。

人力资源社会保障部教材办公室

2020年8月

目录

第 1 章

基本知识

§1–1 机床型号的识读

一、金属切削机床的分类

金属切削机床的种类繁多，为了便于区别、使用和管理，有必要对机床进行分类。根据需要，可以从不同的角度对机床做以下分类。

1. 按机床的加工性能和结构特点分类

我国将机床分为 11 大类，分别是车床、钻床、镗床、铣床、刨插床、拉床、磨床、齿轮加工机床、螺纹加工机床、锯床和其他机床。

2. 按机床的通用程度分类（见表 1–1）

表 1–1　　机床分类表（按机床的通用程度分类）

类别	特点描述	应用
通用机床	可加工多种工件，完成多种工序，使用范围较广泛，如卧式车床、卧式铣床、镗床和立式升降台铣床等	加工范围较广泛，结构往往比较复杂，主要适用于单件、小批量生产
专用机床	用于完成特定工件的特定工序的机床，是根据特定工艺要求而专门设计、制造和使用的	一般生产效率较高，结构比通用机床简单，适用于大批量生产
专业化机床	用于完成形状类似而尺寸不同的工件的某一工序的机床，如凸轮轴车床、精密丝杠车床等。它们既有加工尺寸的通用性，又有加工工序的专用性	生产效率较高，适用于成批生产

3. 按机床的精度分类

在同一种机床中，根据加工精度不同，又可分为普通机床、精密机床和高精度机床。

4. 其他分类

按机床质量的大小，可分为仪表机床、中型机床、大型机床、重型机床和超重型机床；按机床自动化程度的不同，可分为手动机床、机动机床、半自动机床和自动机床；按机床运动执行件数目的不同，可分为单轴的与多轴的机床、单刀架的与多刀架的机床等。

二、金属切削机床型号的编制方法

机床型号就是按一定的规律赋予每种机床一个代号，以便于机床的管理和使用。我国对机床型号的编制，是采用汉语拼音字母加阿拉伯数字按一定规律组合而成的，它可简明地表示出机床的类型、主要规格及有关特征等。我国现行机床型号是按国家标准《金属切削机床　型号编制方法》（GB/T 15375—2008）（不适用于组合机床、特种加工机床）编制的。

1. 通用机床型号编制

（1）通用机床的型号。通用机床的型号由基本部分和辅助部分组成，中间用“/”隔开，读作“之”。基本部分需统一管理，辅助部分是否纳入型号由厂家自定。通用机床型号构成如下。

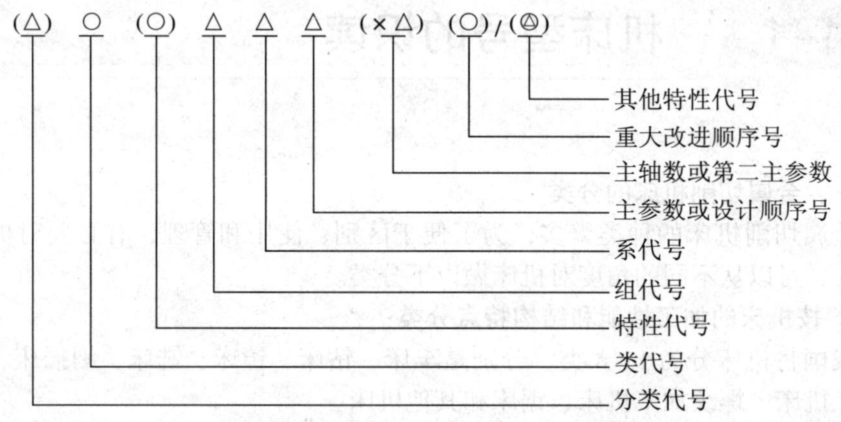

注：1. 有“（ ）”的代号或数字，当无内容时，则不表示；当有内容时，则不带括号。

2. 有“○”符号的，为大写的汉语拼音字母。

3. 有“△”符号的，为阿拉伯数字。

4. 有“◎”符号的，为大写的汉语拼音字母，或阿拉伯数字，或两者兼有之。

（2）机床类、组、系的划分及其代号。机床的类别用大写汉语拼音字母表示，见表 1–2。当需要时，每类又可分为若干分类。分类代号用阿拉伯数字表示，在类代号之前，居于型号的首位。分类代号为“1”时可省略，第“2”“3”分类代号则应予以表示，例如，磨床分为 M、2M、3M 三类。

表 1–2　　机床的类别和分类代号

类别	车床	钻床	镗床	磨床			齿轮加工机床	螺纹加工机床	铣床	刨床	拉床	锯床	其他机床
代号	C	Z	T	M	2M	3M	Y	S	X	B	L	G	Q
读音	车	钻	镗	磨	二磨	三磨	牙	丝	铣	刨	拉	割	其

机床的组和系代号用两位数字表示。每类机床按其主要布局和使用范围划分为 10 个组，用数字 0 ~ 9 表示，见表 1–3。每组机床又分若干个系（系列），系的划分原

则是：在同一组机床中，主参数相同，且主要结构和布局形式相同的机床，即划为同一系。

表 1–3　　部分机床组别划分

组别	0	1	2	3	4	5	6	7	8	9
车床	仪表车床	单轴自动车床	多轴自动、半自动车床	回转、转塔车床	曲轴及凸轮轴车床	立式车床	落地及卧式车床	仿型及多刀车床	轮、轴、辊、锭及铲齿车床	其他车床
钻床		坐标镗钻床	深孔钻床	摇臂钻床	台式钻床	立式钻床	卧式钻床	铣钻床	中心孔钻床	其他钻床
镗床			深孔镗床		坐标镗床	立式镗床	卧式铣镗床	精镗床	汽车、拖拉机修理用镗床	其他镗床

（3）机床的特性代号。机床的特性代号表示机床具有的特殊性能，包括通用特性和结构特性。如果某类型机床除有普通型机床外，还具有某种通用特性时，则在类代号之后加上通用特性代号，见表 1–4。结构特性代号应排在通用特性代号之后，结构特性代号用汉语拼音字母 A、B、C、D、E、L、N、P、T、Y 表示，当单个字母不够用时，可将两个字母组合起来使用，如 AD、AE 等，或 DA、EA 等。

表 1–4　　机床通用特性代号

通用特性	高精度	精密	自动	半自动	数控	加工中心（自动换刀）	仿型	轻型	加重型	柔性加工单元	数显	高速
代号	G	M	Z	B	K	H	F	Q	C	R	X	S
读音	高	密	自	半	控	换	仿	轻	重	柔	显	速

（4）机床主参数。机床主参数是代表机床规格大小的参数。主参数在型号规格中位于组、系代号之后，用数字表示。其数值是实际值（单位为 mm）或实际值的 1/10 或 1/100。

（5）机床的重大改进顺序号。当机床的性能和结构布局有重大改进，并按新产品重新设计、试制和鉴定时，在原机床型号的尾部加重大改进顺序号，以区别于原机床型号。序号按字母 A、B、C 等顺序选用。

综合上述通用机床型号的编制方法，举例如下。

例 1–1　CA6140 型卧式车床

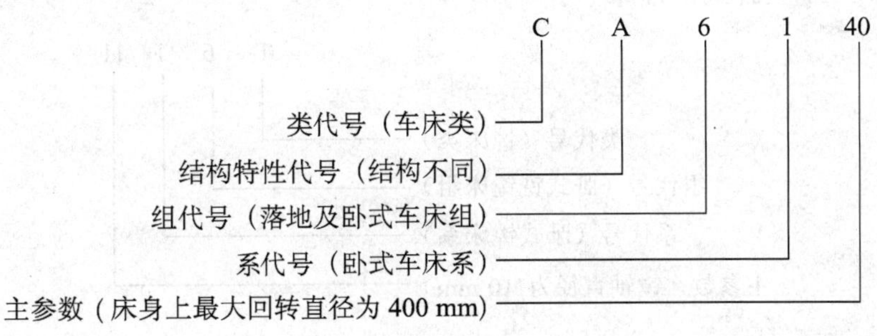

例 1–2 MG1432A 型高精度万能外圆磨床

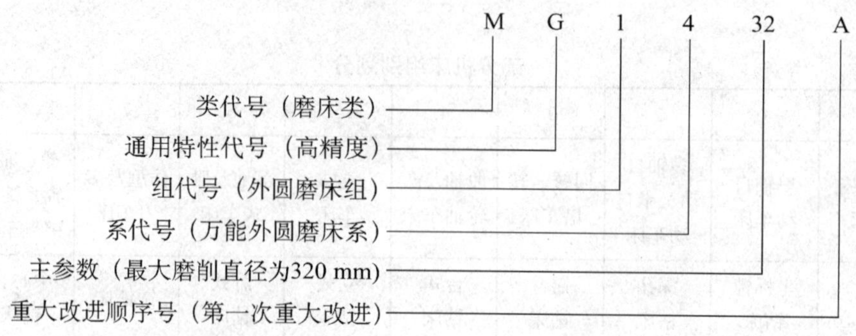

例 1–3 Z3040 型摇臂钻床

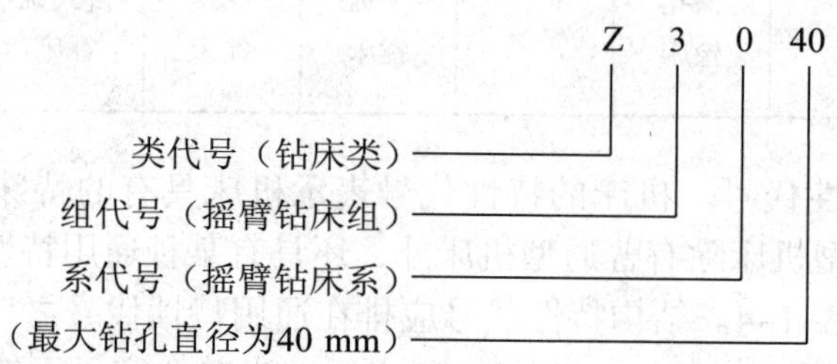

例 1–4 Z4012 型台式钻床

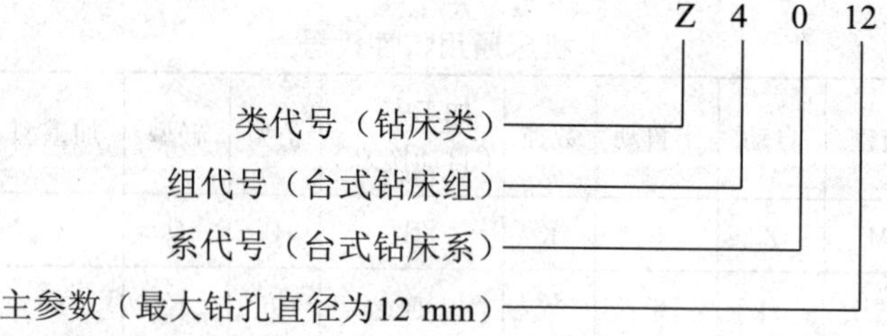

例 1–5 X5032 型立式铣床

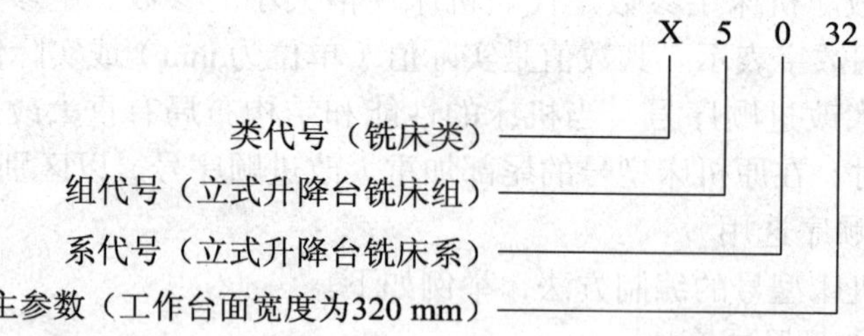

例 1–6 T6111 型卧式铣镗床

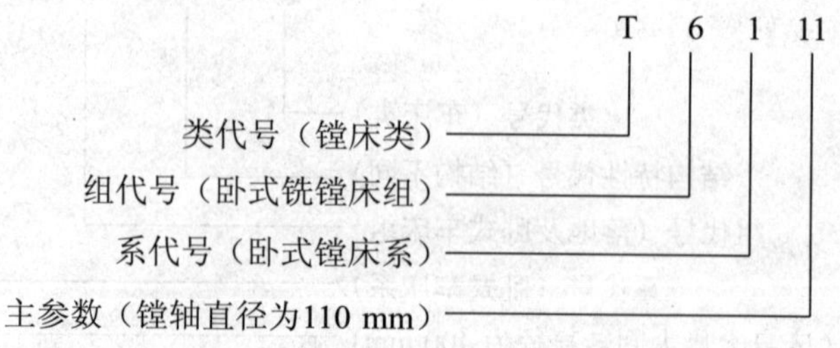

例 1–7 M7130 型平面磨床

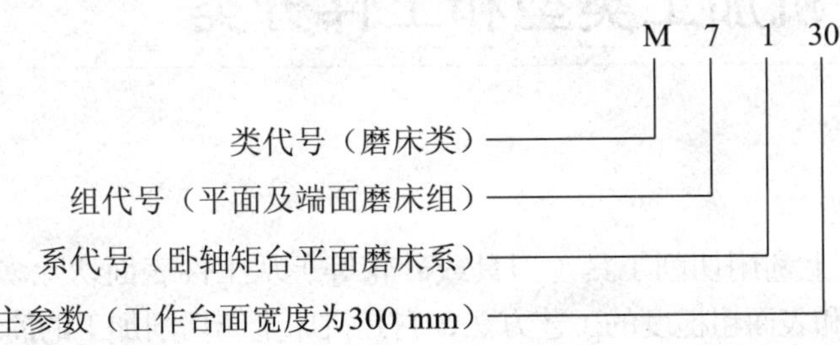

例 1–8 Y3150 型滚齿机

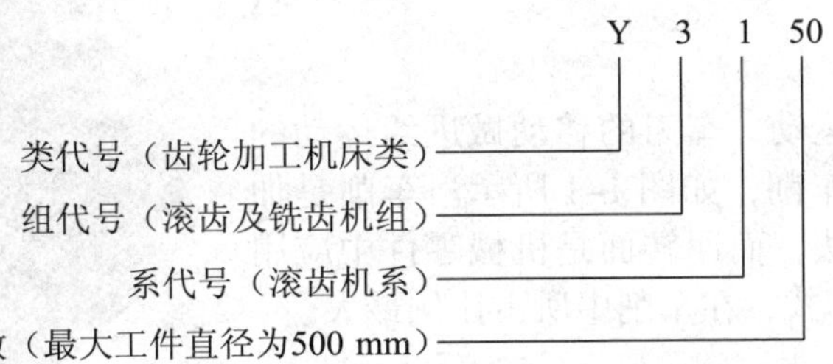

例 1–9 B2016 型龙门刨床

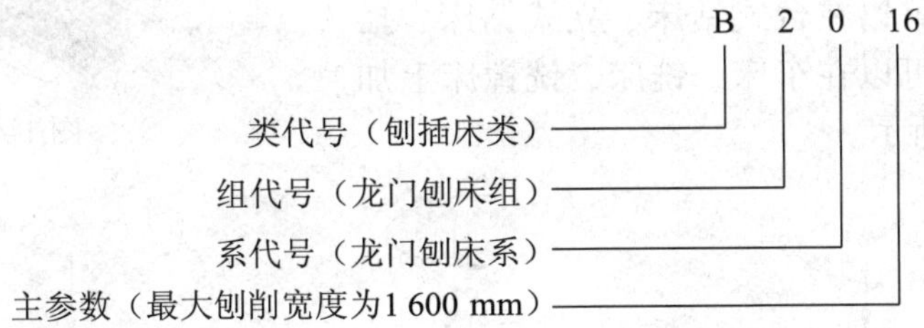

例 1–10 G4240 型锯床

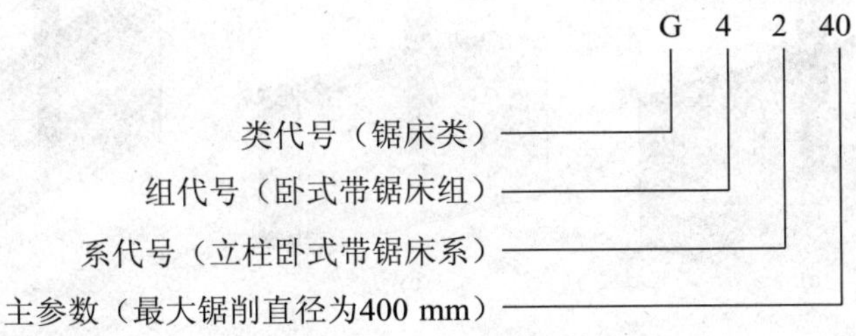

2. 专用机床型号编制

专用机床型号构成如下：

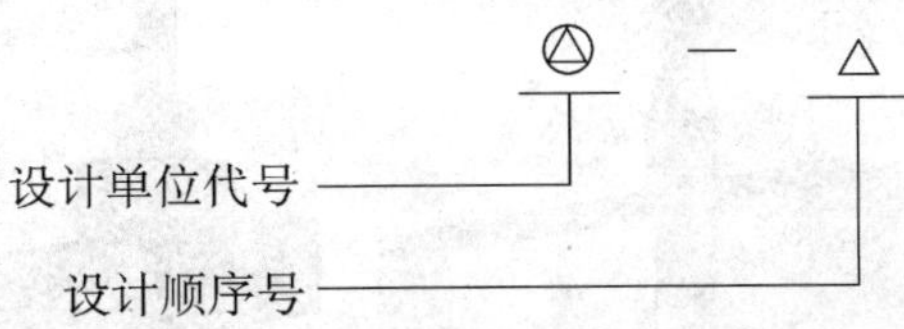

（1）设计单位代号。设计单位代号包括机床生产厂和机床研究单位代号，位于型号之首。

（2）设计顺序号。设计顺序号是指按设计单位的设计顺序排列，由 001 起始，位于设计单位代号之后，并用“—”隔开。

§1-2 机加工类型和工件分类

一、机加工类型

机加工是在机床上利用切削工具（刀具或砂轮等）从工件表面切除多余金属，使工件获得所需几何形状、尺寸和表面粗糙度的工艺方法，它是机床金属切削加工的简称。

机加工类型很多，主要有车削、钻削、铣削、刨削、磨削等。

1. 车削

工件旋转做主运动，车刀的移动做进给运动的切削加工方法称为车削，如图 1–1 所示。车削是加工回转面的主要方法，而回转面是机械零件中应用最广泛的一种表面形式，在车削中所占比例最大。

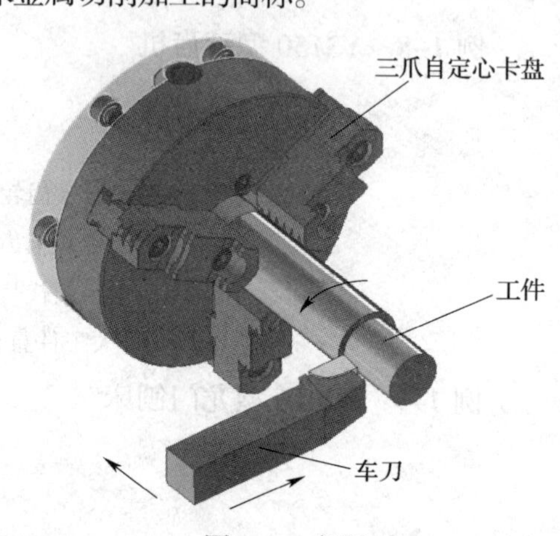

图 1–1　车削

2. 钻削

用钻头或铰刀、锪钻等在工件上加工孔的方法统称为钻削。钻削可以在台式钻床、立式钻床、摇臂钻床上加工，也可以在车床、铣床、铣镗床上加工。钻削如图 1–2 所示。

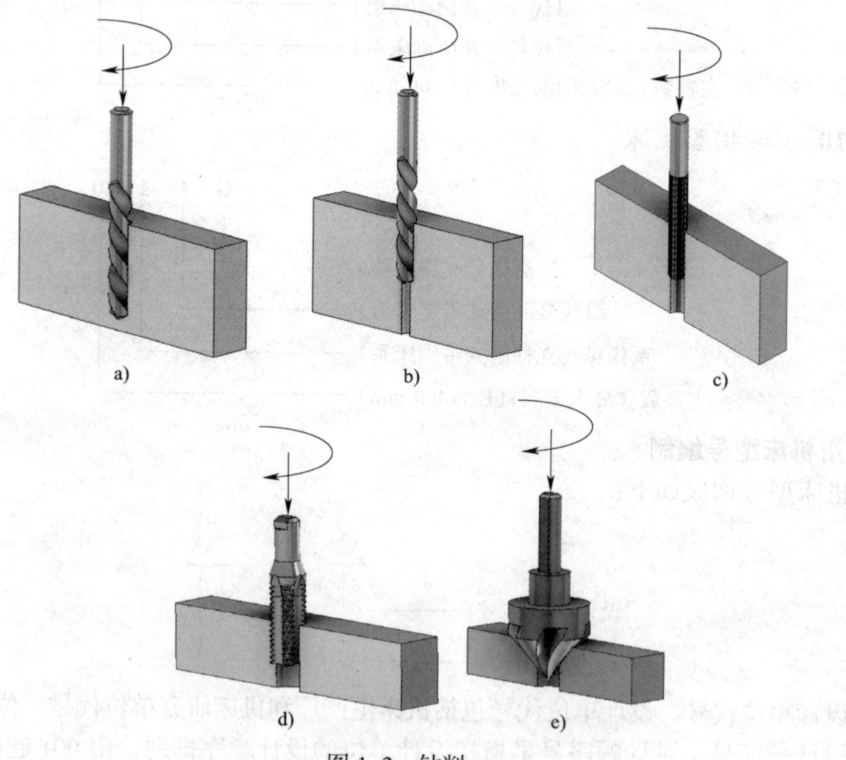

图 1–2　钻削

a）钻孔　b）扩孔　c）铰孔　d）攻螺纹　e）锪孔

3. 铣削

铣刀旋转做主运动，工件的直线移动做进给运动的切削加工方法称为铣削。在铣床上，根据形状不同，铣刀分为端铣刀、立铣刀和圆盘铣刀等多种。铣削可加工平面、各种形状的槽和齿轮等。铣削可以在卧式铣床、立式铣床、龙门铣床、工具铣床以及各种专用铣床上进行，常见的铣削方式如图 1–3 所示。

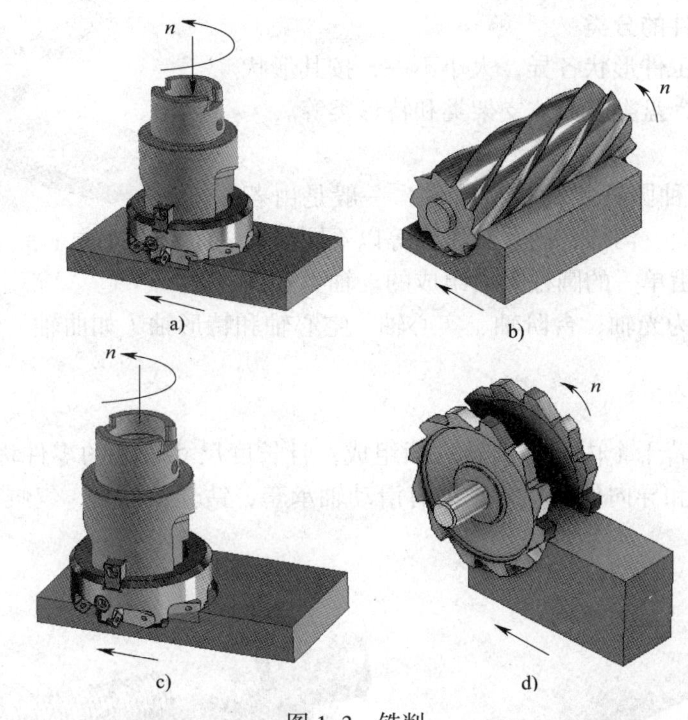

图 1–3　铣削

a）对称铣削　b）圆周铣削　c）不对称铣削　d）组合铣削

4. 刨削

用刨刀对工件做水平直线往复运动的切削加工方法称为刨削，刨削是一种间断的切削。刨削可加工平面、槽及成形面。由于刨床的结构简单，通用性好，但生产效率比较低，多适用于单件、小批量生产。图 1–4 所示为刨削简图。

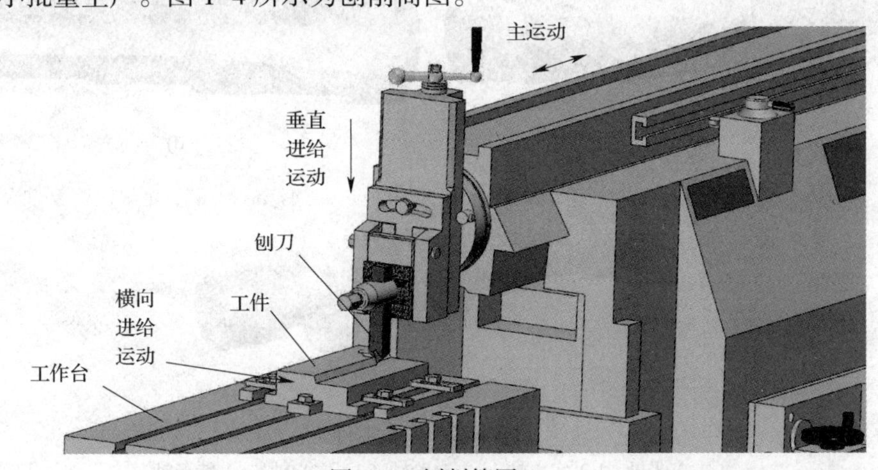

图 1–4　刨削简图

5. 磨削

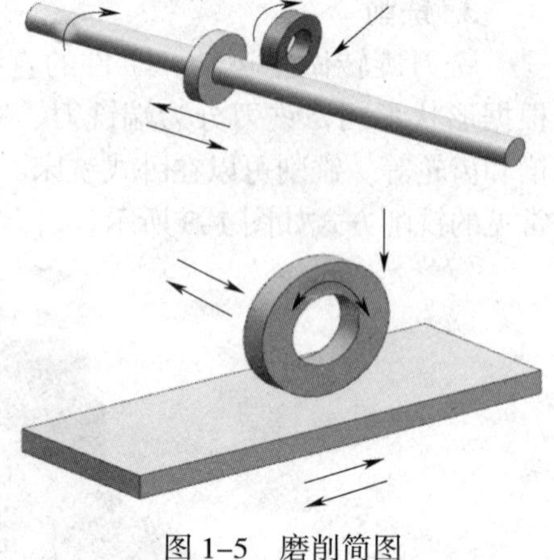
图 1–5 磨削简图

磨削是指在磨床上用磨具（砂轮）对工件进行加工的一种方法。磨削时，砂轮做旋转运动，工件或砂轮架做进给运动，或者工件与砂轮架同时做进给运动。图 1–5 所示为磨削简图。

二、机加工工件的分类

机床上加工的工件形状各异，大小不一，按其形状可分为轴类、套类、盘类、箱体支架类和特形类等。

1. 轴类零件

轴类零件是一种圆杆状的机械零件，一般是由若干外圆柱面、圆锥面、沟槽、内孔和螺纹等以不同形式组合而成的，也有由单一的圆柱表面组成的。轴类零件按其结构形状可分为光轴、台阶轴、实心轴、空心轴和特形轴（如曲轴、偏心轴、凸轮轴）等，如图 1–6 所示。

2. 套类零件

由同一轴线，若干个内、外回转表面组成，且长度尺寸较大的零件称为套类零件。套类零件通常起支撑和导向作用，常见的有滑动轴承套、钻套、轴套、气缸套、液压缸套等，如图 1–7 所示。

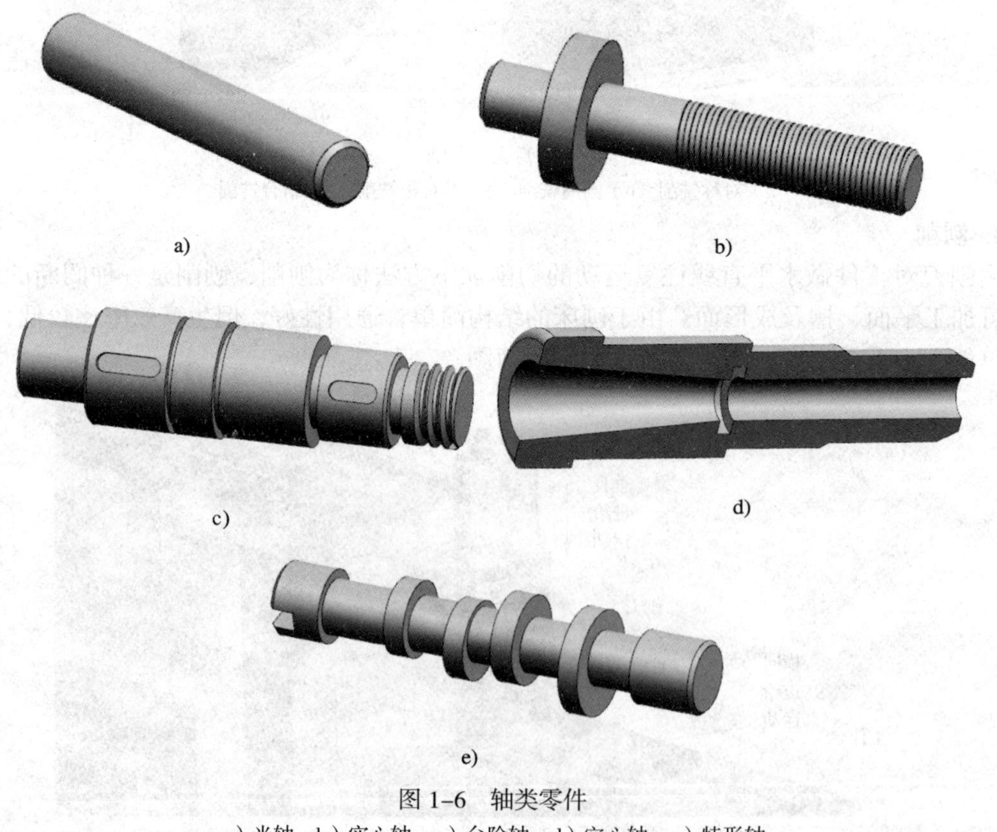

图 1–6 轴类零件

a）光轴 b）实心轴 c）台阶轴 d）空心轴 e）特形轴

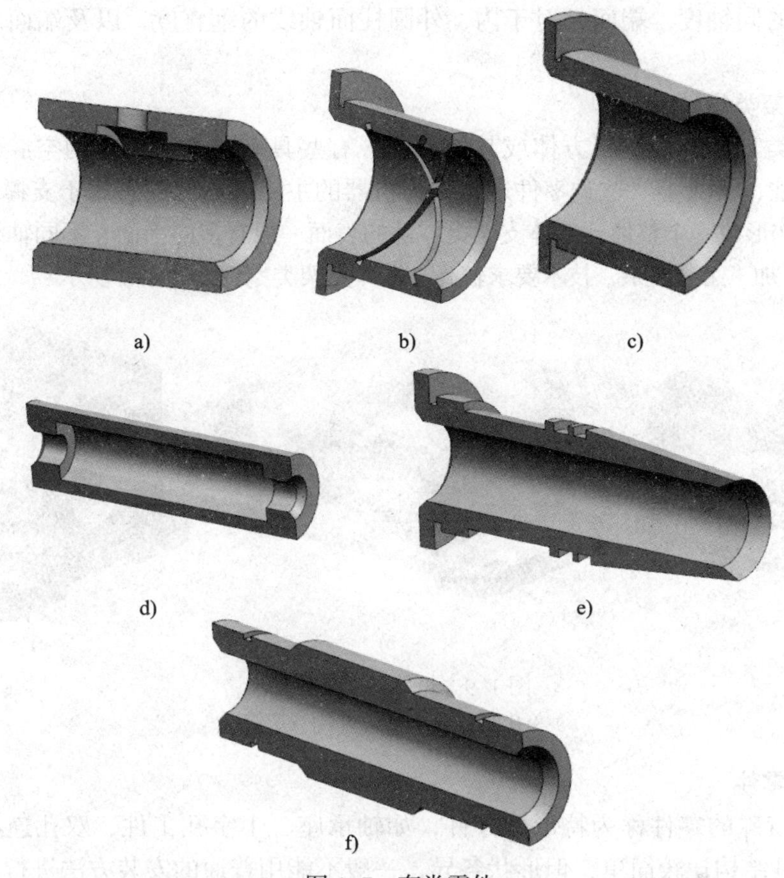

图 1-7　套类零件

a）、b）滑动轴承套　c）钻套　d）轴套　e）气缸套　f）液压缸套

套类零件的主要表面是内孔和外圆。套类零件除有尺寸精度要求外，还有几何精度要求，如内、外圆柱面的同轴度以及轴线与端面的垂直度等。

3. 盘类零件

盘类零件是由具有同一轴线且径向尺寸较大的内、外圆柱表面组成的，如端盖、齿轮、蜗轮、带轮等，如图 1-8 所示。

图 1-8　盘类零件

a）端盖　b）齿轮　c）蜗轮　d）带轮

盘类零件除有内、外圆柱表面的尺寸精度要求外，还有较高的几何精度要求，如内、外圆柱面的同轴度，端面相对于内、外圆柱面轴线的垂直度，以及端面之间的平行度等。

4. 箱体支架类零件

箱体支架类零件外形呈长方体或其他形状，有些具有与外形相似的空腔，如机床的变速箱壳体、立柱、机身等。这类零件通常作为机器的主体部分，或者用于支撑轴类零件，使机械传动各机构形成一个整体。箱体支架类零件的表面一般有多向平面、不同轴线的孔及螺纹、沟槽等，因此，加工工艺复杂，技术要求较高。箱体支架类零件如图 1–9 所示。

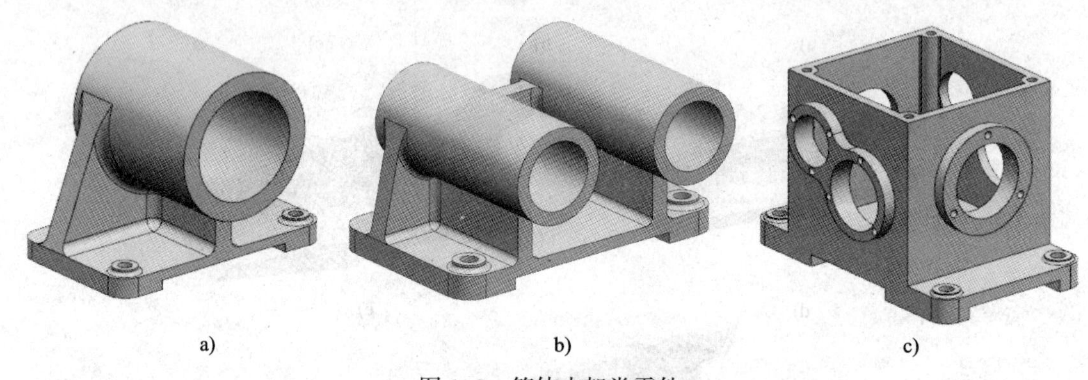

a)　　b)　　c)

图 1–9　箱体支架类零件

a）单孔支架　b）双孔支架　c）箱体

5. 特形类零件

形状比较特殊的零件称为特形类零件，如轴承座、十字孔工件、双孔连杆、支架、曲轴等。这类零件结构比较简单，但形状各异，一般不能用普通的安装方法进行加工，需要在专用夹具上切削加工。特形类零件如图 1–10 所示。

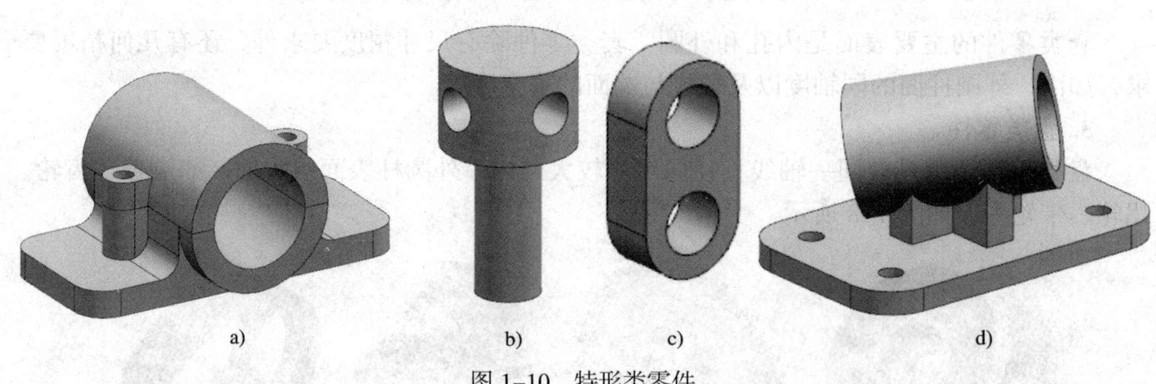

a)　　b)　　c)　　d)

图 1–10　特形类零件

a）轴承座　b）十字孔工件　c）双孔连杆　d）支架

§1-3 切削基本概念

一、切削时的运动

为了把工件上多余的金属切除，以获得需要的形状、尺寸和精度，必须要求刀具相对工件具有确定的运动，该运动被称为切削运动。按切削运动的作用不同，可分为以下两种。

1. 主运动

主运动是指由机床或人力提供的主要运动，它促使刀具和工件之间产生相对运动，从而使刀具前面接近工件。

主运动可以是刀具的旋转或直线运动，如在钻床上钻孔时钻头的旋转、铣削时铣刀的旋转、磨削时砂轮的旋转、刨（插）削时刨刀的直线运动、拉削时拉刀的直线运动等；也可以是工件的旋转或直线运动，如车削时工件的旋转、龙门刨床上工件的直线运动等。一种切削加工方法其主运动只有一个，一般主运动的切削速度最高、消耗的功率最大。各种切削加工时的主运动如图 1-11 所示。

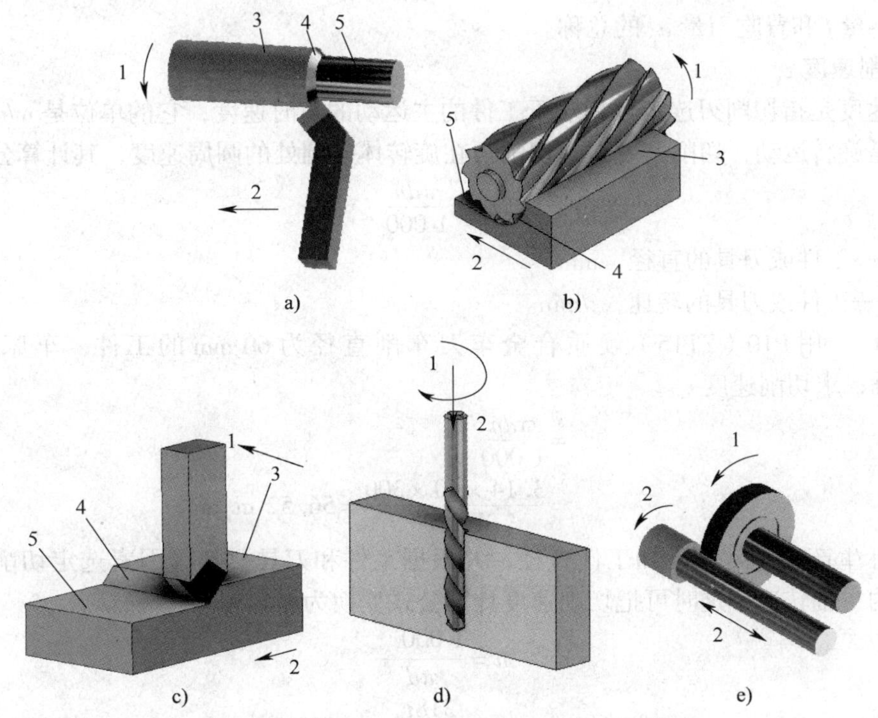

图 1-11 切削运动和工件上形成的三个表面

a）车削 b）铣削 c）刨削 d）钻削 e）磨削

1—主运动 2—进给运动 3—待加工表面 4—过渡表面 5—已加工表面

2. 进给运动

进给运动是指由机床或人力提供的运动，它使刀具与工件之间产生附加的相对运动。加上主运动，即可不断地或连续地切除切屑，并得出具有所需几何特征的已加工表面。例如，车外圆时车刀沿工件轴向的移动、钻孔时钻头的轴向移动、铣平面时工件相对于铣刀的纵向移动、用牛头刨床刨平面时工件相对于刨刀的横向间歇移动等都属于进给运动。一种切削加工方法其进给运动可以是一个或数个，如图 1–11 所示。

二、切削时形成的三个表面

在切削过程中，随着切削运动的不断进行，工件表面的被切削层不断地被切去，新的表面逐渐形成。因此，在切削过程中工件上有三个不断变化着的表面，如图 1–11 所示。

1. 已加工表面

已加工表面是指工件上经刀具切削后形成的表面。

2. 待加工表面

待加工表面是指工件上有待切除的表面。

3. 过渡表面

过渡表面是指工件上由切削刃形成的那部分表面，它在下一切削行程，刀具或工件的下一转里被切除，或者由下一切削刃切除。由于切削刃随切削运动的进行位置不断变化，因此，过渡表面也随着切削刃位置的移动而移动。

三、切削用量要素

切削过程中主运动、进给运动的大小用切削用量要素来表示。切削用量要素是切削速度 v_c、进给量 f 和背吃刀量 a_p 的总称。

1. 切削速度 v_c

切削速度是指切削刃选定点相对于工件的主运动的瞬时速度，它的单位是 m/min 或 m/s。如主运动是旋转运动，切削速度是指切削刃在旋转体外圆处的圆周速度，其计算公式如下：

$$v_c=\frac{\pi dn}{1\ 000}$$

式中 d——工件或刀具的直径，mm；

n——工件或刀具的转速，r/min。

例 1–11 用 P10（YT15）硬质合金车刀车削直径为 60 mm 的工件，车床主轴转速 n=300 r/min，求切削速度 v_c。

解：

$$\begin{aligned}v_c&=\frac{\pi dn}{1\ 000}\\&=\frac{3.14\times60\times300}{1\ 000}=56.52\ \text{m/min}\end{aligned}$$

在实际生产中，常常已知工件直径，并根据工件和刀具材料等因素选定切削速度，再求出车床的主轴转速，这时可把切削速度计算公式变换为：

$$n=\frac{1\ 000v_c}{\pi d}$$

或

$$n\approx\frac{318v_c}{d}$$

例 1–12 用 K30（YG8）硬质合金车刀车削直径为 300 mm 的铸铁带轮，选定切削速度 v_c=70 m/min，求车床主轴转速。

解：

$$n=\frac{1\ 000v_c}{\pi d}=\frac{1\ 000\times70}{3.14\times300}\approx74.3\ \text{r/min}$$

2. 进给量 f

进给量是指刀具在进给运动方向上相对于工件的位移量。可用工件或刀具每转或往复一次，或刀具每转一齿时，工件与刀具在进给运动方向上的相对位移来表示。例如，车削时的进给量 f 为工件每转一圈，刀具沿进给方向的相对位移，单位是 mm/r；刨削时，进给量 f 是指工件或刀具往复一次，两者沿进给方向的相对位移，单位是 mm/str（毫米 / 往复行程）。对于多刃刀具，通常用每齿进给毫米数 f_z 或每分钟进给毫米数 f_f 表示。

3. 背吃刀量 a_p

背吃刀量是指通过切削刃基点并垂直于工作平面的方向上测量的吃刀量。也可理解为已加工表面与待加工表面之间的垂直距离，用 a_p 表示，单位为 mm。在车削时，背吃刀量的计算公式为：

$$a_p = \frac{d_w - d_m}{2}$$

式中　d_w——工件待加工表面的直径，mm；

d_m——工件已加工表面的直径，mm。

例 1–13　已知毛坯直径为 80 mm，一次进刀车到 70 mm，求背吃刀量 a_p。

解：

$$a_p = \frac{d_w - d_m}{2} = \frac{80 - 70}{2} = 5\ \text{mm}$$

由上可知，用车刀切削圆柱面，a_p 为该次切削直径减小量的一半。由此推理，切削平面时，a_p 为该次切除量；用麻花钻钻孔时，a_p 为钻头直径的一半。

§1–4　刀具分类与组成

一、刀具分类

金属切削刀具有多种形式和结构，按机床加工方式和加工对象不同，可分为车刀、铣刀、刨刀、砂轮、钻头、铰刀、丝锥及板牙等；按加工表面不同，可分为外圆表面加工刀具、内孔表面加工刀具、平面加工刀具、螺纹刀具、成形刀具、齿轮刀具等；按刀具的切削刃数目不同，可分为单刃刀具、双刃刀具、多刃刀具；按结构形式不同，可分为整体式刀具、焊接式刀具、机械夹固式刀具等；按刀片使用后是否重磨，又可分为机夹重磨式和机夹可转位式（不重磨）两种；按刀具切削部分的材料不同，可分为工具钢刀具、高速钢刀具、硬质合金刀具等。

二、刀具组成

在机床加工中，刀具是保证加工质量、提高生产效率的一个重要因素。为了切除工件上多余的金属层，以获得符合要求的工件形状、尺寸及精度，刀具必须具备一定的结构、形状及几何角度的要求。

刀具的结构要素一般由以下几部分组成。

1. 切削部分

刀具的切削部分是刀具最重要的部分。它直接承担切除工件上多余金属层的任务，并且直接影响工件的加工质量和生产效率。刀具的种类虽然很多，其结构和形状也不一样，但它们的切削部分都可认为是车刀切削部分的演变和发展。外圆车刀的组成如图 1–12 所示。

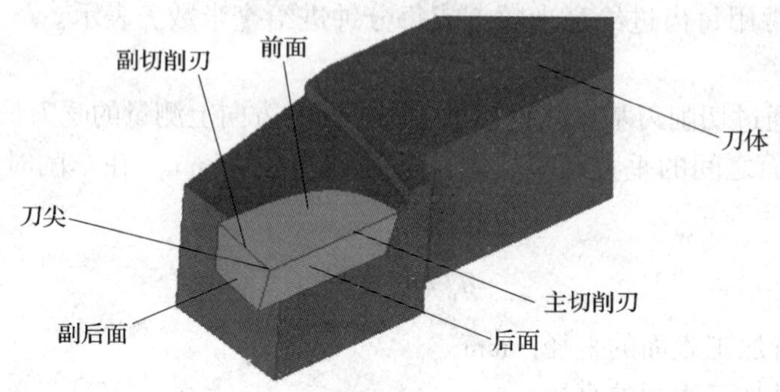

图 1–12 外圆车刀的组成

2. 导向部分（或校准部分）

在刀具中，有的具有导向部分（如麻花钻、铰刀、立铣刀等），这些刀具一般用于内孔、沟槽和内螺纹的加工。

3. 夹持部分（刀体）

夹持部分用于把刀具装夹在刀架或套筒内，以便将机床的动力传给刀具，完成切削工作。根据刀具的结构不同，刀具有以下两种装夹形式。

（1）实体夹持。刀具的夹持部分做成实体，使用时直接将刀具装在刀架或锥套内，如车刀、刨刀、钻头、立铣刀等。

（2）刀轴装夹夹持。刀具的夹持部分做成圆柱孔，孔内加工有键槽，切削时将刀具装在刀轴上，通过刀轴使刀具进行切削加工，如圆柱铣刀、三面刃铣刀等。

§1–5 刀具材料

一、刀具材料的性能要求

在切削过程中，刀具的表面与工件的切削层产生强烈的挤压和摩擦，刀具不但承受很大的切削力，而且切削温度也很高（有时高达 900 ~ 1 000 ℃）。刀具材料在这种情况下工作，必须具备以下基本要求。

1. 较高的硬度和耐磨性

刀具材料的硬度必须比工件材料的硬度高，一般常温硬度要求在 60HRC 以上。由于刀具材料在切削过程中与工件材料产生强烈的摩擦，因此，要求刀具材料具有较高的耐磨性，即抵抗磨损的能力。一般来说，刀具材料的硬度越高，其耐磨性就越好。

2. 有足够的强度和韧性

刀具在切削过程中要承受很大的作用力，因此，刀具材料应具有足够的强度。切削时还存在着冲击载荷或振动，故刀具还应具有足够的韧性。

3. 高耐热性

刀具在切削时会产生较高的切削温度。耐热性是指刀具材料在高温下保持硬度、耐磨性、强度和韧性的性能，也包括刀具材料在高温下抗氧化、抗黏结的性能。耐热性有时也称红硬性、热稳定性或热强性。

4. 良好的工艺性能

为了方便刀具的制造，刀具材料应具有良好的工艺性能。刀具材料的工艺性能包括高温塑性变形性能、锻造性能、可磨削性能和热处理性能等。

二、常用刀具材料的种类

1. 碳素工具钢

碳素工具钢是指含碳量为 0.6% ~ 1.2% 的优质钢，淬火后的硬度为 60 ~ 64HRC。含碳量越高，硬度与耐磨性越高，但韧性会降低。碳素工具钢的耐热性很差，当切削刃工作温度超过 250 ℃时，硬度将急剧下降，失去切削能力。因此，这种钢只能在 8 ~ 10 m/min 的低速下工作，主要用于制造丝锥、锉刀等手动刀具。制造刀具的常用碳素工具钢牌号有 T10A、T12A 等。

2. 合金工具钢

在碳素工具钢中加入一定量的合金元素，如钨、铬、钼、钒、锰、硅等，即成为合金工具钢。合金工具钢淬火后的硬度为 61 ~ 65HRC，与碳素工具钢近似；其耐热温度为 350 ~ 400 ℃，比碳素工具钢略高，因此，合金工具钢刀具切削速度可比碳素工具钢刀具提高 20%。

合金工具钢与碳素工具钢相比，它的主要优点是淬火变形小、淬透性高，适用于制造要求热处理变形小的低速刀具。制造刀具的合金工具钢主要有 9SiCr、CrWMn、GCr9、CrW5 等。

3. 高速钢

高速钢又称锋钢或白钢。高速钢是以钨、铬、钼、钒、钴为主要合金元素的高合金含量的合金工具钢。这种钢经热处理后，一些合金元素可以形成硬度较高的碳化物（如 WC、FeC、CrC 等）。因此，高速钢与碳素工具钢和合金工具钢相比，具有较高的耐热性，它的常温硬度为 63 ~ 70HRC。当切削温度为 500 ~ 650 ℃时，高速钢仍能保持良好的切削性能。高速钢具有很高的强度，抗弯强度为一般硬质合金的 2 ~ 3 倍，韧性比硬质合金高几十倍。高速钢的切削速度比碳素工具钢和合金工具钢高出 2 ~ 3 倍，耐用度提高 10 ~ 40 倍。高速钢的工艺性能也很好，热处理变形小，能磨出锋利的刃口，用它能制造出精度高而且形状复杂的刀具（如钻头、拉刀、丝锥、成形刀具、齿轮刀具等）。目前，高速钢是制造各种刀具的主要材料。常用于制造刀具的高速钢牌号是 W18Cr4V。

4. 硬质合金

硬质合金是用高硬度难熔的金属碳化物（如 WC、TiC、TaC、NbC 等）粉末，用钴或钼、钨为黏结剂，采用粉末冶金的方法制成（经高压压制后再经高温烧结而成）的。由于硬质合金中金属碳化物含量很高，故它的硬度可达 74 ~ 82HRC，耐磨性和耐热性好，耐热温度可达 800 ~ 1 000 ℃。因此，切削性能远远超过高速钢，耐用度可提高几倍到几十倍。在相同耐用度下，其切削速度比高速钢提高 4 ~ 10 倍。硬质合金是用于高速切削的主要刀具材料。

与高速钢相比，硬质合金具有以下特点。

（1）硬质合金硬度高，红硬性好，但是较脆。由于其硬度高，因此不易刃磨。

（2）钨钴类硬质合金韧性较好，抗冲击性好，适用于铸铁等脆性材料以及氧—乙炔割件等不规则零件的加工。但其红硬性较差，切削刃成形困难，不适用于加工碳钢、不锈钢等材料。

（3）钨钴钛类硬质合金由于含碳化钨较多，其红硬性较好，具有较高的耐热性和耐磨性，因此适用于碳钢、不锈钢等材料的加工，也可以用于铜、铝等有色金属的粗加工和半精加工。由于其刃磨困难，切削刃很难刃磨锋利，故不适用于非金属材料的加工。

（4）硬质合金刀具的切削速度一般选在 120 ~ 160 m/min，甚至还可以更高一些，这对于提高加工效率有着重要的影响。同时，由于硬质合金采用高压成形技术，材料的利用率较高，相对成本较低。因此，机械加工行业中应尽可能地选用硬质合金作为刀具材料。常见硬质合金的性能见表 1–5。

表 1–5　　常见硬质合金的性能

类别	牌号	化学成分（%）				力学性能		适用对象
		w_{WC}	w_{Co}	w_{TiC}	w_{TaC}	抗弯强度（MPa）	硬度 HRC	
钨钴类硬质合金	K20（YG6）	94	6	—	—	1 400	75	铸铁的加工、螺纹以及不锈钢的粗车
	K30（YG8）	92	8	—	—	1 500	74	铸铁的加工、大冲击力的间断加工
钨钴钛类硬质合金	P10（YT15）	79	6	15	—	1 150	78	各种结构钢的加工
	P01（YT30）	66	4	30	—	900	81	各种结构钢的精加工
	M10（YW1）	84	6	6	4	1 250	80	特种钢（不锈钢、耐热钢）的加工以及一般钢材的加工
	M20（YW2）	82	8	6	4	1 500	78	

5. 其他材料

除碳素工具钢、合金工具钢、高速钢、硬质合金外，还有几种高硬度的刀具材料。

（1）陶瓷。陶瓷是在 Al_2O_3 的基础上添加一些微量添加剂（如 TiC、Ni、Mo 等），经冷压烧结而成，是一种廉价的非金属刀具材料。陶瓷有很高的高温硬度，在 1 200 ℃时，硬度为 80HRA，并且具有优良的耐磨性和抗黏结能力，化学稳定性好，但它的抗弯强度低，因此，一般用于高硬度材料的精加工。

（2）人造金刚石。它的主要成分是碳，是石墨的同素异形体，由碳经高温、高压转变而成。人造金刚石的硬度极高，其维氏硬度达 10 000HV，比硬质合金高几倍，耐磨性极好。但它的耐热温度较低，在 700 ~ 800 ℃时易脱碳，失去其切削能力。同时，它与铁族金属亲和作用大，切削时可能因黏附作用而损坏刀具。故人造金刚石主要用于硬质合金、陶瓷、高硅铝合金等高硬度、耐磨材料的加工和有色金属及其合金的加工。

（3）立方氮化硼。它由氮化硼经高温、高压转变而成。它的硬度仅次于人造金刚石，耐热温度高达 1 400 ℃，耐磨性能也较好，一般用于高硬度、难加工材料的精加工。

§1–6 切削液

在切削时，用来降低切削温度、减小刀具与工件之间摩擦的液体称为切削液，又称冷却润滑液。

在切削过程中，由于刀具与工件表面的切削层及已加工表面产生强烈的挤压和摩擦，以至于产生大量的切削热，从而使切削区的温度急剧升高，切削条件变坏。温度的升高甚至可使刀具丧失切削能力。切削加工（特别是高速切削或切削特殊合金钢材料）时使用切削液可以改善切削条件，从而能提高加工效率并且获得高质量的工件。

一、切削液的作用

1. 冷却作用

切削液的冷却作用主要是能从切削区带走大量的切削热量，降低刀具和工件的温度，从而提高刀具耐用度和工件的加工质量。

2. 润滑作用

切削液的润滑作用是指它减小刀具前面与切屑、刀具后面与工件表面之间的摩擦的能力。切削液之所以具有润滑作用，是因为它能在刀具与切屑、刀具与工件之间形成油膜，使刀具与切削层金属局部隔离，起到减小摩擦的作用。

3. 清洗作用

切削时使用的切削液往往有一定的压力，能迅速将细碎切屑及金属粉末等及时冲走，防止这些杂物黏附在工件、刀具和机床上，影响工件表面质量、刀具耐用度和机床的精度。这一作用对磨削和深孔加工等工序尤为明显。为此，要求切削液具有良好的流动性，并且保持足够的压力与流量。

切削液除具有上述作用外，还应具有防锈作用，以保护机床、刀具和工件不受周围介质的腐蚀。

二、切削液的种类

机床加工中常用的切削液主要有水基切削液和油基切削液两种。

1. 水基切削液

根据其组成不同，水基切削液又分为合成切削液和乳化液两种。

（1）合成切削液。合成切削液又称水溶液，它的主要成分是水，并在水中加入一定的防锈剂（亚硝酸钠、碳酸钠等），按一定的比例配制而成。合成切削液的冷却性能和清洗性能较好，但润滑性能稍差。

（2）乳化液。乳化液是将乳化油用水稀释而成，呈白色。它的冷却性能较好，又有一定的润滑性能。乳化液的冷却和润滑性能可以在一定的范围内调节，若乳化油所占的比例大些，其润滑性能会有所提高，冷却性能会相应降低。乳化液按所用的乳化油不同，分为普通型、防锈型和极压型。

2. 油基切削液（切削油）

切削油的主要成分是矿物油，有时也采用少量的动、植物油或复合油。切削油的润滑性能好，但冷却性能差。普通切削油在高温下的润滑性能会遭到破坏，为了提高切削油在高温下的润滑性能，在切削油中加入极压添加剂以形成极压切削油，这种切削油能在较高温度和较高压力下保持良好的润滑性能。

三、切削液的选择

水基切削液和油基切削液的润滑、冷却性能各不相同，使用时应根据工件的材料、刀具的材料、工艺要求以及切削液性质和润滑方式合理选择。

1. 粗加工时切削液的选择

粗加工时，切削量较大，产生的切削热多，刀具磨损迅速。这时主要考虑的是降低切削温度，故宜选用以冷却作用为主，并具有一定清洗、润滑作用的乳化液或水溶液。

2. 精加工时切削液的选择

精加工时，主要考虑的是保证工件的精度和表面质量，以及提高刀具的耐用度。因此，应选择具有良好的渗透性能、润滑性能和一定冷却性能的切削液，如切削油或浓度较高的乳化液。

3. 采用不同加工方法时切削液的选择

钻孔、攻螺纹、铰孔和拉削时，刀具与工件已加工表面的摩擦较严重，宜采用乳化液、极压乳化液或极压切削油。成形刀具、螺纹刀具、齿轮刀具等价格较高，要求刀具有较高的耐用度，宜选用具有良好的冷却作用和润滑作用的极压切削油和硫化切削油。

磨削加工时，虽磨削进给量较小，切削力不大，但磨削速度较高（30 ~ 80 m/s）。因此，切削温度很高，可达 800 ~ 1 000 ℃，容易引起工件的局部烧伤，热应力也会使工件变形，甚至产生裂纹。同时，磨削产生的大量细碎切屑和砂粒粉末也会破坏工件的表面质量。故磨削时的切削液既要求具有较好的冷却性能和清洗性能，还应具有一定的润滑性能。磨削中常用的切削液为乳化液，选用极压型合成切削液和多效型合成切削液的效果比较好。

应该指出，使用硬质合金刀具时一般不用切削液，因为当切削液流量不足时，会造成硬质合金刀具表面冷热不均匀，出现裂纹而损坏刀具。

习题

1. 什么是机加工？
2. 机加工是怎样分类的？
3. 金属切削机床是怎样分类的？按加工性能和结构特点，机床可以分为哪几类？
4. 机床型号 C6140、X6130A、XA5032、Z3025B 的含义分别是什么？
5. 机加工工件的类型有哪些？

6. 什么是切削时的主运动和进给运动？其特点各是什么？
7. 简述切削用量三要素。
8. 刀具由哪几个部分组成？它们的作用是什么？
9. 刀具是怎样分类的？按机床加工方式和结构形式，刀具可以分为哪几类？
10. 常用的硬质合金有哪几种？其性能和用途是什么？
11. 常用的非金属刀具材料有哪几种？用途如何？
12. 切削液有哪些作用？它是怎样起冷却、润滑和清洗作用的？
13. 切削液有哪些种类？它们的性能如何？怎样选择切削液？

第 2 章

车　削

§2-1　车削基本知识

一、车削工作的基本内容

车削是机床加工中最基本的一种加工方法。在金属切削机床中，各类车床约占机床总数的一半。

车床主要用来加工带有回转表面的零件。在车床上可以车外圆、车端面、车槽、切断、钻中心孔、钻孔、扩孔、车孔、铰孔、车圆锥、车成形面、滚花、车各种螺纹及盘绕弹簧等，如果在车床上装上其他附件和夹具，还可以进行磨削、研磨、抛光以及加工各种复杂形状的零件的外圆、内孔等，图 2–1 所示为车削工作的基本内容。

车外圆

车端面

车槽和切断

钻中心孔

图 2-1　车削工作的基本内容

二、车床各部分的名称及作用

车床的种类很多，其中卧式车床应用最广泛，约占车床总数的 60%。下面以 CA6140 型卧式车床为例，介绍车床主要部分的名称和作用，如图 2-2 所示。

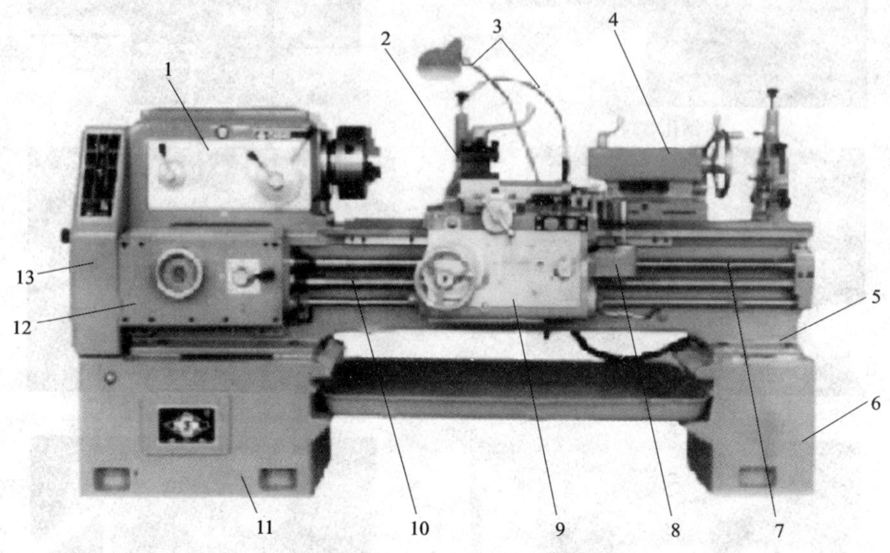

图 2-2　CA6140 型卧式车床各部分名称

1—主轴箱　2—刀架　3—冷却、照明装置　4—尾座　5—床身　6、11—床脚　7—丝杠　8—操纵杆　9—溜板箱　10—光杠　12—进给箱　13—交换齿轮箱

1. 床身

床身用于连接车床上的各个部件。床身上表面有导轨，用来引导床鞍和尾座的移动，如图 2-3 所示。

图 2-3　导轨

2. 主轴箱

主轴箱内装有变速机构和主轴等。主轴箱的正面有变速手柄。电动机的动力经带传动传递到主轴箱，通过操纵变速手柄，可改变变速机构的传动路线，使主轴获得加工时所需的不同转速，如图 2-4 所示。

3. 交换齿轮箱

交换齿轮箱在主轴箱的左侧，内有交换齿轮，主轴箱的运动通过交换齿轮箱传递到进给箱，如图 2-5 所示。

4. 进给箱

进给箱内装有进给变速机构，通过改变进给箱上手柄的位置，可使丝杠、光杠得到不同的转速，从而使车刀移动，获得不同的进给量或螺距，如图 2-6 所示。

5. 光杠、丝杠

将进给箱的运动传给溜板箱是由光杠和丝杠完成的，如图 2-7 所示。光杠用于自动进给，丝杠用于车螺纹。CA6140 型车床在光杠的下方有一操纵杆，操纵杆上的手柄用来控制车床的正转、反转和停车。

图 2–4　主轴箱

图 2–5　交换齿轮箱

图 2–6　进给箱

6. 溜板箱

溜板箱可把光杠或丝杠的运动传给刀架。操纵自动进给手柄，可将主轴箱的运动传到进给光杠上，实现横向或纵向自动进给；合上开合螺母手柄，可接通丝杠，实现螺纹车削运动。自动进给手柄和开合螺母手柄是互锁的，不能同时合上。溜板箱上装有手轮，转动手轮，可带动床鞍沿导轨运动，如图 2–8 所示。

7. 床鞍

床鞍与溜板箱相连接，可带动车刀沿床身上的导轨做纵向移动，如图 2–8 所示。

图 2–7　光杠和丝杠

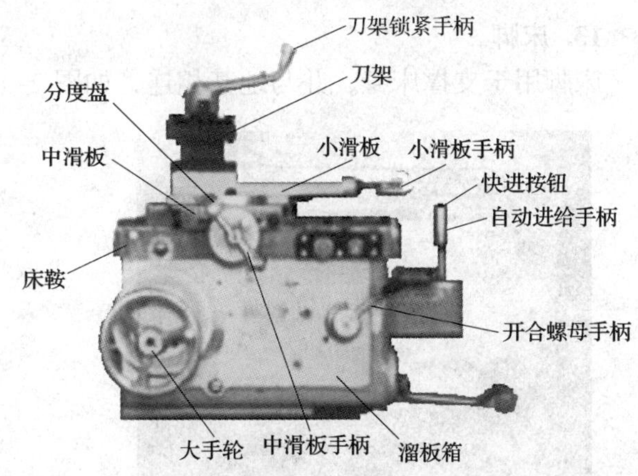

图 2–8　溜板箱、床鞍、中滑板、分度盘、小滑板

8. 中滑板

中滑板与床鞍相连接，可带动车刀沿床鞍上的导轨做横向移动，如图 2–8 所示。

9. 分度盘

分度盘与中滑板相连接，松开前后两个锁紧螺母，可将小滑板扳转一定角度，转盘上有指示扳转角度大小的刻度。

10. 小滑板

小滑板通过分度盘与中滑板相连接，可沿分度盘上的导轨做短距离移动。当分度盘导轨相对于床身导轨扳过一定角度时，转动小滑板手柄，可带动车刀做斜向移动。转动小滑板手柄常用于车削带有锥度的工件，如图 2–8 所示。

11. 刀架

刀架用于装夹车刀，它有四个装刀位置，松开刀架锁紧手柄后，可调整刀架的装刀位置与角度，如图 2–9 所示。

12. 尾座

尾座安装在车床导轨上。松开尾座上的锁紧螺母或锁紧机构后，可推动尾座沿床身导轨纵向移动；旋转尾座上的调节螺钉，可使尾座相对于导轨做横向偏置移动（移动距离很短），用于调整尾座的横向位置。尾座套筒内孔有锥度，可装夹顶尖，用钻夹头或锥套装夹钻头、铰刀等，如图 2–10 所示。

图 2–9　刀架

图 2–10　尾座

13. 床脚

床脚用于支撑床身，并与地基相连，如图 2–11 所示。

图 2–11　床脚

14. 其他附件

（1）中心架和跟刀架在车削较长的工件时用来支撑工件，如图 2–12 所示。

图 2–12　中心架和跟刀架

（2）切削液输送件包括水泵和切削液管，用来浇注切削液。

（3）照明和控制件包括配电箱、照明灯等，用来给车床提供一定的工作条件。

三、车床的传动

车床主轴运动的动力是由电动机提供的。电动机输出的动力经带传动传给主轴箱。变换主轴箱外手柄的位置，可使箱内不同的齿轮啮合，从而使主轴得到不同的转速。主轴通过卡盘带动工件做旋转运动。

此外，主轴的旋转运动通过交换齿轮箱、进给箱、丝杠或光杠、溜板箱的传动，使刀架上的刀具做纵向或横向直线进给运动。

卧式车床的传动路线如图 2–13 所示。

四、车床手柄的操作

1. 主轴变速手柄的操作

主轴的变速机构装在主轴箱内，变速手柄在主轴箱的前面板上。操作时通过扳动变速手柄，带动主轴箱内的滑移齿轮，以改变传动路线，使主轴得到不同的转速。

在进行变速操作之前，首先要了解主轴箱上的速度标记方式。有些车床的转速是用表格形式标出的，有些车床是在其中一个手柄边上标出速度，用颜色来确定其他手柄的位置。采用表格形式标示的变速方法比较简单，只需在表格上查到所需的转速，把变速手柄扳到表中提示的位置即可。

图 2–14 所示为 CA6140 型车床的主轴变速手柄，短手柄与速度值相对应，长手柄与色块相对应。变速时，先找到所需的转速，将手柄转到需要的转速处对准箭头，再根据转速数字的颜色，将长手柄拨到对应颜色处。

操作变速手柄时应注意以下几点：

（1）变速时，要求先停机，若在车床转动时变速，容易将齿轮轮齿打坏。

（2）变速时，手柄要扳到位，否则会出现“空挡”现象，或由于齿轮在齿宽方向上没有全部进入啮合，降低了齿轮的啮合强度，容易导致齿轮的损坏。

（3）变速时，若齿轮的啮合位置不正确，手柄难以扳到位，此时，可边用右手转动车床卡盘边用左手扳动手柄，直到将手柄扳动到位为止。

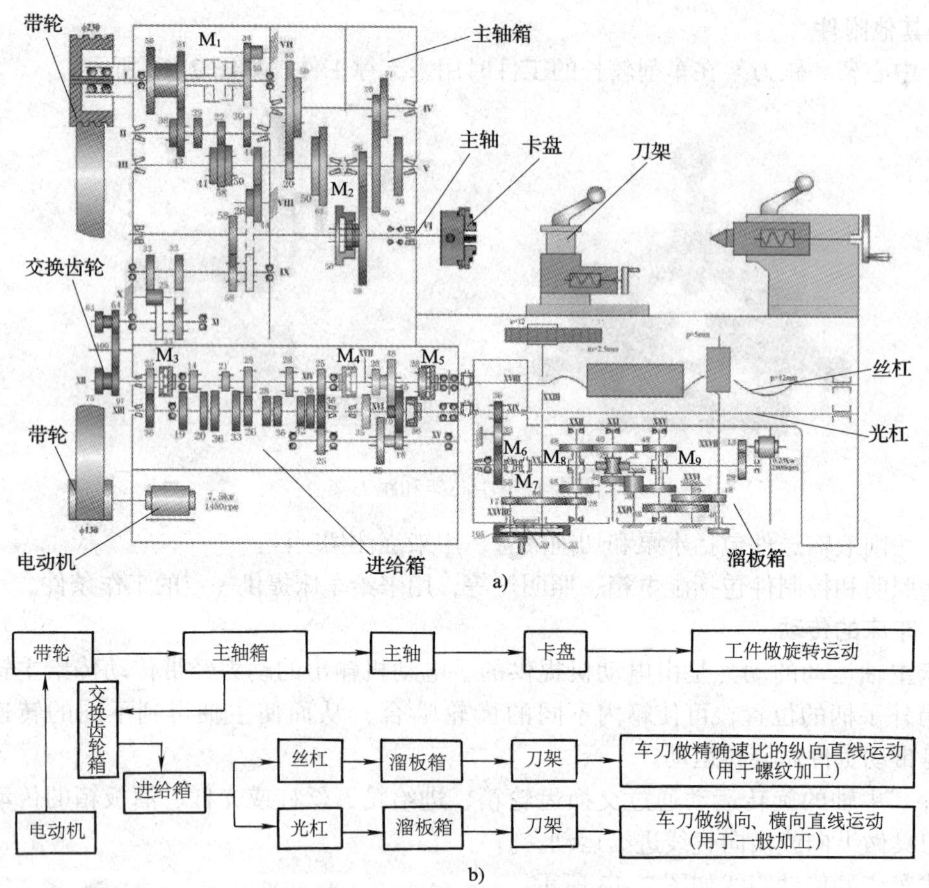

图 2–13　卧式车床的传动路线

a）示意图　b）传动系统框图

图 2–14　主轴变速手柄

2. 进给箱手柄的操作

通过操作进给箱手柄，可改变车削时的进给量或螺距。进给箱手柄在进给箱的前面板上。进给箱的上表面有一个标有进给量及螺距的表格，调节进给量时，可先在表格中查到所需的数值，再根据表中的提示配换交换齿轮，并将手柄逐一扳动到位即可。进给箱手柄的操作方法与主轴变速手柄的操作方法相似，如图 2–15 所示。

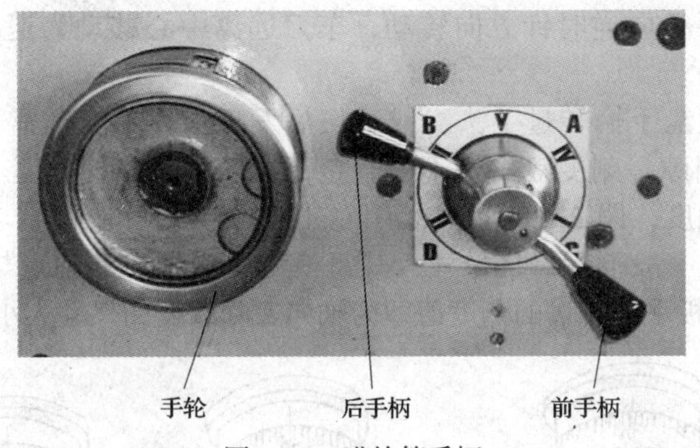

图 2–15　进给箱手柄

配换交换齿轮时，要注意调整齿轮的间隙，间隙过小，会使交换齿轮转动时噪声过大，并会加大交换齿轮的磨损；间隙过大，传动不稳定。实践中通常用垫纸法来控制间隙，即在相啮合的齿轮之间垫一层普通的白纸，再将齿轮轻轻推上压实、固定，旋转齿轮取出白纸即可。

3. 溜板箱手柄的操作

溜板箱上一般有纵向、横向自动进给手柄，开合螺母手柄和床鞍移动手柄。

合上纵向、横向自动进给手柄，均可接通光杠的运动。合上纵向自动进给手柄，可使车刀沿纵向（平行于导轨方向）向左或向右自动进给。合上横向自动进给手柄，可使车刀沿横向（垂直于导轨方向）向前或向后自动进给。在 CA6140 型车床上，纵向、横向自动进给手柄合成一个手柄，如图 2–16 所示，位于溜板箱的右侧，操作时，只要把手柄扳到相应的进给方向即可。

操作溜板箱手柄时，有时也会出现手柄“合不上”的现象，这时，可先检查开合螺母手柄与自动进给手柄的位置，有时手柄的微小位移可能导致手柄相互锁住；若还不能解决问题，则纵向进给时可转动一下溜板箱上的手轮，横向进给时可转动一下中滑板刻度盘手柄，改变内部齿轮的啮合位置即可解决。

图 2–16　自动进给手柄

4. 刻度盘手柄的操作

车床的中滑板、小滑板均有刻度盘手柄，刻度盘安装在进给丝杠的轴头上，转动刻度盘手柄，可带动车刀移动。中滑板刻度盘手柄用于调整背吃刀量，小滑板刻度盘手柄用于调整轴向尺寸和车锥度。

中滑板刻度盘上一般标有每格尺寸，如图 2–17 所示，表示刻度盘每转过一格，车刀移动的距离为 0.05 mm，即每顺时针进一格，轴的半径减小 0.05 mm，直径则减小 0.10 mm。习惯上，车削轴、孔时是以直径大小为依据的，所以用中滑板刻度盘手柄进刀时，通常将图 2–17 所示的刻度读为每格 0.10 mm。

图 2–17　刻度盘

车削外圆时，手柄顺时针方向转动，车刀向

中心移动为进刀；手柄向逆时针方向转动，车刀远离中心移动为退刀。加工内孔时正好相反。

进刀时，当刻度盘手柄转过了头，或试切后发现尺寸不合适需要退刀时，由于传动丝杠与螺母之间有间隙，刻度盘手柄不能直接退回至所需的刻度上，而应多退回半圈以上，再进到所需的刻度，图 2–18 所示为消除刻度盘空行程的方法。

小滑板刻度盘上一般不标每格尺寸，其每格对应的车刀移动量与中滑板刻度盘相同。需要注意的是，小滑板手柄转过的刻度值即为轴向实际改变的尺寸大小。

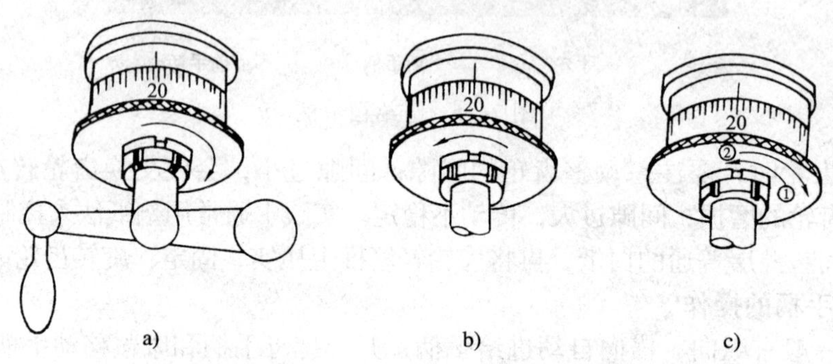

图 2–18　消除刻度盘空行程的方法

a）要求手柄转至刻度 20，但转过头　b）错误（直接退至刻度 20）

c）正确（反转约一周后再转至所需位置刻度 20）

§2–2　车刀

为了满足不同表面的加工要求，可将车刀加工成各种形状，常以刀头形状及切削刃所在位置进行分类，图 2–19 所示为车刀的类型与用途。

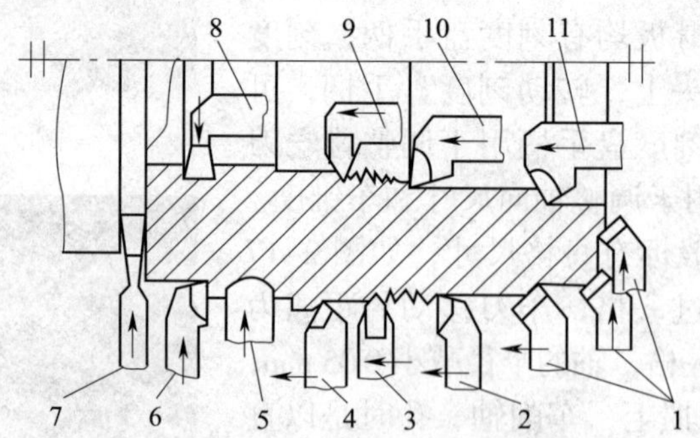

图 2–19　车刀的类型与用途

1—45° 弯头车刀　2—90° 外圆车刀　3—外螺纹车刀　4—75° 外圆车刀　5—成形车刀　6—左切外圆车刀　7—切断刀　8—内孔车槽刀　9—内螺纹车刀　10—盲孔车刀　11—通孔车刀

一、车刀主要几何角度的选用

1. 车刀切削部分的几何要素

（1）车刀的组成部分。车刀由刀头（或刀片）和刀柄两部分组成。刀头担负切削工作，故又称切削部分；刀柄用来把车刀安装在刀架上。

（2）车刀切削部分的几何要素。图 2–20 所示为车刀切削部分的几何要素，可以看出，刀头由刀面和切削刃组成。

1）前面 A_γ。刀具上切屑流过的表面称为前面。

2）后面。分为主后面和副后面。与工件上过渡表面相对的刀面称为主后面 A_α，与工件上已加工表面相对的刀面称为副后面 A'_α。后面一般是指主后面。

3）主切削刃 S。前面与主后面的交线称为主切削刃。它担负着主要的切削工作，在工件上加工出过渡表面。

4）副切削刃 S'。前面与副后面的交线称为副切削刃，它配合主切削刃完成少量的切削工作。

5）刀尖。主切削刃与副切削刃交汇的一小段切削刃称为刀尖。

各种车刀刀头的上述组成部分并不完全相同。例如，75° 车刀是由三个刀面、两条切削刃和一个刀尖组成的，而 45° 车刀却有四个刀面（其中副后面两个）、三条切削刃（其中副切削刃两条）和两个刀尖。

2. 测量车刀角度的三个基准参考平面

为了测量车刀的角度，需要假想以下三个基准参考平面。

（1）基面 p_r。通过切削刃上某选定点，垂直于该点主运动方向的平面称为基面，如图 2–21 所示。

对于车削，一般可认为基面是水平面。

（2）切削平面 p_s。切削平面是指通过切削刃上某选定点，与切削刃相切并垂直于基面的平面。其中，选定点在主切削刃上的为主切削平面 p_s，选定点在副切削刃上的为副切削平面 p'_s，如图 2–21 所示。切削平面一般是指主切削平面。

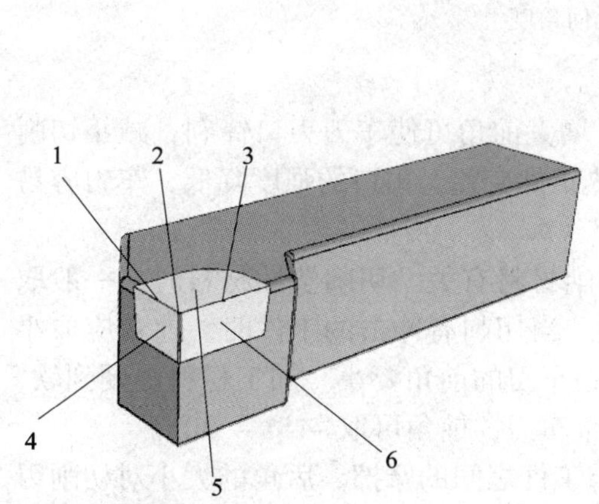

图 2–20　车刀切削部分的几何要素

1—副切削刃　2—刀尖　3—主切削刃　4—副后面　5—前面　6—主后面

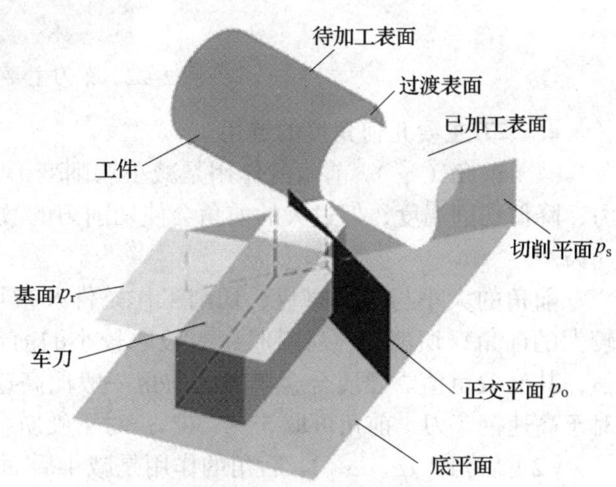

图 2–21　三个基准参考平面

对于车削，一般可认为切削平面是铅垂面。

（3）正交平面 p_o。正交平面是指通过切削刃上某选定点，同时垂直于基面和切削平面的平面；也可以认为正交平面是指通过切削刃上某选定点，垂直于切削刃在基面上投影的平面，如图 2–21 所示。通过主切削刃上 P 点的正交平面称为主正交平面 p_o，通过副切削刃上 P' 点的正交平面称为副正交平面 p'_o。正交平面一般是指主正交平面。

对于车削，一般可认为正交平面是铅垂面。

3. 车刀主要几何角度

前角（γ_o）：基面与前面之间的夹角。

主后角（α_o）：主后面与主切削平面之间的夹角。

副后角（α'_o）：副后面与副切削平面之间的夹角。

主偏角（κ_r）：主切削平面与刀具进给方向之间的夹角。

副偏角（κ'_r）：副切削平面与刀具进给的反方向之间的夹角。

刃倾角（λ_s）：主切削刃与基面之间的夹角。

图 2–22 所示为车刀主要几何角度的示意图。

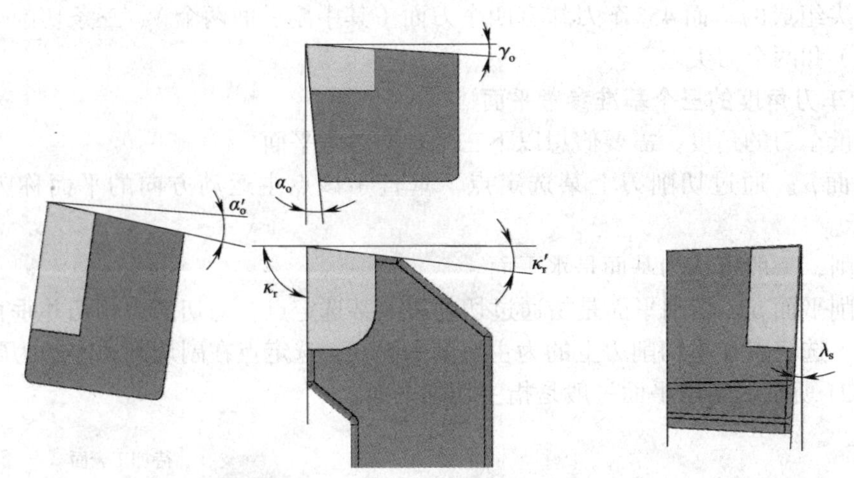

图 2–22　车刀主要几何角度

4. 车刀主要几何角度的选用

（1）前角（γ_o）。前角的作用是减小切削变形，增大前角可使车刀刃口锋利，减小切削力，降低切削温度，但过大的前角会使切削刃的散热条件变差，刃口的强度降低，车刀容易崩刃。

前角的大小与刀具材料、切削工作条件及被切削材料有关。切削塑性材料时，一般取较大的前角；切削脆性材料时，一般取较小的前角。当切削有冲击的工件时，前角应取小值，甚至取负值。硬质合金车刀的前角一般比高速钢车刀的前角要小。加工材料由硬到软，对于高速钢车刀，前角可取 5° ~ 30°；对于硬质合金车刀，前角可取 –15° ~ 30°。

（2）后角（α_o、α'_o）。后角的作用是减小后面与工件之间的摩擦。后角的大小对切削刃强度和锋利程度有影响，后角减小，切削刃的强度增大，锋利程度下降。加工塑性材料时后角取大些，加工脆性材料时后角取小些。高速钢车刀的后角一般可取 6° ~ 12°，硬质合金车刀的后角可取 2° ~ 12°。粗车时，后角一般取 3° ~ 6°；精车时，后角一般取 6° ~ 12°。

（3）主偏角（κ_r）。减小主偏角，可改善切削刃的散热性能，故在工艺系统刚度允许的情况下应采用较小的主偏角。但主偏角过小，会导致切削时径向力过大，容易引起工件的振动和弯曲。主偏角通常在 45° ~ 90° 选取。

（4）副偏角（κ_r'）。副偏角的作用主要是减小副切削刃与工件之间的摩擦，并改善工件的表面质量。副偏角一般可在 10° ~ 15° 选取。

（5）刃倾角（λ_s）。刃倾角的作用主要是改变、控制切屑的流动方向。当刃倾角为正值时，切削刃强度较弱，切屑流向待加工表面；当刃倾角为负值时，切削刃强度较好，切屑流向已加工表面；当刃倾角为零时，切屑垂直于切削刃流出。刃倾角在粗加工时取负值，精加工时取正值。

二、车刀的刃磨

常用的磨刀砂轮主要有两种，一种是氧化铝砂轮（白色）；另一种是碳化硅砂轮（绿色），如图 2–23 所示。高速钢车刀应用氧化铝砂轮刃磨；硬质合金车刀刀柄部分的碳钢材料可先用氧化铝砂轮粗磨，再用碳化硅砂轮刃磨刀头。

a）　　　　b）

图 2–23　砂轮

a）氧化铝　b）碳化硅

1. 车刀刃磨时的注意事项

（1）操作者应站在砂轮的侧面，双手握稳刀具，车刀与砂轮接触时用力要均匀，压力不宜过大。

（2）应使用砂轮的圆周面磨刀，并要左右移动刀具，以免砂轮被磨出沟槽。不可在砂轮的侧面用力粗磨车刀。

（3）刃磨高速钢刀具时要经常蘸水冷却，以防止刀具被退火而变软；刃磨硬质合金刀具时不得蘸水冷却，否则刀片会碎裂。

（4）刃磨刀具时要注意其温度的变化，不可用布、棉纱等包着刀具去磨，以免使手无法正确感受刀具温度的变化，而且操作不安全。

2. 车刀的刃磨步骤

车刀刃磨的要求是保持刀具材料的切削性能，磨出理想的几何形状和几何角度。下面以 90° 右偏刀为例说明车刀的刃磨步骤，如图 2–24 所示。

（1）刃磨主后面，磨出车刀的主偏角 κ_r 和主后角 α_o。

（2）刃磨副后面，磨出车刀的副偏角 κ_r' 和副后角 α_o'。

（3）刃磨前面，磨出车刀的前角 γ_o 和刃倾角 λ_s。

（4）刃磨断屑槽，根据需要在车刀前面上磨出相应的断屑槽和倒棱。

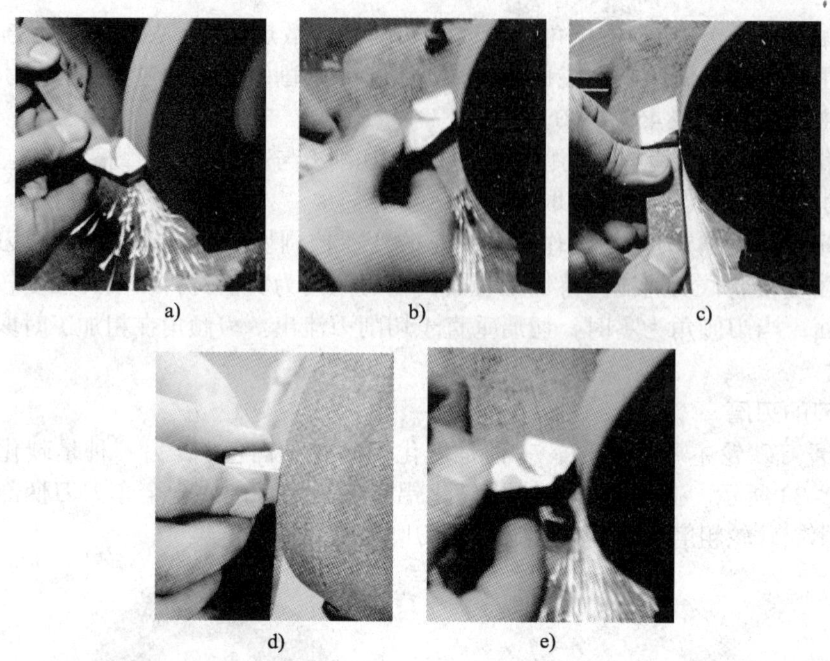

图 2–24　车刀的刃磨步骤

a）刃磨主后面　b）刃磨副后面　c）刃磨前面　d）刃磨断屑槽　e）刃磨刀尖圆弧

（5）进一步精磨各面，直到各面平整、光滑。

（6）刃磨出刀尖圆弧。

（7）用油石研磨车刀各面，切削刃附近的刀面应看不出砂轮的磨削痕迹，这样可使车刀的切削刃更锋利、更耐用。

三、车刀的安装

车刀安装得是否正确，直接影响切削的顺利进行和工件的加工质量。如果安装不正确，即使有了合理的车刀角度，也会使车刀切削时的工作角度发生变化。车刀安装一般有以下几个方面的要求。

1. 刀头伸出刀架的长度应小于刀柄高度的 2 倍（不包括车内孔），无特殊情况不宜伸出过长，否则会降低车刀的刚度，车削时容易产生振动，使工件表面粗糙度值增大，甚至使车刀损坏，如图 2–25 所示。

2. 刀尖应与工件的轴线等高，图 2–26 所示为车刀刀尖对准工件轴线的方法。车外圆时，若刀尖过高，会造成后面刮擦和挤压工件的现象；若刀尖过低，因切削力方向的变化，会使刀尖强度降低，容易造成崩刃现象。车端面时，无论刀尖过高还是过低，都会出现车不到中心的现象，如图 2–27 所示，且车刀容易崩刃。

3. 安装车刀时，车刀垫铁要放平整，至少要用两个螺钉将车刀压紧。

图 2–25　车刀的安装

a)

b)

图 2–26　车刀刀尖对准工件轴线的方法

a）刀尖和尾座顶尖等高　b）用钢直尺测量水平导轨到车刀刀尖的高度

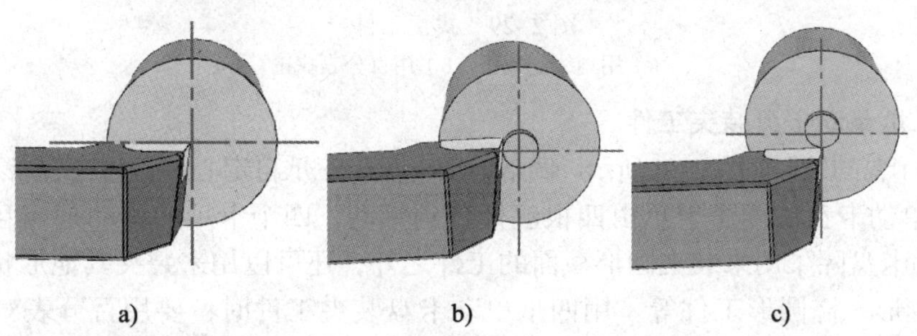

图 2–27　车端面时的刀尖高度

a）刀尖高度正确　b）刀尖过高　c）刀尖过低

§2–3　工件装夹

一、用三爪自定心卡盘装夹工件

三爪自定心卡盘是车床上应用最为广泛的一种通用夹具，用以装夹工件并随主轴一起旋转。三爪自定心卡盘能够自动定心装夹工件，装夹过程快捷、方便，一般用于精度要求不是很高，形状规则（如圆柱形、正三角形、正六边形等）的中、小型工件的装夹，如图 2–28 所示。

图 2–28　三爪自定心卡盘

当工件夹持部分较短时，三爪自定心卡盘无法自动定心，此时可用划线盘或百分表对工件予以找正，如图 2–29 所示。

实践中，通常用铜棒对短工件进行校正，如图 2–30 所示。校正时，先将工件夹住，铜棒装在刀架上，开动车床，使工件低速旋转，用手转动进给手柄使铜棒移动，轻轻地将工件挤正，再将工件夹紧。

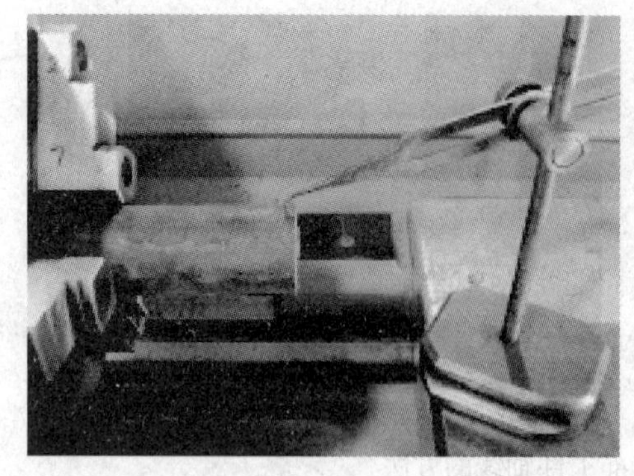

a)　　　　　　　　　　　　　　　　　　b)

图 2–29　找正工件

a）用划线盘找正　b）用百分表找正

二、用四爪单动卡盘装夹工件

四爪单动卡盘的外形如图 2-31 所示。四爪单动卡盘与三爪自定心卡盘相比有以下特点。

1. 四爪单动卡盘的四个卡爪由四根丝杆分别带动，四个卡爪的移动是相互独立的，因此，四爪单动卡盘除了用来装夹圆形截面的工件之外，还可以用来装夹其他形状的工件，如正方形、长方形、椭圆形工件等。用四爪单动卡盘装夹工件时，要用百分表对工件进行校正，如图 2-32 所示。通过调节四个卡爪，使工件待加工表面的中心与工件的回转中心相重合。

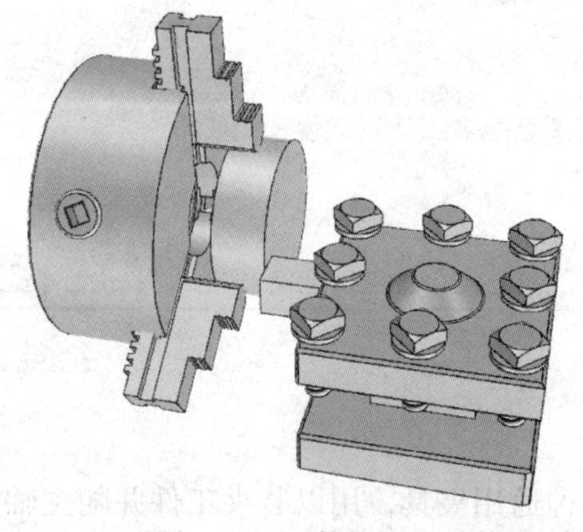

图 2–30　工件的校正

图 2–31　四爪单动卡盘

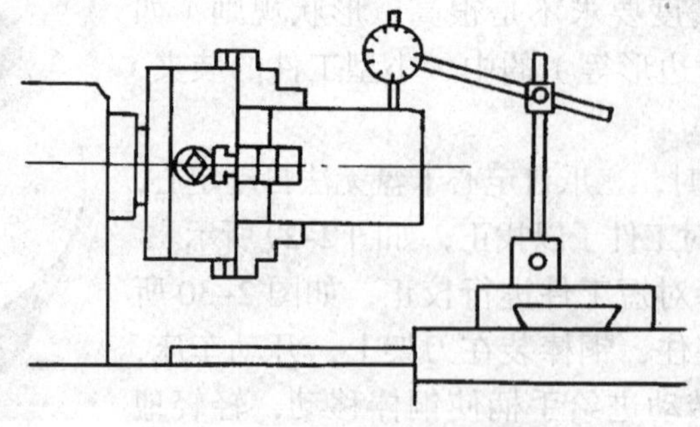

图 2–32　用百分表校正工件

2. 由于四爪单动卡盘比三爪自定心卡盘的夹紧力大，所以四爪单动卡盘可以用来装夹较重的工件。

3. 四爪单动卡盘的四个卡爪各自掉头安装，即可成“反爪”，可用来装夹较大的工件。

三、用顶尖装夹工件

用卡盘夹持工件时，工件只有一端被固定，当所车削的工件较细长、刚度较低时，工件往往会被刀具顶弯，出现“让刀”现象，导致车出的工件在靠近卡盘的一端尺寸小、另一端尺寸大。这种情况下，工件可采用两端用顶尖，或一端用卡盘另一端用顶尖的装夹方法。用顶尖装夹工件时不需校正，精度高，且多次装夹也不至于错位。

根据顶尖在车床上安装位置的不同，可分为前顶尖和后顶尖，其尾部的莫氏锥度分别与主轴内孔或尾座内孔相配合。前顶尖也常用自制的方法来代替，即在三爪自定心卡盘上装上一小段钢料，车削 60° 的尖端来代替前顶尖，用这方法还可以减小前顶尖由于装夹不当而引起的误差。

常用的顶尖分为固定顶尖和回转顶尖两种。固定顶尖（又称死顶尖）如图 2–33 所示，用它装夹工件比较稳固，刚度较高，但由于工件与顶尖之间有相对运动，顶尖容易磨损。

图 2–33　固定顶尖类型

a）普通顶尖　b）硬质合金顶尖

用固定顶尖装夹工件时，中心孔中应先填入润滑脂，再用顶尖顶住。顶紧力大小要适当，顶紧力过小，则刚度不高，工件转动时容易出现晃动现象；顶紧力过大，会导致工件与顶尖之间摩擦力过大，严重时会导致顶尖烧毁。当工件两端用顶尖顶住装夹时，用手用力转动工件，工件能自由转动 1 ~ 2 圈，这时认为顶紧力是合适的。

高速车削时，为了防止中心孔与顶尖之间由于摩擦而发热过大，一般采用回转顶尖，如图 2–34 所示。由于回转顶尖内部有轴承，在车削时顶尖与工件一起转动，因此避免了工件中心孔与顶尖之间的摩擦，但它的刚度较低，一般适用于粗车和半精车。装夹工件时，不需在中心孔中加润滑脂。

工件两端用顶尖顶住后，实现了工件的定位，车床的动力要用拨盘和鸡心夹头传递到工件上，如图 2–35 所示。有时拨盘可用三爪自定心卡盘代替，如图 2–36 所示。

图 2–34　回转顶尖

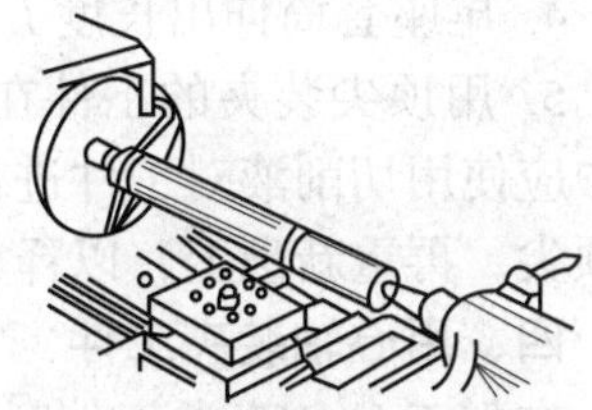

图 2–35　用顶尖和鸡心夹头装夹工件

车削一般轴类零件，特别是较重的轴类零件时，如用两顶尖装夹，虽然精度高，但刚度低，所承受的切削力较小，因此，常用一夹一顶的装夹方法，即一端用卡盘夹住，另一端用后顶尖顶住。这种装夹方法操作简单，夹持力大，能承受较大的轴向切削力，应用很广泛。用一夹一顶装夹工件时，为了防止工件轴向窜动，可在卡盘内装一个限位支撑，或用工件台阶限位，如图 2–37 所示。用两顶尖装夹工件的步骤如图 2–38 所示。

图 2–36　用三爪自定心卡盘代替拨盘

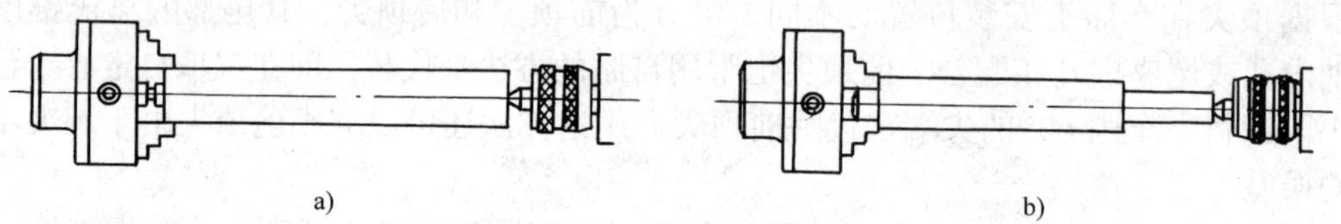

图 2–37　一夹一顶装夹工件

a）用支撑限位　b）用工件台阶限位

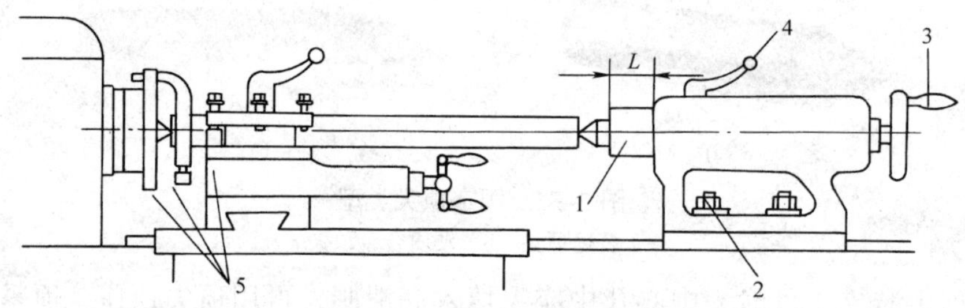

图 2–38　用两顶尖装夹工件的步骤

1—调整尾座套筒伸出长度　2—将尾座推近工件，固定尾座　3—装上工件，调节顶尖与工件的松紧　4—将套筒锁紧　5—刀架移到行程的最左端，用手转动主轴，检查有无干涉

用顶尖装夹工件时还应注意以下事项。

1. 由于顶尖是靠尾部的锥面与主轴或尾座内孔配合而装紧的，因此，在安装顶尖时先要把顶尖尾部的锥面和对应的锥孔擦干净，再用力将顶尖推入装紧。

2. 前、后顶尖应调整到与主轴轴线同轴，否则车出的工件将呈锥形。当前、后顶尖不共线时，一般可调节尾座的横向位置。调节时，可推动尾座至前、后顶尖靠近，调节到用目测观察前、后顶尖基本对准，然后通过试车测量外圆的锥度情况，再进一步微调，直到满足要求。

3. 装夹前要先检查工件端面的中心孔，要求中心孔形状正确，孔内光洁且无杂物。

4. 尾座套筒伸出长度 L 一般为 30 ~ 60 mm，不宜过长，以免降低刚度。

5. 用顶尖装夹的工件在加工时会因切削发热而伸长，导致顶紧力过大。因此，车削过程中应使用切削液对工件进行冷却，以减少工件的发热。在加工长轴时，中途必须经常松开后顶尖，再重新顶上，以释放工件因温度升高而产生的伸长量。

四、用心轴装夹工件

在加工盘、套类工件时，为了保证内孔与外圆、端面之间的位置精度，一般用心轴装夹工件。用心轴装夹工件时，先要对工件的内孔进行精加工，用内孔定位，把工件装在心轴上，再把心轴装夹到车床上，对工件进行加工。

心轴的种类很多，常用的心轴有圆柱心轴和锥度心轴。

圆柱心轴，如图 2–39 所示，工件用螺母压紧。用该方法装夹工件时夹紧力较大，并可同时加工多个工件，但对中性较差，一般用于加工精度要求较低的工件。

锥度心轴，如图 2–40 所示，其锥度很小（一般为 1∶5 000 ~ 1∶1 000），工件压入心轴后，靠摩擦力传递转矩。锥度心轴装卸简便，对中性好，但只能承受较小的切削力，多用于工件的精加工。

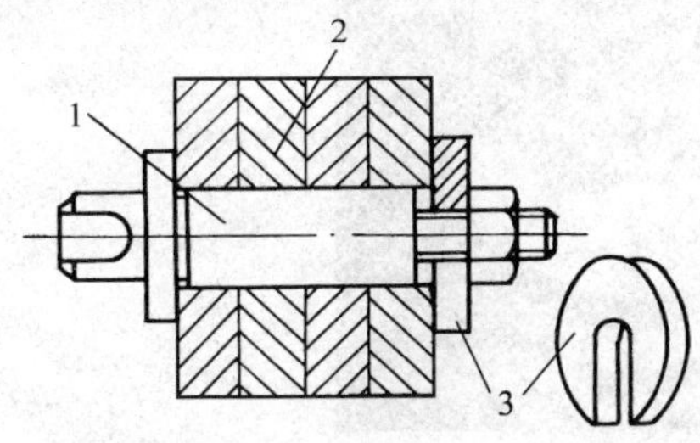

图 2–39　圆柱心轴

1—心轴　2—工件　3—快换垫圈

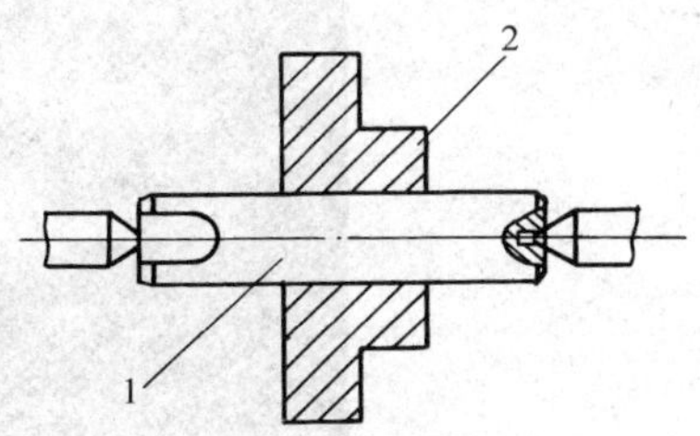

图 2–40　锥度心轴

1—心轴　2—工件

§2–4　车台阶轴

一、轴类零件的毛坯形式

1. 圆棒料

热轧圆棒料是一种常见的轴类零件的毛坯形式，如图 2–41 所示。由于毛坯采用热轧制造，硬度较低，切削性能较好，常用于加工力学性能要求不高的光轴或直径变化不大的轴。

2. 锻件毛坯

对于比较重要的轴，多采用锻件毛坯，如图 2–42 所示。由于毛坯经过加热锻打后金属内部组织纤维细密、均匀，因此，能获得较高的力学性能。

图 2–41　圆棒料

图 2–42　锻件毛坯

3. 铸造毛坯

少数结构及形状很复杂的轴，如曲轴等，常采用球墨铸铁铸造毛坯，如图 2–43 所示。

图 2–43 铸造毛坯

二、粗车与精车

轴类零件的车削过程一般分为粗车、半精车与精车。粗车时，主要目的是快速切除工件的大部分多余材料，使工件接近所需的形状和尺寸。半精车与精车的目的主要是保证工件的尺寸精度和获得较低的表面粗糙度值。

1. 粗车与精车分开的原则

在加工零件时，一般采取粗车与精车分开的原则，即先对所需加工的表面全部进行粗车，然后再进行半精车和精车，原因如下。

（1）粗车时，由于背吃刀量 a_p 和进给量 f 较大，切削力很大，因此必须把工件夹得比精车时紧，当一端粗车好后，再掉头粗车另一端时，会将已加工表面夹变形。

（2）粗车时容易使工件发热而变形，粗车与精车分开后，使工件在精车前有冷却的机会，以免因工件发热而影响尺寸精度。

（3）粗车与精车分开可减小内应力对工件加工精度的影响。粗车时，由于切除了毛坯表面较厚的一层材料，会使毛坯内应力重新分布，从而使工件变形。当工件一端精车好以后，再掉头粗车另一端时，会引起已精车表面的变形。

（4）粗车后可及时发现毛坯内部的缺陷（如裂纹、砂眼等），以便及时修正或终止加工。

（5）粗车与精车分开后，可以合理地安排车床，粗车可安排在精度低、动力大的机床上进行，精车则可安排在精度高的机床上进行。

（6）由于精车安排在最后，可避免在中途各个环节中碰伤精加工表面。

应该指出，在车削体积较大且精度要求较低的工件时，由于装夹困难，也可以不采取粗车与精车分开的原则。

2. 粗车与精车的工艺特点

（1）粗车的工艺特点。粗车的主要目的是从毛坯上尽快切除多余的材料，而对零件的尺寸精度、几何精度和表面质量要求较低。粗车的尺寸公差等级为 IT13 ~ IT11 级，表面粗

糙度 Ra 值为 50 ~ 12.5 μm。

粗车时，对机床设备的精度要求不高，主要是机床功率能满足要求，工具、夹具的强度高，夹紧力大，操作简便，以适应切削力大的需要。

粗车时，应选择强度和刚度高、抗冲击能力强的刀具材料，以适应背吃刀量大、进给量大、排屑顺利的要求。

粗车时，应在机床、夹具、刀具等工艺系统刚度允许的前提下，尽量选用较大的背吃刀量和进给量，选用中等切削速度。

粗车较大的台阶轴时，一般从直径较大的部位开始加工，直径最小的部位最后加工，以使整个切削过程有较高的刚度。

（2）精车的工艺特点。精车主要是保证零件的尺寸精度、几何精度和表面粗糙度达到图样要求。精车的尺寸公差等级为 IT8 ~ IT6 级，表面粗糙度 Ra 值为 1.6 ~ 0.8 μm。因此，精车可作为较高精度外圆表面的终加工，也可作为光整加工前的预加工。

精车时，一般选用精度较高的机床，工具、夹具也应根据工件的形状、尺寸和几何公差要求来选用或制作，以确保工件的精度要求。例如，车削一多台阶轴，当要求台阶外圆与轴线有较高的同轴度时，就必须选用两顶尖等方法来装夹工件，精车各个台阶外圆和端面。精车时，根据切削速度高、切削力小、刀具耐用度高和工件表面粗糙度值要求小的特点，选用红硬性好的刀具材料。

精车时，切削用量的选择要有利于提高工件的加工精度，一般选用较小的进给量（f=0.05 ~ 0.20 mm/r）及较小的背吃刀量（硬质合金刀具 a_p=0.5 ~ 1 mm，高速钢刀具 a_p=0.1 ~ 0.2 mm）。为了避免在切削过程中出现积屑瘤而增大表面粗糙度值，硬质合金刀具一般选用较高的切削速度（80 ~ 120 m/min），高速钢刀具选用较低的切削速度（3 ~ 8 m/min）。

精车时，要选用精度较高的量具，如千分尺、百分表等，对工件的精度进行综合测量。

3. 粗车与精车对刀具角度的要求

由于粗车和精车的加工要求不同，故对车刀的要求也不一样。

（1）粗车外圆时，外圆粗车刀应能适应粗车时切削深、进给快、切削力大、切削温度高的特点，主要要求车刀有足够的强度和良好的散热条件。因此，选择粗车刀几何角度的一般原则如下。

1）为了增加刀头强度，前角（γ_o）、后角（α_o）、刃倾角（λ_s）均应取小些，一般前角 γ_o=−10° ~ 5°，后角 α_o=5° ~ 7°，刃倾角 λ_s=−3° ~ 0°。

2）主偏角（κ_r）不宜过小，太小容易引起振动。当工件形状允许时，主偏角（κ_r）最好取 75° 左右，因为这时刀尖角 ε_r（基面中测量的主切削刃和副切削刃的夹角）较大，能承受较大的切削力，而且有利于刀尖散热。

3）主切削刃上应磨有负倒棱，其宽度为（0.5 ~ 0.8）f，负倒棱处的前角 γ_o=−5°，以提高切削刃强度。

4）为了进一步提高刀尖强度，改善散热条件，刀尖处应磨有过渡刃。

5）粗车塑性金属（如钢类）时，为了保证切屑能自行折断，使切削能顺利进行，应在车刀的前面上磨有断屑槽。断屑槽具体尺寸可参考有关手册。

（2）精车外圆时，要求工件达到较高的尺寸精度和较小的表面粗糙度值，这时切去的金属较少。精车时要求车刀锋利，切削刃平直、光滑。因此，选择精车刀几何角度的一般原则如下。

1）前角（γ_o）应取大些，使车刀锋利，以减小切削变形，并使切削轻快。一般取前角 γ_o=10° ~ 20°。

2）后角（α_o）应取大些，以减小车刀与工件之间的摩擦，一般取 α_o=6° ~ 8°。

3）副偏角（κ'_r）应取较小值，或刀尖处磨修光刃，修光刃长度一般为（1.2 ~ 1.5）f，以减小工件的表面粗糙度值。

4）采用正刃倾角（λ_s=3° ~ 8°），以控制切屑流向待加工表面。

5）精车塑性材料时，车刀的前面应磨出较窄的断屑槽。

三、车削轴类零件相关的操作方法

1. 车轴类零件的车刀

（1）偏刀。偏刀一般是指主偏角 κ_r 为 90° 的车刀，它又分右偏刀和左偏刀，如图 2–44 所示。从车床尾座向主轴箱方向进给的偏刀称为右切偏刀（或称正偏刀、右偏刀）；从主轴箱向车床尾座方向进给的偏刀称为左切偏刀（或称反偏刀、左偏刀）。

右偏刀可以用来车削外圆、右向台阶、端面。由于它的主偏角较大，车外圆时产生的径向力较小，不易把工件顶弯。左偏刀一般用来车削左向台阶，也适用于车削直径较大、长度较短的工件端面和外圆。

（2）45° 车刀。45° 车刀又称弯头刀，如图 2–45 所示，它的主偏角 κ_r 和副偏角 κ_r' 都等于 45°。45° 车刀也分左、右两种。45° 车刀的刀尖角 ε_r=90°，刀头强度和散热条件比偏刀好，但是 45° 车刀的主偏角 κ_r 较小，车削时径向力较大，易使工件产生弯曲变形，因此，常用于刚度较高、长度较短工件的外圆、端面的车削和倒角。

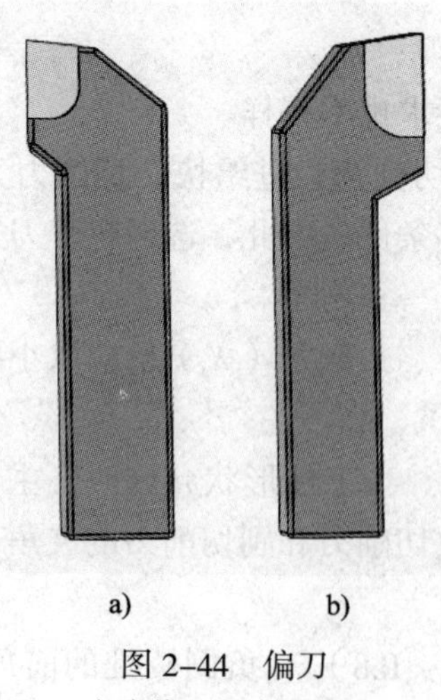

图 2–44　偏刀

a）右偏刀　b）左偏刀

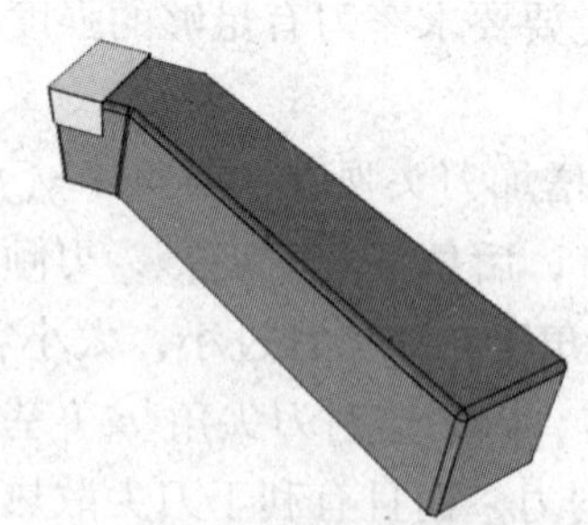

图 2–45　45° 车刀

（3）75° 车刀。75° 车刀的主偏角 κ_r 等于 75°，其刀尖角 ε_r 大于 90°，刀头强度高，较耐用。因此，适用于粗车轴类工件的外圆，以及强力车削铸件、锻件等加工余量较大的工件的外圆，还可以车削铸件、锻件的大端面。75° 车刀也称强力车刀，如图 2–46 所示。

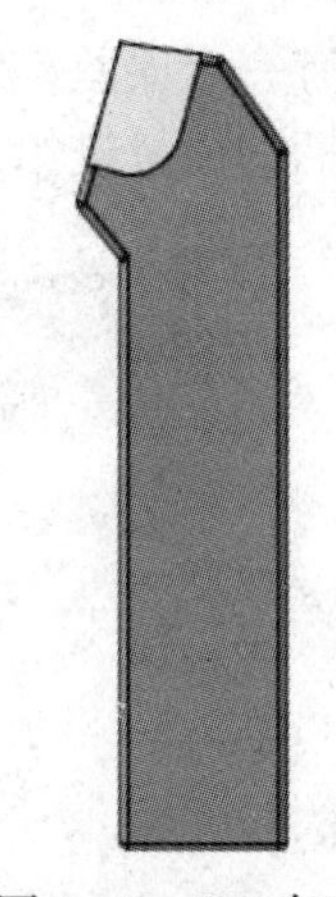

图 2–46　75° 车刀

2. 车外圆

车外圆时一般按下列步骤操作。

（1）装夹好工件并安装好车刀。

（2）选择好切削用量，根据所需的转速和进给量调节好车床上手柄的位置。

（3）对刀并调整背吃刀量。对刀方法：开机使工件旋转，转动横向进给手柄，使车刀与工件表面轻微接触，即完成对刀。车刀以此位置为起点，转动中滑板刻度盘手柄，进到背吃刀量。对刀时，工件一定要旋转，否则容易出现崩刃现象。

（4）试切。由于对刀的准确度和刻度盘的精度问题，按前面所进的背吃刀量不一定能车出准确的工件尺寸，一般要进行试切，并对背吃刀量进行调整。试切方法和步骤如图 2–47 所示。

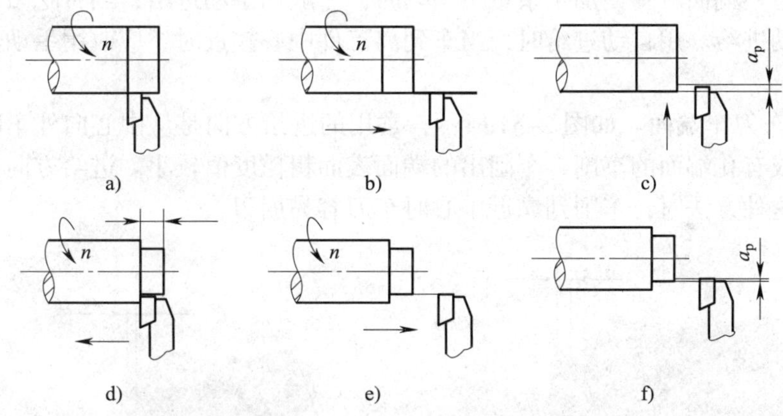

图 2–47　试切方法和步骤

a）对刀，刀具与工件表面轻微接触即可　b）按图中方向退出车刀　c）刀具横向进给背吃刀量
d）自动进给车削 1 ~ 3 mm　e）按图中方向退出车刀，待工件停转后测量尺寸
f）根据测量结果调整背吃刀量再试车，尺寸合格后车全程

（5）试切好后，记住刻度，作为下一次调整背吃刀量的起点。纵向自动进给车出全程。车到快接近所需长度时，先扳正手柄，停止自动进给，手动进给，车至所需长度；然后转动中滑板刻度盘手柄退出车刀，再停车。

3. 车直台阶

直台阶一般紧接着外圆车出。为了方便直台阶的车削，外圆车刀一般选择 90° 偏刀，并在安装车刀时把主偏角装成 95° 左右。当外圆车到尺寸后，由里往外退刀车出直台阶，如图 2–48 所示。

车台阶时，还要控制轴向尺寸，一般先用钢直尺确定台阶的位置，再开机使工件旋转，用刀尖在工件表面画一线痕，作为车削时的粗界线，如图 2–49 所示。由于这种方法所定位置有一定误差，线痕所确定的长度应比所需长度略短，最终的轴向尺寸可通过小滑板刻度盘手柄的微量进给来控制。

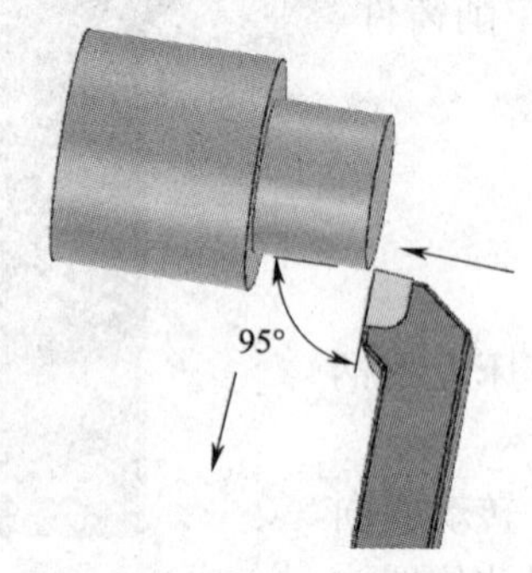

图 2–48　直台阶的车削方法

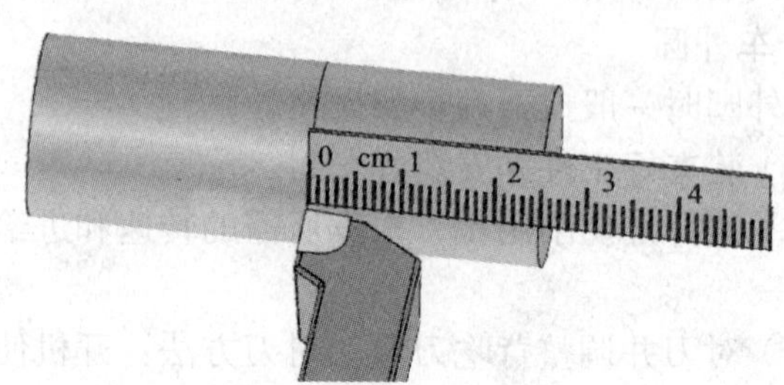

图 2–49　用钢直尺粗定台阶位置

4. 车端面

（1）车削方法。车端面常用 45° 车刀和 90° 车刀两种车刀。车端面时，刀尖高度要求特别严格，以免在端面留下凸台或造成车刀崩刃。

1）用 45° 车刀车端面。如图 2–50 所示，车削时，进给方向是由外向中心车削。当背吃刀量较大或因毛坯端面较斜使加工余量不均匀时，一般用手动进给；当背吃刀量较小且较均匀时，可用自动进给。用自动进给时，当车到离工件中心较近时，应改用手动慢慢进给，以防止车刀崩刃。

2）用 90° 车刀车端面。如图 2–51 所示，常用的进给方向是从中心向外车削，通常用于端面的精加工或有孔端面的车削，车削出的端面表面粗糙度值较小。进给方向也可从外向中心车削，但用这种方法时，车削到靠近中心时车刀容易崩刃。

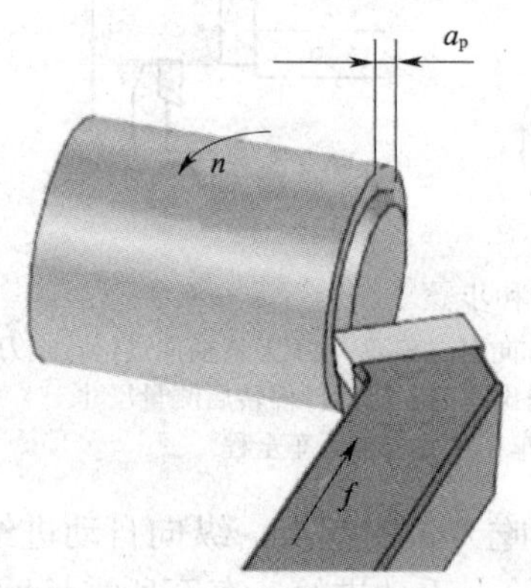

图 2–50　用 45° 车刀车端面

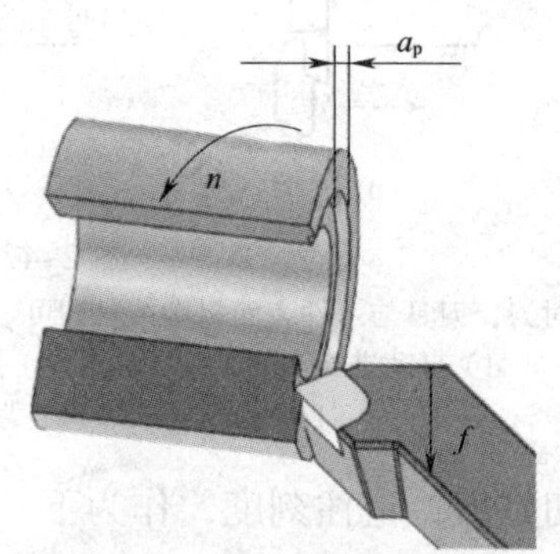

图 2–51　用 90° 车刀车端面

（2）注意事项。车削端面时应注意以下几点。

1）由于端面直径从外圆到中心是变化的，切削速度也随之变化，为了车出较低的表面粗糙度值，车端面时的转速应比车外圆的转速选得高一些。

2）车削较大的端面时，所车出的端面往往会略有内凹，即中心比外面略低。用刀口形直尺对光检测，可观察到在端面中心处有间隙。

3）在车削精度要求较高的大端面时，可将床鞍上的锁紧螺母锁紧，并将中滑板的导轨间隙调小，以减小车刀的纵向窜动。此时，背吃刀量用小滑板刻度盘手柄调整，并用该手柄的进给来控制工件的轴向尺寸。

5. 切断与车槽

（1）切断。在车削时，ϕ50 mm 以下的棒料常在车床上进行切断，大于 ϕ50 mm 的棒料不宜在车床上进行切断。切断刀如图 2–52 所示。

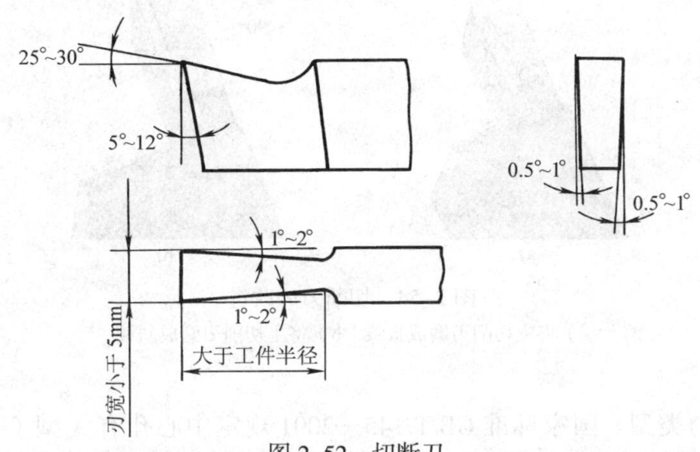

图 2–52 切断刀

切断刀的主切削刃宽度较窄，一般取 2 ~ 5 mm，若宽度太大，在切削时容易造成振动；切断刀刀头长度应略大于被切工件的半径。安装切断刀时，要使切断刀中心线垂直于工件轴线，两副切削刃对称，刀尖高度要求与工件轴线等高。

由于切断刀刀头窄而长，强度较差，加上工作时刀头伸进工件的内部，散热条件较差，排屑困难，所以切断刀容易折断。切断操作时应注意下列事项。

1）工件应用卡盘装夹，在车刀不会撞到卡盘的前提下工件的切断处应尽量靠近卡盘，以减小切削时的振动。

2）切断时，主轴转速应选择得低些。用高速钢车刀切断时，转速一般选择在 250 r/min 左右；用硬质合金车刀切断时，转速可选得高一些。材料硬、直径大、主切削刃较宽时，转速可选得低一些；反之，转速可选得略高一些。

3）切断时一般采用手动均匀而缓慢地进给。在工件即将切断时，要放慢进给速度。操作过程中要注意观察，一旦有异常情况，要迅速退出车刀。

4）切断时，由于散热困难，一般应加切削液进行冷却。

5）对于不易切断的工件，可采用分段切断法（又称借刀法），如图 2–53 所示。此时，切断刀减少了一个摩擦面，加大了槽宽，有利于排屑、散热和减小切削时的振动。

实践中，常对切断刀进行改进，如图 2–54 所示。将主切削刃磨成折线，使切屑由原来的一条大切屑分成三条小切屑，有利于排屑；也可将主切削刃磨成斜线，在切断有孔的工件时，可使切断面较为平整；把切断刀的主后角磨得很小（3° ~ 5°），对防止振动及断刀有一定的效果。

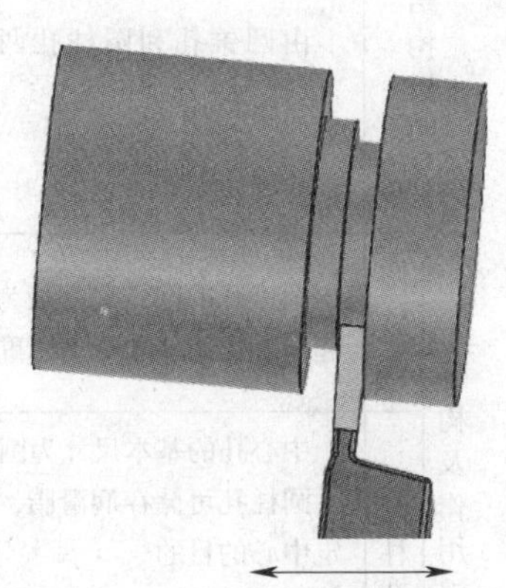

图 2–53 分段切断

（2）车槽。车槽刀与切断刀结构基本相同，只是刀头比切断刀短些，刀具强度较高。车 5 mm 以下的窄槽时，可使主切削刃与槽等宽，通过横向手动进给一次车出；车宽槽时，可先用窄刀车去槽的大部分加工余量，再根据尺寸对槽的两侧和槽底进行精车。

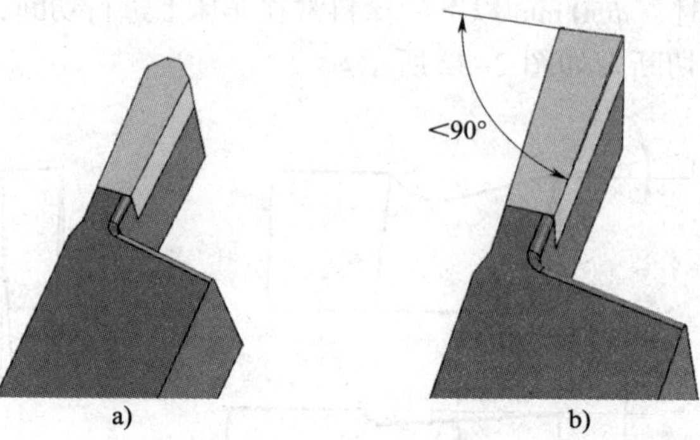

图 2–54　切断刀的改进

a）将主切削刃磨成折线　b）将主切削刃磨成斜线

6. 钻中心孔

（1）中心孔的类型。国家标准 GB/T 145—2001 规定中心孔有 A 型（不带护锥）、B 型（带护锥）、C 型（带护锥和螺纹）和 R 型（弧形）四种，其类型、结构和用途见表 2–1。

表 2–1　　中心孔的类型、结构和用途

<table>
<tr><th colspan="2">类型</th><th>A 型</th><th>B 型</th><th>C 型</th><th>R 型</th></tr>
<tr><td colspan="2">结构图</td><td>D　D₁　60°max　t　l</td><td>D　D₁　120°　60°max　t　l</td><td>D　D₂　120°　60°max　l</td><td>r　D　D₁　l</td></tr>
<tr><td colspan="2">结构说明</td><td>由圆锥孔和圆柱孔两部分组成</td><td>在 A 型中心孔的端部再加工一个 120° 的圆锥面，用以保护 60° 锥孔不至于碰毛，并使工件端面容易加工</td><td>在 B 型中心孔的 60° 锥孔后面加工一短圆柱孔（保证攻制螺纹时不碰毛 60° 锥孔），用丝锥攻制内螺纹</td><td>形状与 A 型中心孔相似，只是将 A 型中心孔的 60° 圆锥面改成圆弧面，这样使其与顶尖的配合变成线接触</td></tr>
<tr><td rowspan="2">结构及作用</td><td>圆锥孔</td><td colspan="3">圆锥孔的圆锥角一般为 60°，重型工件一般为 75° 或 90°。它与顶尖锥面配合，起定心作用并承受工件重力和切削力，因此圆锥孔的表面质量要求较高</td><td>线接触的圆弧面在装夹轴类工件时能自动纠正少量的位置偏差</td></tr>
<tr><td>圆柱孔</td><td colspan="4">中心孔的基本尺寸为圆柱孔的直径 D，它是选取中心钻的依据
圆柱孔可储存润滑脂，并能防止顶尖头部触及工件，保证顶尖锥面和中心孔锥面配合贴切，以达到正确确定中心的目的
圆柱孔直径 $D \leqslant 6.3$ mm 的中心孔常用高速钢制成的中心钻直接钻出，$D > 6.3$ mm 的中心孔常用锪孔或车孔等方法加工</td></tr>
</table>

续表

类型	A型	B型	C型	R型
使用的中心钻	118° 60°	120°	60° 118°	118° 60°
用途	适用于精度要求一般的工件	适用于精度要求较高或工序较多的工件	适用于需要把其他零件轴向固定在轴上时	适用于轻型和高精度轴类工件

（2）钻中心孔的一般步骤。中心孔在用顶尖装夹工件时起定位作用，钻孔时起定心引钻作用。钻中心孔一般按以下步骤操作。

1）调整车床转速。钻中心孔时，由于工件在靠近中心处的线速度很低，所以车床转速应选得高些，一般可调到 500 r/min 以上。

2）装夹工件和中心钻。工件用卡盘装夹，在钻削用于装夹顶尖的中心孔时，工件的伸出长度应较短。中心钻用钻夹头（图 2–55）装夹后，安装到尾座套筒内。

图 2–55　钻夹头

3）调整尾座位置。移动尾座，使中心钻靠近工件的端面，再将尾座固定在车床导轨上。

4）松开尾座套筒的锁紧手柄，转动尾座手轮使中心钻慢慢钻进。由于钻中心孔时排屑困难，操作时可用手前后摇动尾座手轮，使中心钻反复钻进、退出，以便于排屑。

5）由于中心孔只有在锥部才有定心、定位作用，钻中心孔时，停钻位置应该在中心钻的锥部，不宜钻得过深或过浅。

7. 倒角与倒钝锐边

工件加工后，在端面与回转面相交处会有锋利的尖角和残余的小毛刺。为了去除尖角和毛刺，方便零件的安装与使用，常采用倒角和倒钝锐边的加工工艺。

倒角的方法很多，常用的方法如图 2–56 所示。其中，图 2–56a、b、c 所示三种方法可用中滑板手柄上的刻度来控制尺寸。在加工中，为了减少换刀次数，常用双手联合控制床鞍和中滑板手柄，使车刀沿如图 2–56d 所示的方向进给，完成倒角。

若图样上未做特殊的说明，为了去除尖角和毛刺，一般要用很小的倒角（如 *C*0.2 mm），或在工件转动时用锉刀修锉来钝化转折处，这一加工工艺称为倒钝锐边。

四、轴类零件的车削工艺分析

1. 零件图分析

（1）零件的名称、材料和毛坯。通过零件的名称，了解零件的作用，如传动轴上两轴颈有配合要求，用于安装滚动轴承（安装轴承处的外圆称为支撑轴颈，安装齿轮或带轮的外圆称为配合轴颈），因此要求较高。

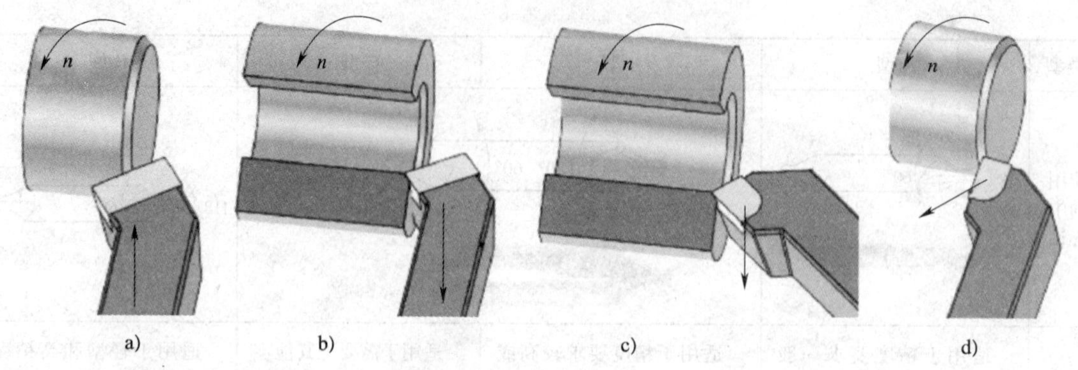

图 2–56　倒角的方法

a）用 45° 车刀车外倒角　b）用 45° 车刀车内倒角

c）用 90° 偏刀车内倒角　d）用 90° 偏刀车外倒角

轴类零件的材料以 45 钢、40Cr 钢用得最多；要求力学性能较高的轴，可用 40MnB 钢和 40CrMnMo 钢等，它们的强度高；对于某些形状复杂的轴，也可采用球墨铸铁。一般情况下，通过材料可以了解零件的力学性能。

轴类零件的毛坯若是圆钢料或锻件，还要进一步了解零件材料的热处理状态，为选择刀具材料提供科学依据。

（2）轴的结构。在轴类零件中，台阶轴是用得最多的一种。台阶轴一般由外圆、轴肩、螺纹、螺纹退刀槽、砂轮越程槽和键槽等组成。外圆用于安装轴承、齿轮、带轮等；轴肩用于轴上零件和轴本身的轴向定位；砂轮越程槽的作用是在磨削时避免砂轮与工件台肩相撞；螺纹退刀槽供加工螺纹时退刀用；键槽用于安装键，以传递转矩；螺纹用于安装各种螺母。此外，轴的端面和轴肩一般都有倒角，以便于装配；轴肩根部有的需要倒圆角，以减小在淬火或使用中的断裂倾向。

（3）轴的技术要求

1）尺寸公差和几何公差。尺寸公差和几何公差是衡量轴的精度等级的主要依据，也是确定轴类零件加工方案的重要依据。如尺寸精度要求较高、表面粗糙度值较小的轴类零件，车削时需分粗车、精车两个阶段进行。几何公差则是确定工件的定位基准和定位方法的出发点。

2）热处理。工件的热处理要求是确定加工顺序的重要依据。如一般铸、锻毛坯的退火是为了消除内应力，改善切削性能，所以应安排在粗加工之前进行。调质处理是为了提高工件材料的综合力学性能，但工件调质以后，因其硬度、强度升高而降低了切削性能，所以调质处理应安排在粗车之后进行。

2. 车削步骤的选择

（1）根据工件的形状、精度和数量，选择加工时的装夹方法、检测方法及所需的工具、夹具、量具。

（2）根据工件的形状、工艺要求，选择刀具的材料、刀具的几何角度和切削用量范围。

（3）确定工艺过程，安排加工步骤。在确定车削步骤时，要根据工件的不同结构和装夹方式来安排。安排加工步骤时应注意以下几点。

1）在车削短小的轴类零件时，一般先车端面，这样便于确定长度方向的尺寸。车铸铁件时，应先倒一个角，以免因铸铁的硬皮和型砂而加速车刀的磨损。

2）用两顶尖装夹车削轴类零件时一般要装夹三次。即先粗车第一端，掉头后再粗车和精车另一端，最后精车第一端。

3）车削台阶轴时，宜先车直径大的一端，以免降低工件的刚度。

4）轴上沟槽的车削一般安排在粗车和半精车之后、精车之前，注意应把槽的深度精车余量加入。如槽深为 2 mm，精车余量为 0.6 mm，则在精车之前的车槽深度应为 2.3 mm（2 mm+0.6/2 mm=2.3 mm）。

5）轴上的螺纹一般应在半精车以后车削，车好螺纹后再精车各级外圆。如果轴颈的同轴度要求不高，螺纹也可放在最后车削。

6）如果轴类零件在车削之后还要进行磨削，则在粗车和半精车之后不必再精车，但须留有磨削余量。

3. 轴类零件车削实例

图 2–57 所示为某一传动轴零件图。

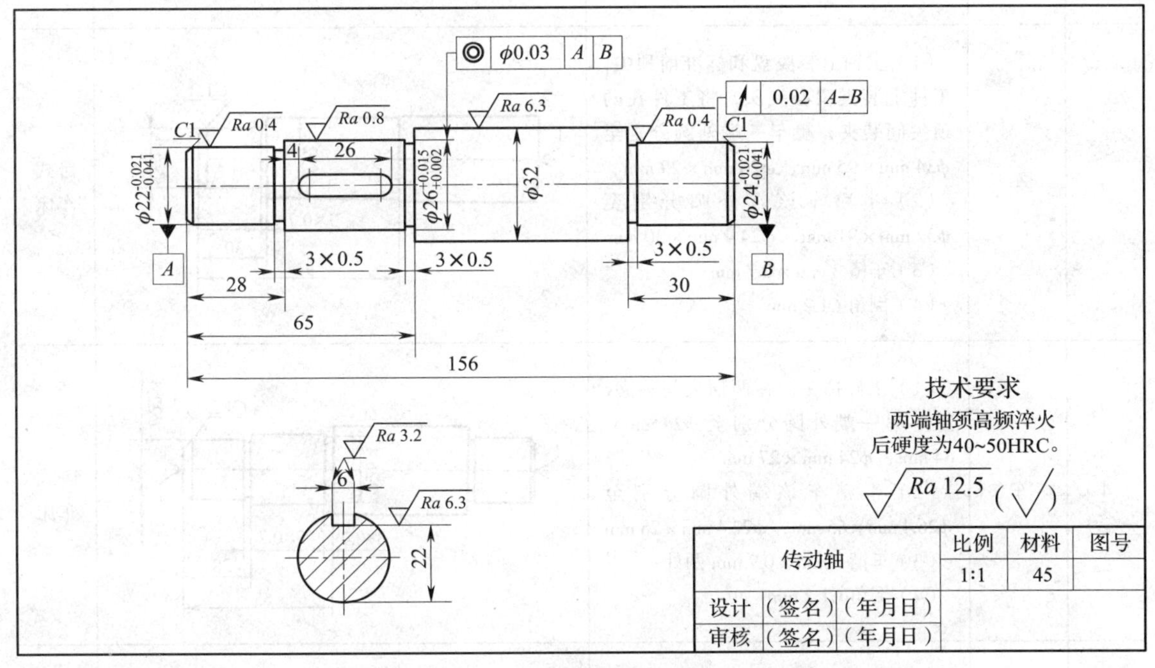

图 2–57　传动轴零件图

（1）根据零件的材料要求和工件最大尺寸，适当留取余量，选 $\phi35$ mm × 160 mm 的圆钢料作为毛坯。

（2）根据 $\phi24_{-0.041}^{-0.021}$ mm 外圆对 $\phi22_{-0.041}^{-0.021}$ mm 轴线的径向圆跳动公差为 0.02 mm，$\phi26_{+0.002}^{+0.015}$ mm 轴线对 $\phi22_{-0.041}^{-0.021}$ mm、$\phi24_{-0.041}^{-0.021}$ mm 轴线的同轴度公差为 $\phi0.03$ mm 等几何公差要求，采用两端中心孔作为粗、精加工的定位基准，用两顶尖装夹工件。

（3）工件上的三处配合面：$\phi22_{-0.041}^{-0.021}$ mm 轴颈，表面粗糙度 $Ra \leqslant 0.4$ μm；$\phi24_{-0.041}^{-0.021}$ mm 轴颈，表面粗糙度 $Ra \leqslant 0.4$ μm；$\phi26_{+0.002}^{+0.015}$ mm 轴颈，表面粗糙度 $Ra \leqslant 0.8$ μm，由于尺寸精度要求高，加上两端轴颈需高频淬火，可采用磨削进行精加工，车削时应留磨削余量

0.35 ~ 0.4 mm。其他圆柱面和端面均在车削中完成。

（4）轴上的键槽应在车削后、热处理前进行铣削。

传动轴加工步骤见表 2–2。

表 2–2　　传动轴加工步骤

工序号	工序名称	加工步骤	加工简图	设备
1	锯	下料 ϕ35 mm × 160 mm		
2	车	（1）用三爪自定心卡盘装夹毛坯，伸出 30 mm，车端面、钻 A3 mm/7.5 mm 中心孔 （2）毛坯掉头装夹，伸出 30 mm，车另一端面至长度 156 mm，钻中心孔	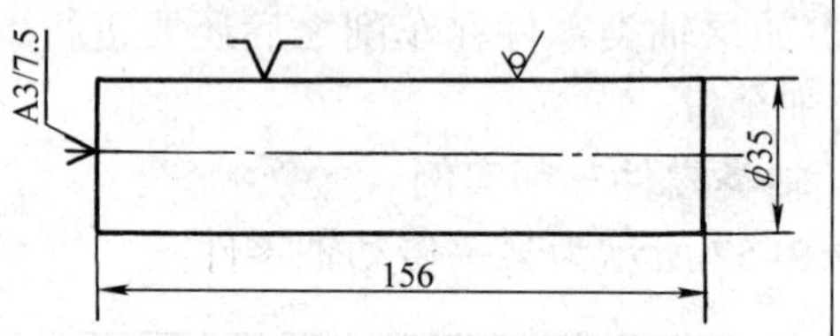	卧式车床
3	车	（1）主轴上装拨盘和标准前顶尖，工件上装夹鸡心夹头，将工件在两顶尖间装夹，粗车一端外圆分别至 ϕ34 mm × 95 mm、ϕ26 mm × 29 mm （2）半精车该端外圆分别至 ϕ32 mm × 91 mm、ϕ24.4 mm × 30 mm （3）车槽 3 mm × 0.7 mm （4）倒角 C1.2 mm	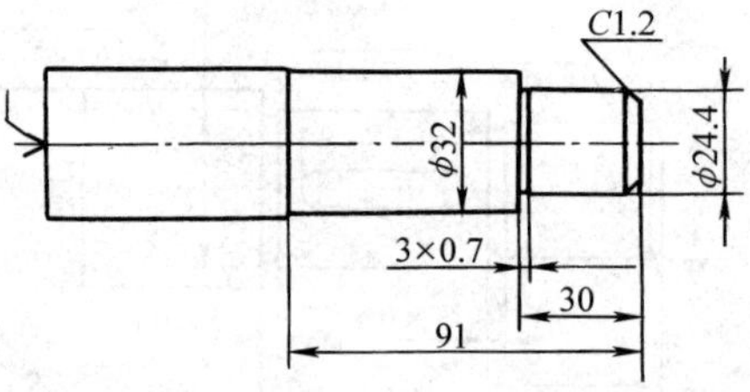	卧式车床
4	车	（1）工件掉头，在两顶尖间装夹，粗车另一端外圆分别至 ϕ28 mm × 64 mm、ϕ24 mm × 27 mm （2）半精车该端外圆分别至 ϕ26.4 mm × 65 mm，ϕ22.4 mm × 28 mm （3）车槽 3 mm × 0.7 mm 两处 （4）倒角 C1.2 mm	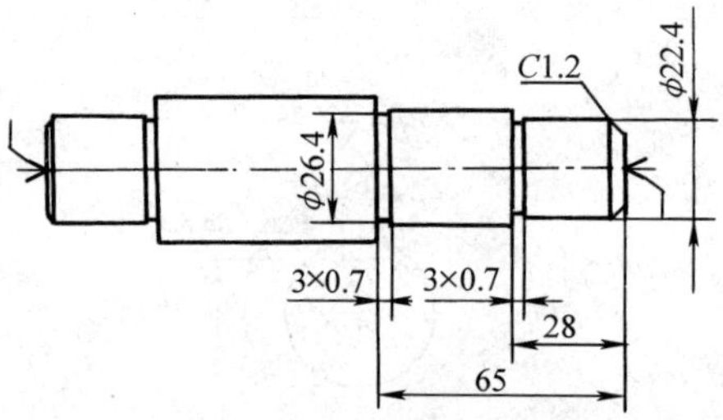	卧式车床
5	铣	略		
6	热处理	略		
7	钳	略		
8	磨	略		
9	检验	略		

§2-5 车圆锥台

圆锥表面是由一条与轴线成一定角度且一端相交于轴线的线段（母线）围绕着该轴线旋转形成的表面。由一定径向尺寸和轴向尺寸所限定的圆锥表面组成的几何体称为圆锥。

在机床和工具中，很多结构都使用圆锥配合，如车床主轴与前顶尖的配合，尾座套筒的圆锥孔与后顶尖或麻花钻锥柄的配合等，如图 2–58 所示。圆锥配合的主要特点是：当圆锥角较小（在 3° 以下）时，配合紧密，装卸方便；经多次装卸，仍然能保证很精确的定心作用，配合同轴度高；可以传递很大的转矩。

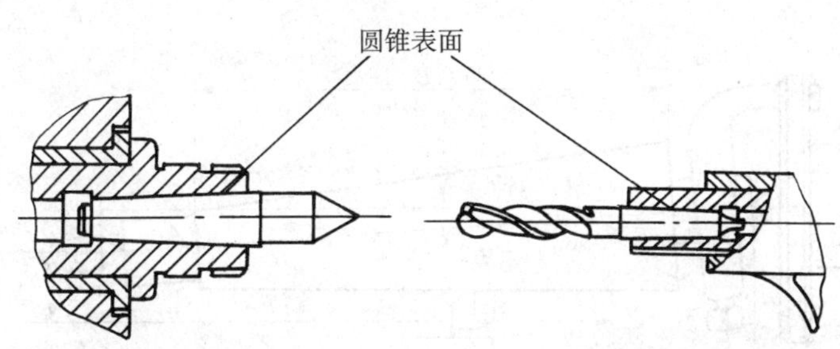

图 2–58　圆锥零件的配合实例

一、圆锥各部分的名称和尺寸计算

圆锥各部分的名称如图 2–59 所示，D 为大端直径，d 为小端直径，$\frac{\alpha}{2}$为圆锥半角（α 为圆锥角），L 为圆锥体锥形部分的长度，C 为锥度。

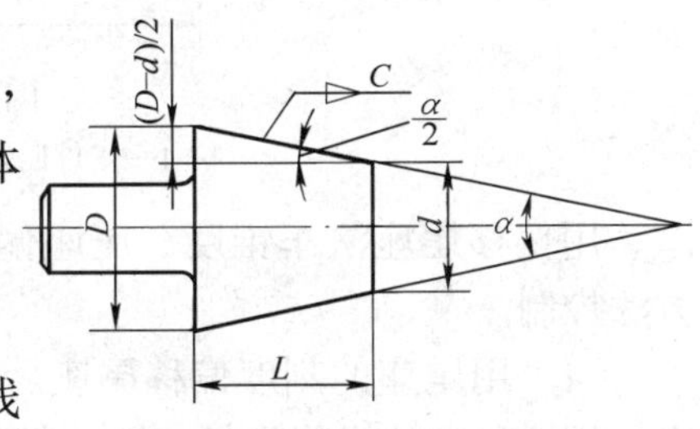

图 2–59　圆锥各部分的名称

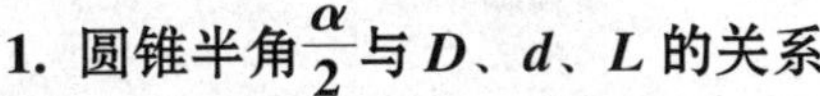

1. 圆锥半角$\frac{\alpha}{2}$与 D、d、L 的关系

圆锥半角$\frac{\alpha}{2}$是指在圆锥的轴向截面内圆锥母线与轴线之间的夹角。

$$\tan\frac{\alpha}{2}=\frac{D-d}{2L}=\frac{C}{2}$$

2. 锥度 C 与 D、d、L 的关系

$$C=\frac{D-d}{L}$$

当 $\alpha<6°$ 时，可用下式近似计算：

$$\frac{\alpha}{2}\approx 28.7°\times C$$

二、标准圆锥

为了使用方便，降低生产成本，简化圆锥的各部分尺寸，常用的工具、刀具上的圆锥都已标准化。常用的标准圆锥有以下两种。

1. 莫氏圆锥

莫氏圆锥主要用于机床与工具、刀具之间的自锁连接。国家标准中规定了 0 号、1 号、2 号、3 号、4 号、5 号和 6 号共计 7 种莫氏圆锥。莫氏圆锥号码不同，圆锥的尺寸和圆锥角都不同，大端尺寸由 0 号到 6 号依次增大，最小的是 0 号，最大的是 6 号。

2. 公制圆锥

国家标准中规定了 4 号、6 号、50 号、60 号、80 号、100 号、120 号、140 号、160 号、180 号和 200 号 11 种公制圆锥。号码表示的是大端直径（单位 mm）。11 种公制圆锥的锥度固定不变，即 C=1：20，锥角为 2° 51′ 51″，其他各部分尺寸可从有关手册中查出。

三、车圆锥基本方法

车圆锥的方法较多，有偏移尾座法、转动小滑板法、仿形法和宽刃刀车削法等。

1. 偏移尾座法

偏移尾座法主要用于车削锥度小、长度长的圆锥面，如图 2–60 所示。将尾座偏移距离 S，用两顶尖装夹工件，使工件回转轴线与车床主轴轴线的夹角等于圆锥半角$\frac{\alpha}{2}$，纵向自动进给即可车锥面。

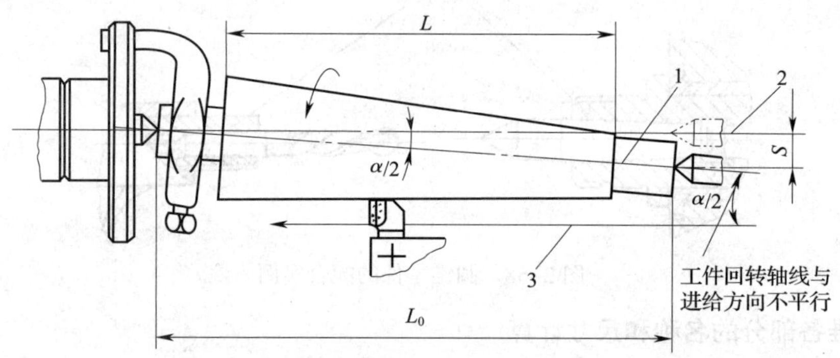

图 2–60　用偏移尾座法车圆锥

1—工件回转轴线　2—车床主轴轴线　3—进给方向

用偏移尾座法车锥度，尾座偏移距离 S 是否正确十分关键。尾座偏移量可用以下几种方法控制。

（1）用尾座的刻度偏移尾座。如图 2–61 所示，转动螺钉 A 和 B，把尾座移动所需的距离。用这种方法操作简便，用于精度要求不高的场合。

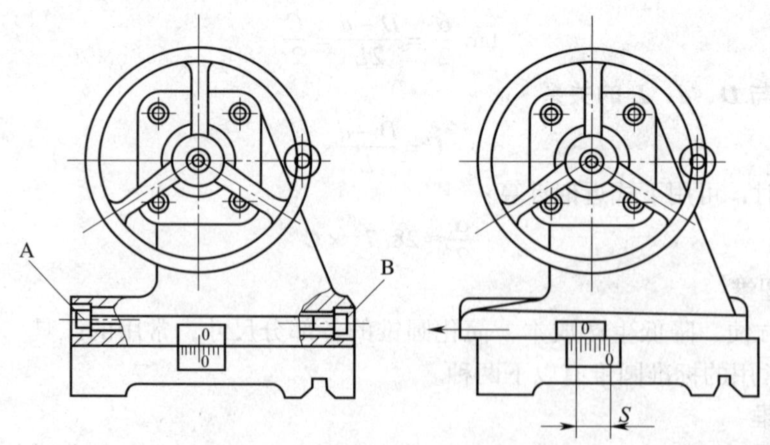

图 2–61　用尾座的刻度偏移尾座

（2）用百分表偏移尾座。把百分表装到刀架上，使百分表的测头与尾座套筒接触，测杆垂直于尾座套筒，并对准尾座套筒的轴线，然后偏移尾座，偏移量可通过百分表读出，偏移量准确后固定尾座，如图 2–62 所示。这种方法比较准确，但也存在一定误差。

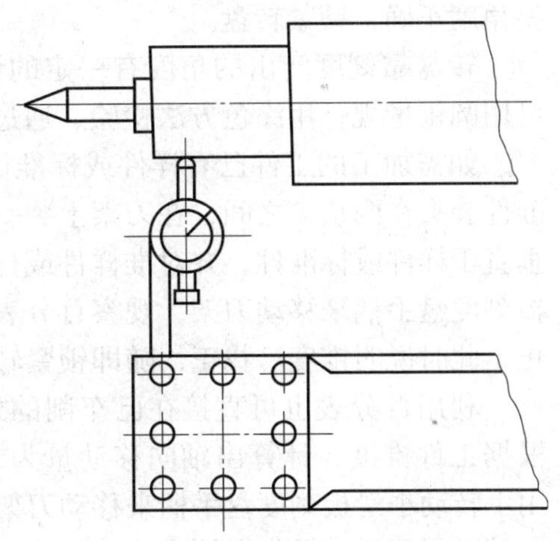

图 2–62 用百分表偏移尾座

（3）用圆锥量棒偏移尾座。如图 2–63 所示，选一锥度与所加工的工件相同的圆锥量棒，把圆锥量棒装夹在两顶尖之间，在刀架上装一百分表，使百分表的测头与量棒接触，测杆垂直于量棒，并对准量棒的轴线，然后偏移尾座，转动床鞍刻度盘手柄，看百分表在量棒两端的读数是否相同。如果读数不同，再调整尾座偏移量，直到读数相同为止，固定尾座。量棒的总长应与需加工的圆锥长度相当，以减小误差。这种方法所调出的偏移量最准确，可用于精度要求较高的场合。

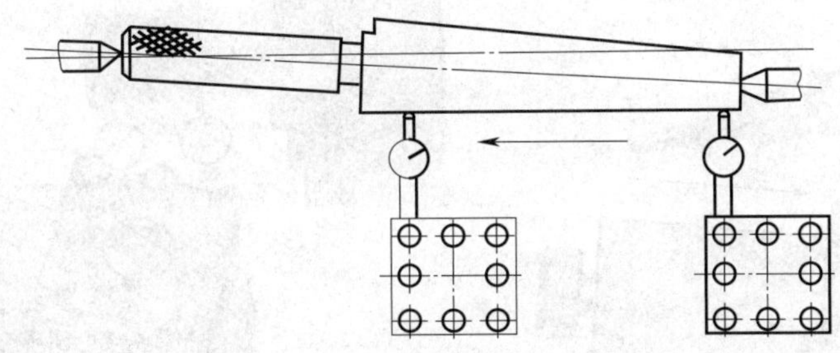

图 2–63 用圆锥量棒偏移尾座

2. 转动小滑板法

转动小滑板法主要用于车锥度较大、长度较短的圆锥面，如图 2–64 所示。由于用该方法车圆锥时，需用手转动小滑板刻度盘手柄进行进给，所以工件表面粗糙度较难控制。转动小滑板法能车削的圆锥面长度由小滑板的行程决定，故不宜加工较长的圆锥。具体操作方法如下。

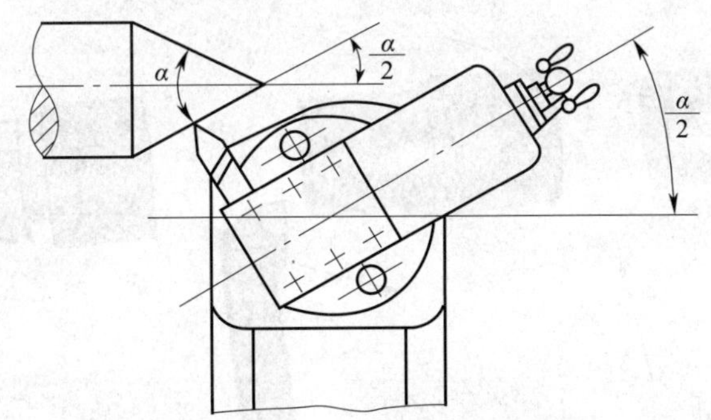

图 2–64 用转动小滑板法车圆锥

（1）先按大端尺寸车出外圆。

（2）根据尺寸，计算出圆锥半角$\frac{\alpha}{2}$，松开小滑板转盘的紧固螺母，转动小滑板，使其倾斜角度正确，锁紧转盘。

转盘靠刻度转出的角度有一定的误差，应予以消除。当车削的工件锥度较小时，一般可用圆锥量规，用涂色方法检验，通过试车，逐步找正转盘的角度。

如需加工的工件已有样件或标准件，可用百分表找正，如图 2–65 所示。先把样件或标准件装夹在两顶尖之间，在刀架上装一百分表，使百分表的测头与样件或标准件接触，测杆垂直于样件或标准件，并对准样件或标准件的轴线，将转盘转动一定的角度。用手转动小滑板刻度盘手柄来移动刀架，观察百分表的摆动。调整转盘的角度，直到百分表指针不摆动为止，此时说明锥度已找正，随即锁紧转盘。

利用百分表也可直接在已车削的外圆上找正。如图 2–66 所示，装上工件，车好外圆。根据工件锥度，计算出轴向移动量为 L 时半径的变化量 R' 。装好百分表，转动转盘角度。用手转动小滑板刻度盘手柄来移动刀架，并用小滑板刻度盘的刻度来控制轴向移动量。当轴向移动量为 L，百分表的读数正好为 R' 时，说明锥度已找正，锁紧转盘。注意，用该方法找正时，不可超出百分表测杆的行程，以免损坏百分表。

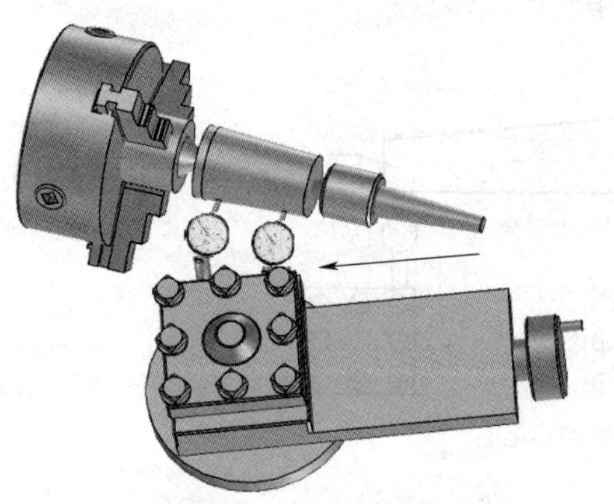

图 2–65 用圆锥零件配合找正

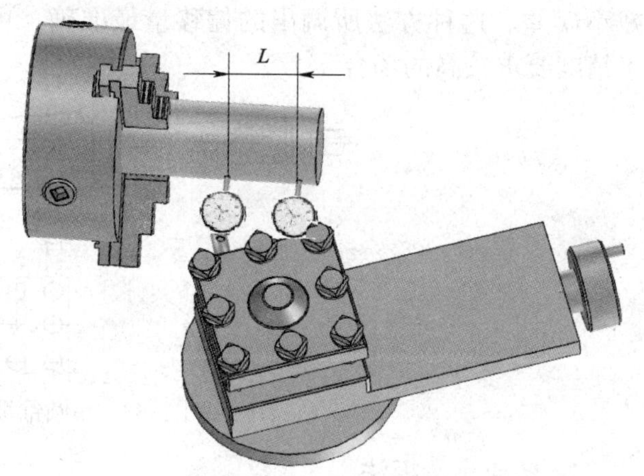

图 2–66 用百分表直接找正

（3）车削操作步骤

1）用右偏刀车锥度工件（图 2–67）

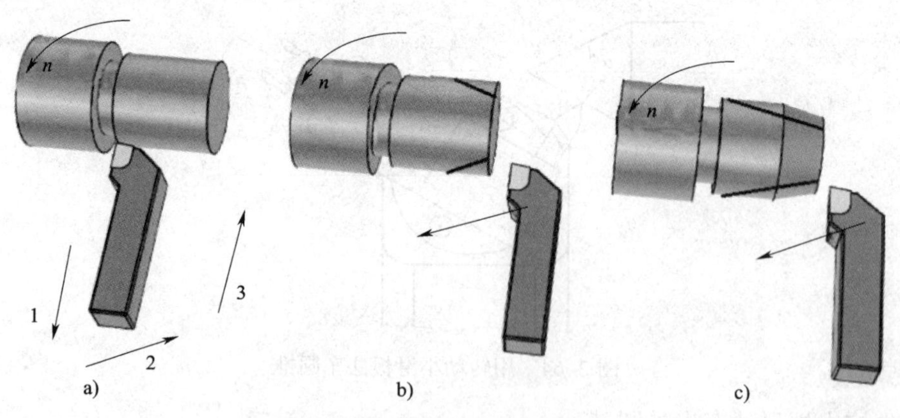

图 2–67 用右偏刀车锥度工件

a）步骤① b）步骤② c）步骤③

①对刀。在锥度大端对刀，记住刻度，退出；转动小滑板刻度盘手柄，将车刀退至右端面；调整背吃刀量。

②转动小滑板刻度盘手柄，手动进给，粗车锥度。

③调到对刀刻度手动精车。

2）用左偏刀车锥度工件（图 2–68）

①转动小滑板刻度盘手柄直接粗车，如图 2–68a 所示。

②在锥度大端对刀，直接手动精车，如图 2–68b 所示。

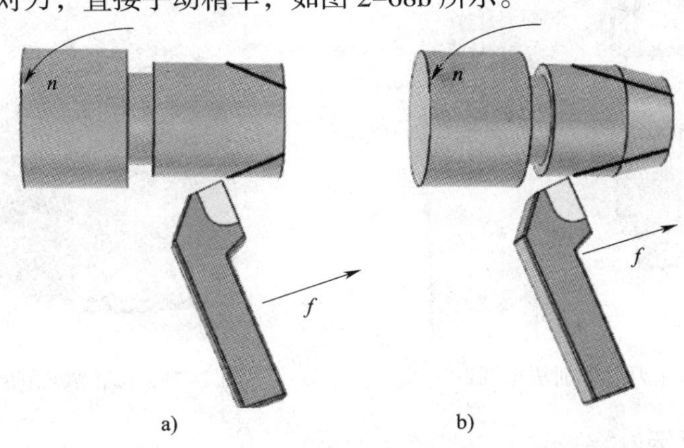

图 2–68　用左偏刀车锥度工件

a）步骤①　b）步骤②

用转动小滑板法车圆锥时，由于要用手动进给，精车时转速要调得较高，手动进给的速度要慢且均匀，以降低表面粗糙度值。用右偏刀车削时，操作较复杂；用左偏刀车削时操作较为简便，此时刀柄应略倾斜，以防止车刀副后面与已加工表面之间的刮擦。

3. 仿形法

如图 2–69 所示，在卧式车床上装夹一套锥度仿形装置。锥度仿形装置装夹在车床的床身后面，仿形装置上有一块固定的锥度仿形板 1，其斜角可以根据工件的圆锥半角调整。刀架 3 与滑块 2 刚性连接，拆去中滑板丝杆。当床鞍纵向进给时，滑块 2 沿着锥度仿形板中的斜槽移动，带动车刀做平行于仿形板的斜向移动，车削过程中，始终保持 $BC /\!/ AD$，这样就车出了圆锥。

对于长度较长、精度要求较高、生产批量较大的锥体，一般都采用仿形法加工。

4. 宽刃刀车削法

用宽刃刀车削法加工圆锥时，只能加工长度小于 20 mm 的圆锥面，并要求车床的刚度较高，转速应选择得较低，否则容易引起振动。

用宽刃刀车削法加工锥面，可先把外圆车成台阶状，去除大部分余量，使加工时省力些；再把宽刃刀调出工件所需的角度，直接横向进给，车出工件的锥度。用宽刃刀车削法车圆锥如图 2–70 所示。

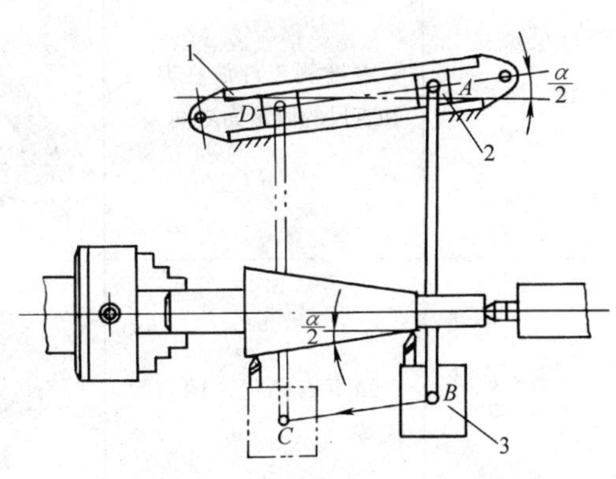

图 2–69　用仿形法车圆锥

1—锥度仿形板　2—滑块　3—刀架

车圆锥时，车刀刀尖的高度必须严格对准工件旋转中心。车刀过高或过低，均会引起圆锥表面的双曲线误差，如图 2–71 所示。用转动小滑板法车圆锥时，还应注意调整小滑板镶条间隙，使小滑板移动时松紧均匀。

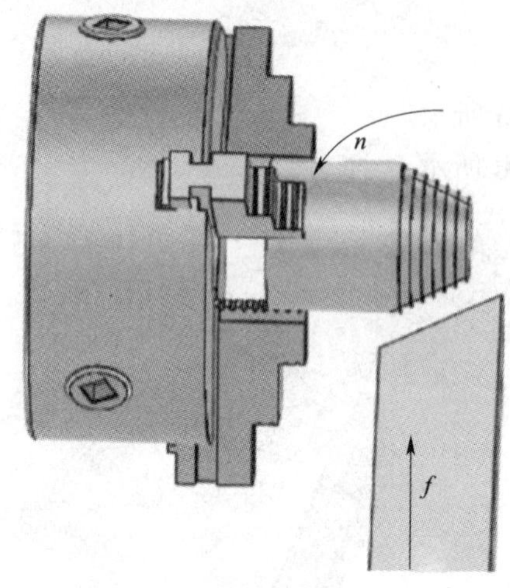

图 2–70　用宽刃刀车削法车圆锥

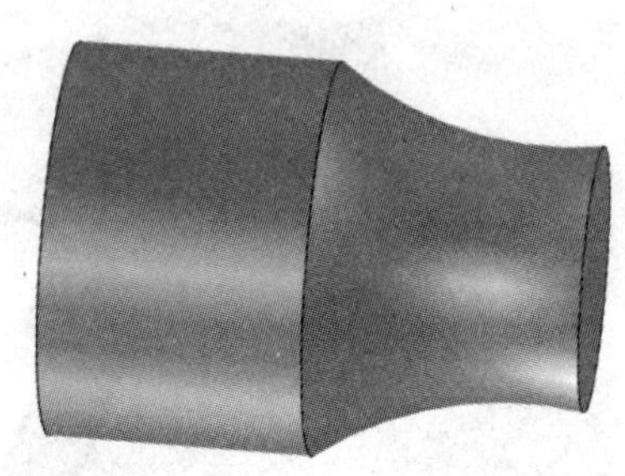

图 2–71　圆锥表面的双曲线误差

四、锥度测量方法

1. 用万能角度尺测量

用万能角度尺测量锥度的方法见表 2–3。使用时应注意以下几点。

（1）工件表面和量具表面要清洁。

（2）按照工件所要求的角度调整好万能角度尺的测量范围。

（3）测量时，万能角度尺尺面应通过工件旋转中心，并且要与工件测量基准面吻合，然后透光检查。读数时，应拧紧固定螺钉，然后移离工件，以免角度值变动。

表 2–3　　用万能角度尺测量锥度的方法

测量的角度	结构的变化	测量范围	读尺身的刻度排数	测量示例
0° ~ 50°	将被测工件放在基尺和直尺的测量面之间	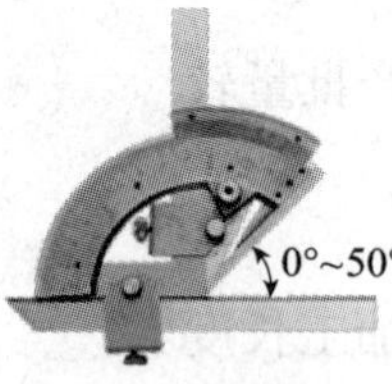 0°~50°	第一排	
50° ~ 140°	卸下直角尺，用直尺代替	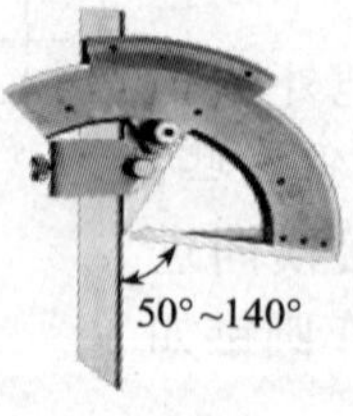 50°~140°	第二排	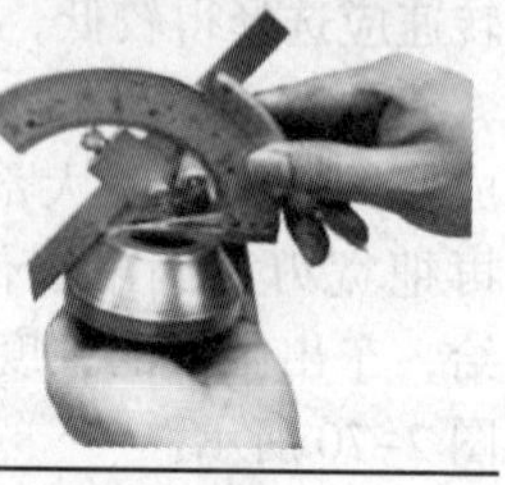

续表

测量的角度	结构的变化	测量范围	读尺身的刻度排数	测量示例
140° ~ 230°	卸下直尺，装上直角尺	140°~230°	第三排	
230° ~ 320°	卸下直角尺、直尺和卡块，由基尺和尺身上的扇形板组成测量面	230°~320°	第四排	

2. 用角度样板测量

成批和大量生产时，可用专用的角度样板来测量工件的锥度。图 2–72 所示为用角度样板测量锥齿轮坯角度的情形：第一步，先以端面为基准测量 140°；第二步，测量 90°。

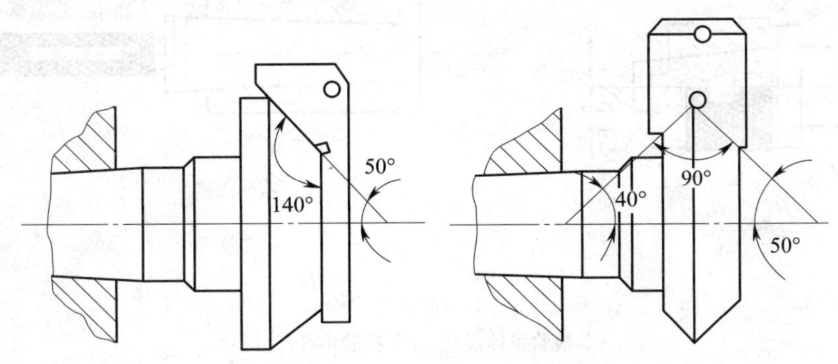

图 2–72　用角度样板测量锥度

3. 用圆锥量规测量

在测量标准圆锥或配合精度要求较高的圆锥工件时，可使用圆锥量规。圆锥量规分为圆锥套规和圆锥塞规，如图 2–73 所示。

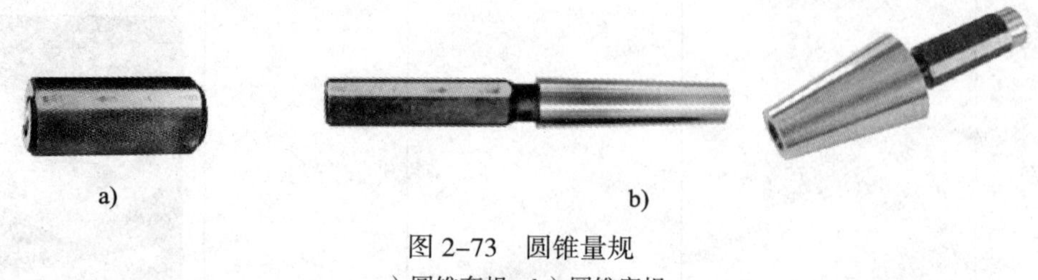

图 2–73　圆锥量规

a）圆锥套规　b）圆锥塞规

（1）锥度检验。用圆锥塞规检验内圆锥时，先在塞规表面顺着锥体母线用显示剂（如红丹粉）均匀地涂上三条线（相隔约 120°），然后把塞规放入内圆锥中转动（约 ±30°），观察显示剂擦去情况。如果擦去很均匀，说明锥面接触情况良好，锥度正确。假如小端擦去，大端没擦去，说明圆锥角大了；反之，说明圆锥角小了。

检验外圆锥的方法与检验内圆锥的方法相同，但是显示剂应涂在工件上。

（2）圆锥尺寸检验。圆锥塞规除了有一个精确的圆锥表面之外，在端面上还有一个台阶或者两条刻线，如图 2–74 所示，台阶或刻线之间的距离就是圆锥尺寸的公差范围。

当圆锥的尺寸合格时，圆锥端面应处于台阶内或两条刻线之间，如图 2–74 所示。

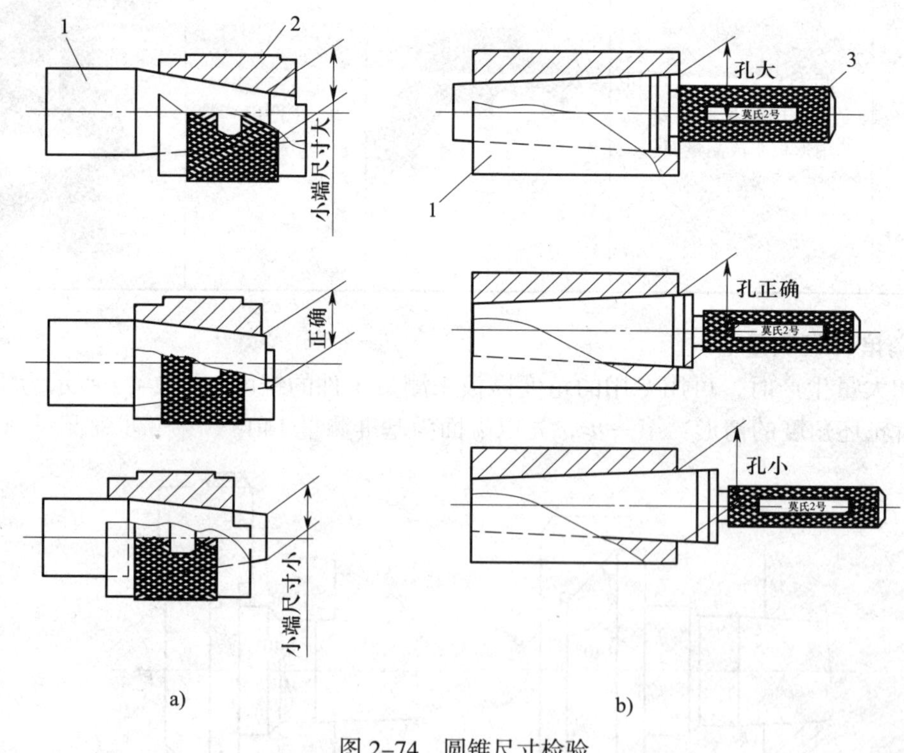

图 2–74　圆锥尺寸检验

a）检验锥体尺寸　b）检验锥孔尺寸

1—工件　2—套规　3—塞规

在测内圆锥时，如果两条刻线都进入工件孔内，说明内圆锥锥度太大；如果两条刻线都在工件孔外，说明内圆锥锥度太小；只有第一条线进入、第二条线未进入时，内圆锥的尺寸才是合格的。

在检验外圆锥时，工件端面应出现在套规的台阶内，否则工件锥度尺寸为不合格。

（3）车削中圆锥尺寸的控制。在车圆锥的过程中，当锥度已经车准，而尺寸还未达到要求时，需要对进给尺寸进行控制。控制切削尺寸时，可根据圆锥量规测出的尺寸 a（图 2–75），用计算法和移动床鞍法来确定横向进给量。

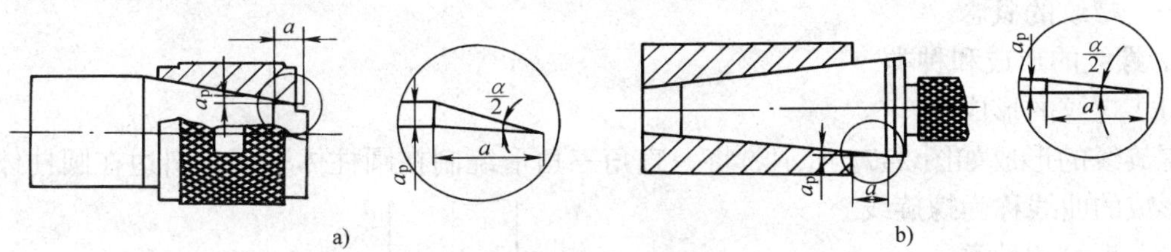

图 2–75　车锥度时横向进给尺寸的控制方法

a）用圆锥套规测量　b）用圆锥塞规测量

1）计算法。当用圆锥量规测出尺寸 a（即与要求尺寸相差的长度尺寸）时，控制背吃刀量 a_p 可用下式计算：

$$a_p = a\tan\frac{\alpha}{2}$$

或

$$a_p = a \times \frac{C}{2}$$

式中　a_p——控制背吃刀量，mm；

$\frac{\alpha}{2}$——圆锥半角，(°)；

C——锥度；

a——圆锥量规刻线中间至工件端面的距离，mm。

例 2–1　已知工件的圆锥半角$\frac{\alpha}{2}$=1° 30′，用套规测量时，工件锥体小端距套规台阶中心的距离为 4 mm，问背吃刀量为多少才能使小端直径尺寸合格？

解：

$$a_p = a\tan\frac{\alpha}{2} = 4 \times \tan1°30' \approx 4 \times 0.026\,19 \approx 0.105\text{ mm}$$

2）移动床鞍法。当用圆锥量规测量圆锥体尺寸时，如果量规刻线或台阶面中心与工件端面相差长度为 a，这时取下量规，使车刀轻轻接触工件锥体小端表面，接着移动小滑板，使车刀离开工件端面的距离为 a，如图 2–76 所示。然后转动床鞍手柄，移动床鞍，使车刀重新与新工件端面接触，这时虽然没有移动中滑板，但由于小滑板沿着圆锥母线移动了一段距离，故车刀能切入一个所需的深度。

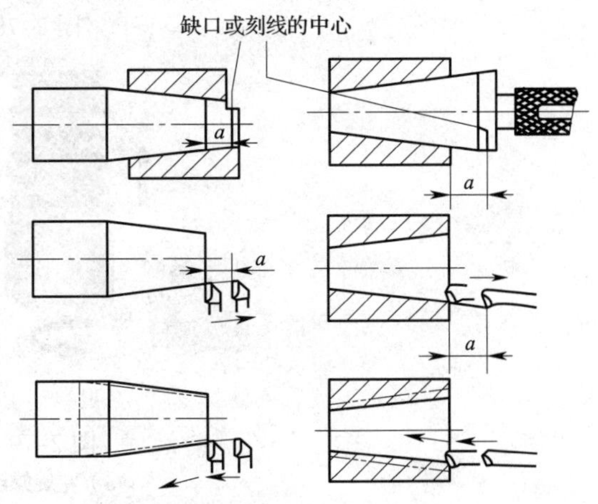

图 2–76　移动床鞍法控制锥度尺寸

§2-6 车三角形螺纹

带有螺纹的零件被广泛地应用在各种机械产品中，起零件间的连接、传递动力和运动等作用。车削是螺纹的主要加工方法之一。

一、螺纹的概念

1. 螺纹的形成和种类

（1）螺纹的形成

螺旋线的形成如图 2–77 所示。将一直角三角形绕制在圆柱体表面，斜边在圆柱体表面上所形成的曲线称为螺旋线。

（2）螺纹的种类

1）按牙型分类。用不同形状的车刀沿上述螺旋线可切制出不同牙型的螺纹，如矩形、三角形、梯形、锯齿形等，如图 2–78 所示。

2）按用途分为连接螺纹和传动螺纹。

3）按母体形状分为圆柱螺纹和圆锥螺纹。

4）按螺旋线方向不同，分为右旋螺纹和左旋螺纹，如图 2–79 所示。

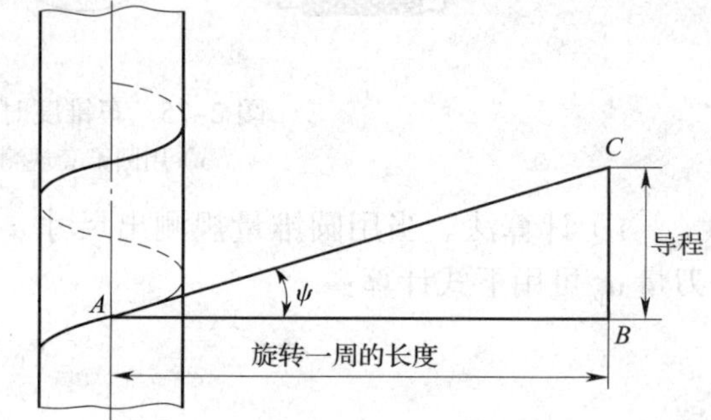

图 2–77　螺旋线的形成

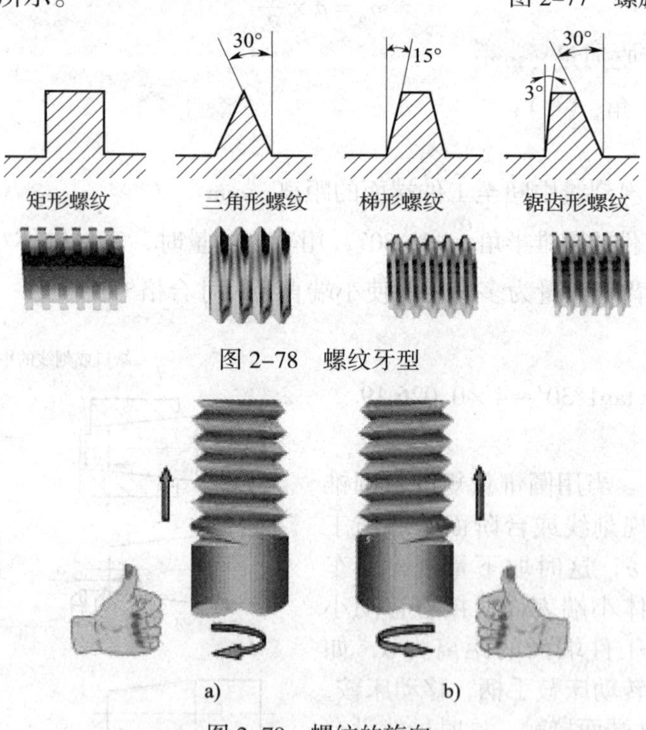

图 2–78　螺纹牙型

图 2–79　螺纹的旋向

a）左旋螺纹　b）右旋螺纹

5）按螺纹线数（头数）不同，可分为单线（单头）螺纹和多线（多头）螺纹。只有一条螺旋线的螺纹称为单线螺纹，有两条或两条以上等距分布的螺旋线的螺纹称为多线螺纹，如图 2–80 所示。

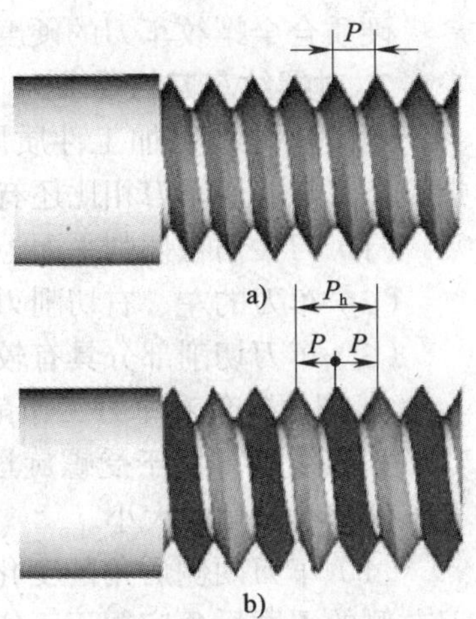

图 2–80　单线螺纹和多线螺纹
a）单线螺纹　b）多线螺纹

6）按螺纹是在外表面还是在内表面，可分为外螺纹和内螺纹。

2. 螺纹的主要参数

（1）螺纹大径（d，D）。螺纹大径是指螺纹最大处的直径，如图 2–81 所示。对于外螺纹是牙顶直径 d，对于内螺纹是牙底直径 D。

（2）螺纹小径（d_1，D_1）。螺纹小径是指螺纹最小处的直径，如图 2–81 所示。对于外螺纹是牙底直径 d_1，对于内螺纹是牙顶直径 D_1。

（3）螺纹中径（d_2，D_2）。螺纹中径是指一个假想圆柱的直径，在这个圆柱上，螺纹的沟槽与凸起的宽度相同。

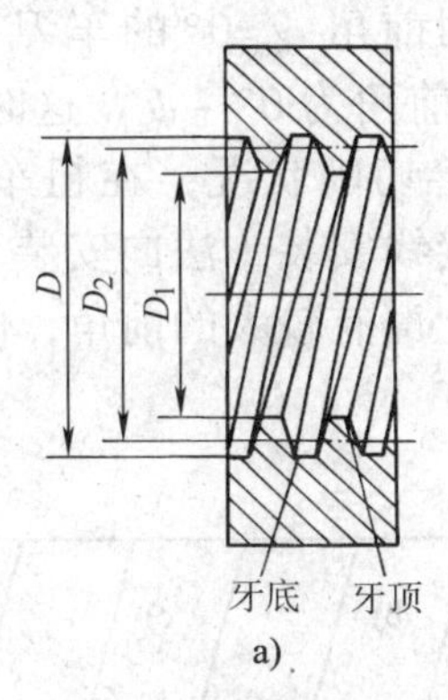

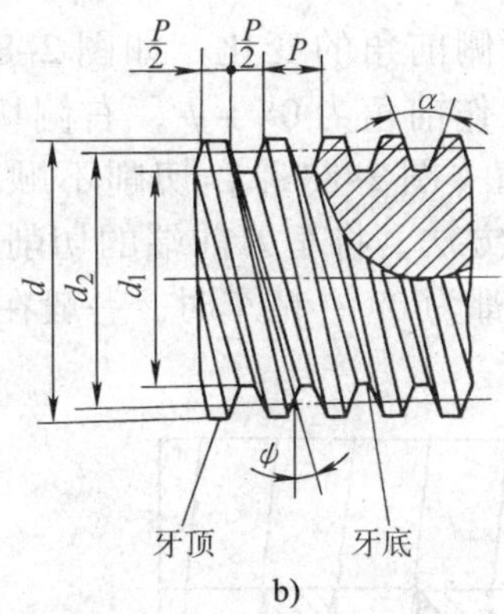

图 2–81　螺纹各部分名称
a）内螺纹　b）外螺纹

（4）牙型角（α）。牙型角是指在通过螺纹轴线的截面上牙型两侧面间的夹角。

（5）螺纹升角（ψ）。螺纹升角是指在中径圆柱上螺旋线与垂直于螺纹轴线平面间的夹角。螺纹升角（ψ）与中径、导程的关系为 $\tan\psi = P_h/(\pi d_2)$。

（6）线数（n）。线数是构成螺纹的螺旋线的条数。

（7）导程（P_h）。导程是构成螺纹的同一条螺旋线沿圆柱旋转一周上升的高度。

（8）螺距（P）。螺距是指相邻两牙对应点之间的轴向距离。当螺纹为单线时，导程与螺距相等（$P_h=P$）；当螺纹为多线时，导程等于螺纹线数与螺距的乘积，即 $P_h=nP$，如图 2–80 所示。导程与螺距一般在图样上标出，若是标准值时，也可在相关资料中查出。

二、螺纹车刀的要求与工艺分析

1. 螺纹车刀材料的选择

螺纹车刀材料常用的有高速钢和硬质合金两种。

高速钢螺纹车刀容易磨得锋利，而且韧性较好，刀尖不易崩裂，车出的螺纹表面粗糙度值较小，但高速钢的耐热性较差，只适用于低速车削螺纹或精车螺纹。

硬质合金螺纹车刀的硬度高，耐热性好，适合在高速车削螺纹时使用。

2. 对螺纹车刀的要求

螺纹车刀按照加工性质属于成形刀具。螺纹车刀角度是否准确，直接影响加工质量。螺纹车刀与普通车刀相比还有以下几点要求。

（1）刀尖角在切削平面上等于牙型角。

（2）车刀的左、右切削刃必须是直线。

（3）车刀切削部分具有较小的表面粗糙度值。

3. 螺纹升角对车刀工作角度的影响

车螺纹时，由于受螺旋运动的影响，车刀的工作角度有了较大的变化，这一变化取决于工件螺纹升角的大小。

（1）车刀两侧后角的变化。如图 2–82 所示，车右旋螺纹时，由于螺纹升角的存在，车刀左侧的刃磨后角应等于工作后角（一般为 3° ~ 5°）加上螺纹升角；车刀右侧的刃磨后角应等于工作后角减去螺纹升角，即：

$$\alpha_{oL}=(3^\circ \sim 5^\circ)+\psi$$

$$\alpha_{oR}=(3^\circ \sim 5^\circ)-\psi$$

（2）车刀两侧前角的变化。如图 2–83 所示，当用前角 $\gamma_o=0^\circ$ 的车刀车右旋螺纹时，左侧切削刃的工作前角为 $0^\circ+\psi$，右侧切削刃的工作前角为 $0^\circ-\psi$，这时右侧切削刃的工作前角为负值（图 2–83a），切削不顺利。为了改善切削状况，在粗车螺纹时可用如图 2–83b 所示的方法，将车刀前端的切削刃垂直于螺旋线安装（法向安装），这时两侧切削刃的工作前角都为 0°；精车时，一般在两侧切削刃上磨有较大的前角，使切削顺利，如图 2–83c、d 所示。

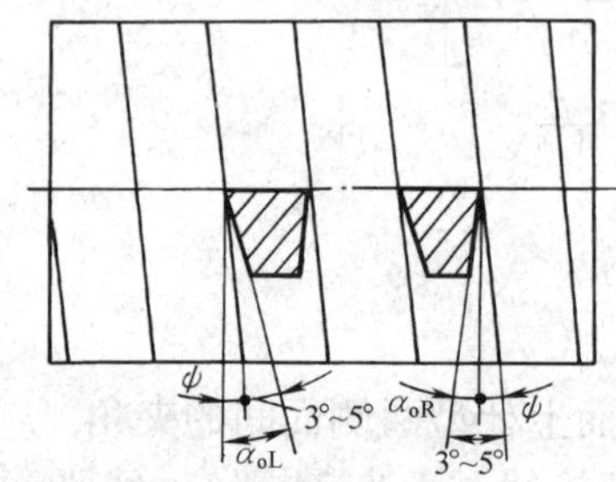

图 2–82　螺纹升角对车刀后角的影响

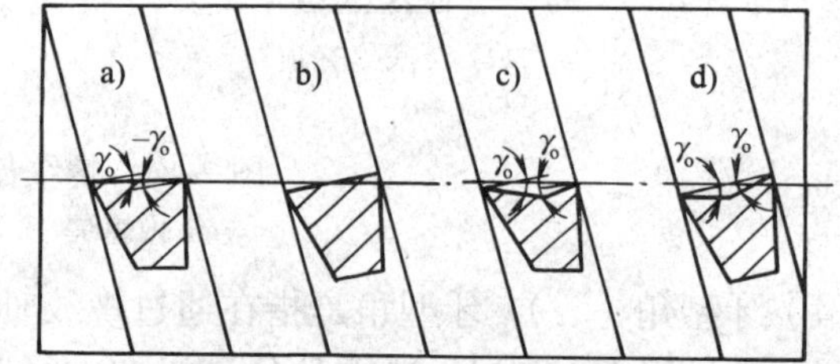

图 2–83　车刀两侧前角的变化

4. 车刀背前角对螺纹牙型角的影响

车螺纹时，车刀刀尖角（ε_r）的大小取决于螺纹牙型角的大小。当车刀背（切深）前角 $\gamma_p=0^\circ$ 时，刀尖角 ε_r 等于螺纹牙型角 α。当车刀背前角 $\gamma_p>0^\circ$ 时，切削刃不通过工件轴线的水平面，车出的螺纹牙侧不是直线，而是曲线，螺纹的牙型角也不再是标准的牙型角。因此，螺纹精度要求较高又具有较大背前角的车刀，其刀尖角必须修正。为了保证刀尖角的大小与牙型角相等，在刃磨车刀时可用螺纹样板来测量，如图 2–84 所示。测量时，样板应水平放置。

5. 螺纹车刀的安装要求

螺纹车刀在刀架上的位置要正确，刀尖高度与工件的轴线等高，并使两切削刃的角平分线与工件的轴线相垂直。为了保证车刀与工件的相对位置，可用对刀样板来调整螺纹车刀的安装位置，如图 2–85 所示。

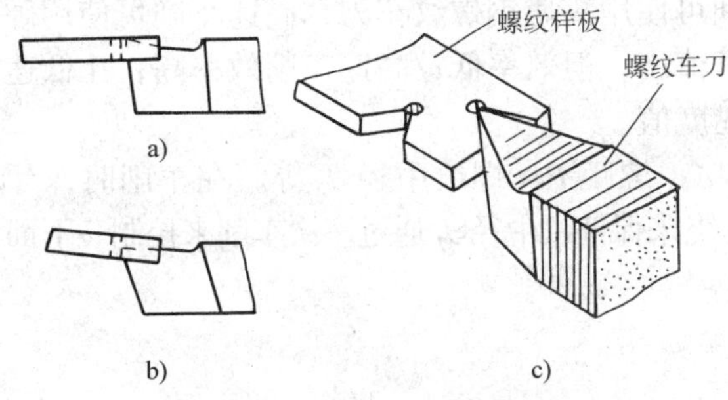

图 2–84　用螺纹样板检查刀尖角

a）正确　b）错误　c）螺纹样板

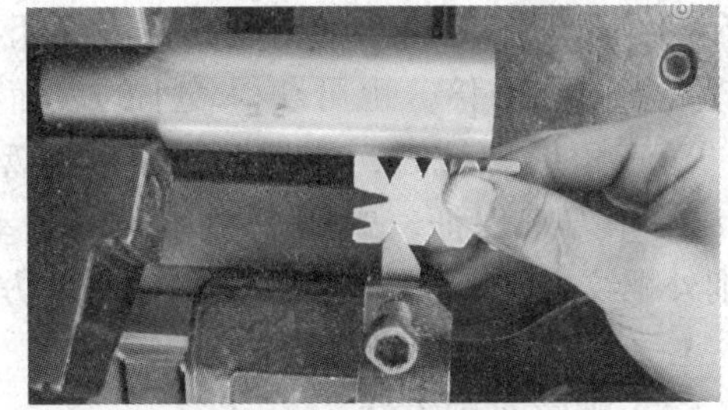

图 2–85　螺纹车刀的对刀

6. 三角形外螺纹车刀的几何形状

高速钢外螺纹车刀的几何形状如图 2–86 所示，硬质合金外螺纹车刀的几何形状如图 2–87 所示。

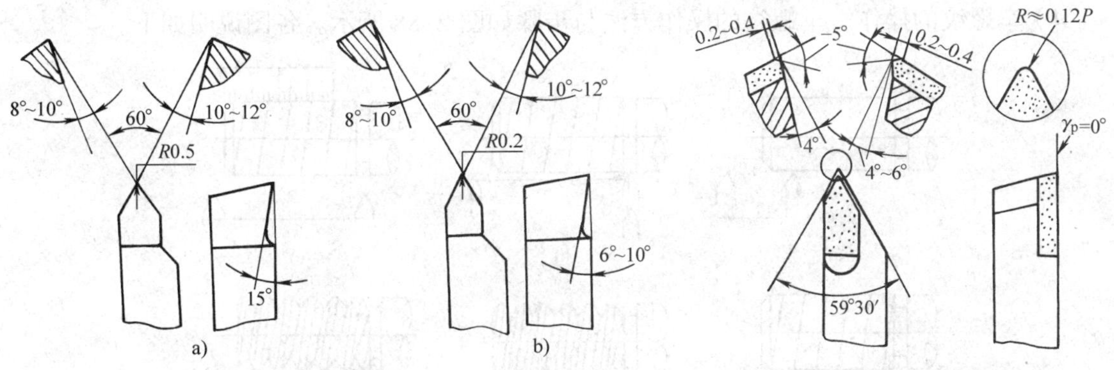

图 2–86　高速钢外螺纹车刀

a）粗车刀　b）精车刀

图 2–87　硬质合金外螺纹车刀

三、车螺纹的传动路线及调整方法

在使用车床车螺纹时，其传动路线与一般加工时的传动路线不同。

在一般加工中，其传动路线为电动机→主轴箱→交换齿轮箱→进给箱→光杠→溜板箱→刀架。

在车螺纹时，主轴与刀架之间必须保证严格的运动关系，即主轴带动工件转动一周，刀具应移动被加工螺纹的一个导程。为了保证这种传动关系，采用电动机→主轴箱→交换齿轮箱→进给箱→丝杠→开合螺母→溜板箱→刀架的传动路线。

在车螺纹前，一般可按以下步骤进行调整。

1. 从图样或相关资料中查出所需加工螺纹的导程，并在车床进给箱表面的铭牌上找到相应的导程，读取相应的交换齿轮的齿数和手柄位置。

2. 根据铭牌上标注的交换齿轮的齿数及手柄位置更换交换齿轮并调整手柄到相应位置。

3. 在车螺纹时合上开合螺母。

四、三角形螺纹的车削

车三角形螺纹的方法有低速车削和高速车削两种。低速车削时切削速度取 3 ~ 5 m/min，高速车削时切削速度取 50 ~ 100 m/min。低速车削可使用高速钢螺纹车刀，高速车削可使用硬质合金螺纹车刀。低速车削精度高，表面粗糙度值小，但效率低；高速车削效率高，比低速车削提高 15 ~ 20 倍，也可获得较小的表面粗糙度值。

车三角形螺纹时，要保证螺纹的牙型角 α、螺距 P、螺纹中径 d_2 等。在车削时，牙型角 α 由车刀来保证，螺距 P 由车床的传动系统来保证，中径 d_2 通过多次车削来控制。下面以车削外螺纹为例来介绍三角形螺纹的车削方法。

1. 低速车削三角形螺纹

（1）螺纹车削方法

1）车出外圆。由于车螺纹时车刀的挤压作用会使尺寸增大，因此，在车外圆时外圆尺寸应车得略小，一般取外圆尺寸等于螺纹大径的下偏差。

2）正确安装好螺纹车刀。

3）调整车床的传动路线。应特别指出，车螺纹时车刀必须用丝杠带动，才能保证车刀与工件的正确运动关系。车螺纹前还应把中、小滑板的导轨间隙调小，以利于车削。

4）车螺纹的操作。车螺纹的操作方法与步骤如图 2–88 所示。各图说明如下。

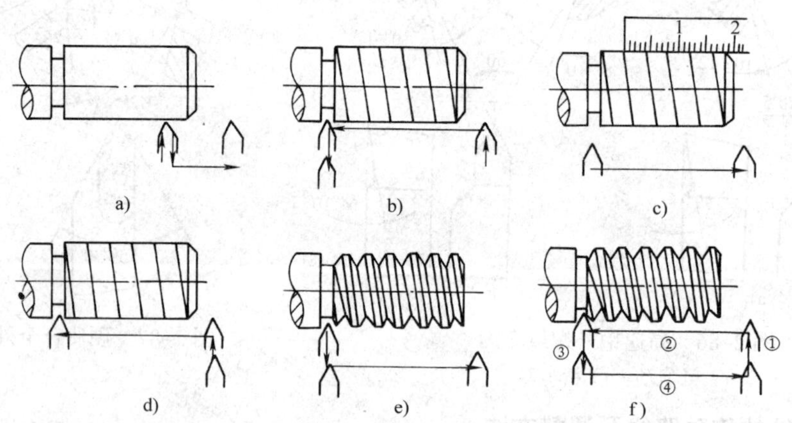

图 2–88　车螺纹的操作方法

①开车对刀，记下刻度盘读数，然后先向后，再向右退出车刀。

②进刀到对刀所得读数处，合上开合螺母，在工件表面车出一条螺旋线，横向退出车刀，停车。

③开反车，使车床反转，向右退回车刀，停车后用钢直尺检查螺距是否正确。

④在图 2–88a 中所记下的刻度基础上，利用刻度盘调整背吃刀量，开车使车床正转进行切削。

⑤车削将至行程终了时应做好停车准备，先逆时针快速转动中滑板手柄，再停车，然后开反车退回车刀。

⑥再次调整背吃刀量，继续加工，切削路线如图 2–88f 所示。

（2）车螺纹操作中的注意事项

1）车螺纹时，车刀由丝杠带动，移动速度快，操作时的动作要熟练，特别是车到行程终了时的退刀、停车动作一定要迅速，否则，容易造成超程车削或撞刀。操作时，左手控制操纵杆手柄，右手操作中滑板刻度盘手柄。停车退刀时，右手先快速退刀，紧接着左手迅速停车，两个动作几乎同时完成。为了保证安全，操作时注意力要高度集中，车削时应两手不离手柄。

2）车螺纹过程中，开合螺母合上后不可随意打开，否则，继续切削时车刀难以对回已切出的螺旋槽内，即出现乱牙现象。换刀后，可先合上开合螺母，当丝杠转动一圈以上后停车，转动小滑板的刻度盘手柄，把车刀对回已切出的螺旋槽内，防止乱牙。

（3）螺纹车削的进刀方法

1）背吃刀量的控制。车螺纹的总背吃刀量由螺纹高度 h 决定，可利用中滑板刻度盘上的刻度，初步车到接近螺纹的总背吃刀量，再对螺纹进行检测，逐步车到尺寸。粗车时每次的背吃刀量为 0.15 mm 左右，精车时每次的背吃刀量为 0.02 ~ 0.05 mm。

2）进刀方法。车螺纹时，可用中滑板和小滑板上的手柄进刀，一般有三种方法，如图 2–89 所示。

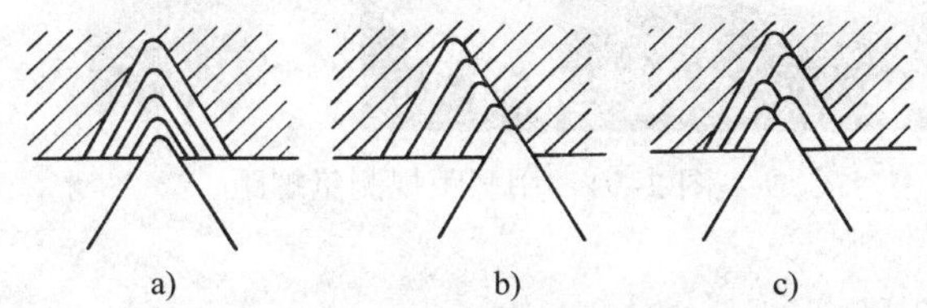

图 2–89　车螺纹的进刀方法

a）直进法　b）单面斜进法　c）左右交替进刀法

①直进法。用中滑板上的手柄直接横向进刀。用这种方法进刀时，车刀的左、右两条切削刃同时参与切削，切削力较大，容易产生扎刀现象，允许的背吃刀量很小，适用于较小螺距螺纹的车削。

②单面斜进法。在横向进刀的同时，转动小滑板手柄沿纵向微量进刀，这样，车刀只有一条切削刃参与切削，排屑容易，切削省力，背吃刀量可以大一些，适用于粗车。

③左右交替进刀法。在横向进刀的同时，转动小滑板手柄沿纵向向左或向右交替微量进刀。这种方法的加工特点与单面斜进法相似，常用于深度较大的螺纹的粗车。

2. 高速车削三角形螺纹

高速车削三角形螺纹时，为了防止切屑拉毛牙型侧面，只能采用直进法。对于普通的中碳钢、合金结构钢，一般只要切削 3 ~ 5 次就可完成螺纹的切削。切削时前两次背吃刀量较大，以后逐渐减小，但最后一刀不要小于 0.1 mm。

高速车削三角形螺纹时，车刀刀头的几何形状与低速车削时的螺纹车刀相似。由于高速车削时车刀的两侧切削刃同时参与切削，切削力大，为了防止振动和扎刀现象，可使用如图 2–90 所示的弹性刀柄螺纹车刀。

高速车削三角形螺纹时，由于切削速度快，退刀时的动作应更加迅速，以防止撞刀。

五、三角形螺纹的测量

三角形螺纹常用的测量方法有单项测量和综合测量两种。单项测量是用量具测量螺纹几何参数中的某一项，主要有顶径测量、螺距测量、中径测量。综合测量是对螺纹的各项几何参数进行综合性

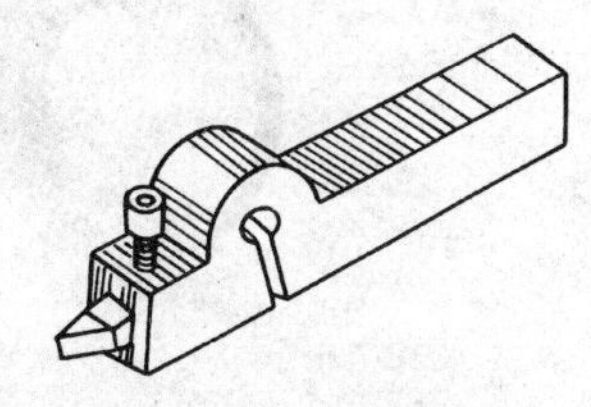

图 2–90　弹性刀柄螺纹车刀

测量，主要用量规测量。

1. 顶径测量

用游标卡尺或千分尺测量螺纹的顶径。

2. 螺距测量

螺距一般用螺距规进行测量，如图 2–91 所示。在测量时，可取螺距规中的某一片沿着螺纹轴线方向嵌入牙槽中，如能正确啮合，则说明该片上所标的螺距即为所测螺纹的螺距。

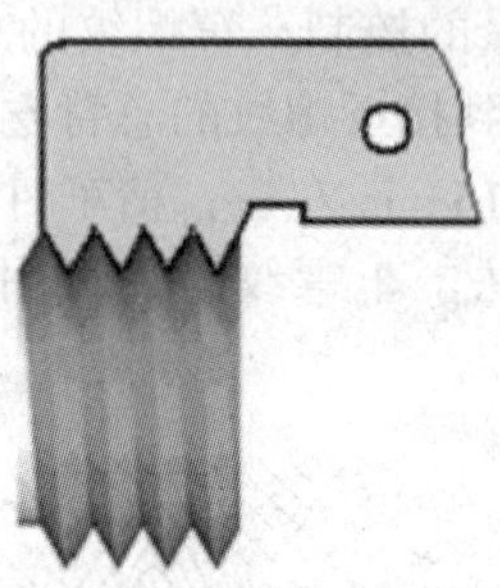

图 2–91　用螺距规测量螺距

3. 中径测量

三角形螺纹的中径可用螺纹千分尺来测量，如图 2–92 所示。螺纹千分尺的结构和使用方法与一般千分尺相似。螺纹千分尺的两个测量头可以调换。在测量时，换上与被测螺纹有相同牙型角的测量头，所得千分尺的读数即为该螺纹的中径。

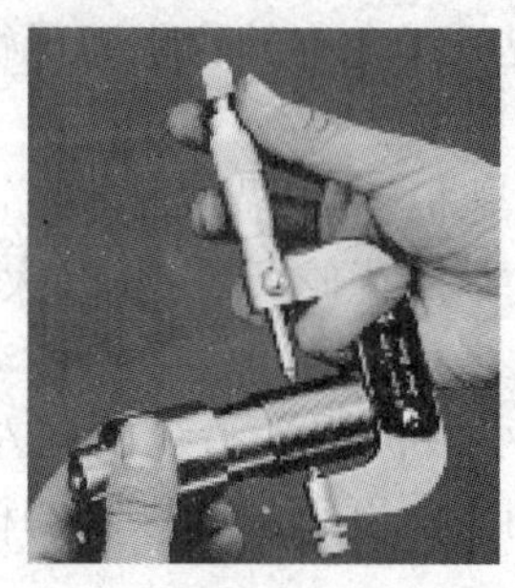

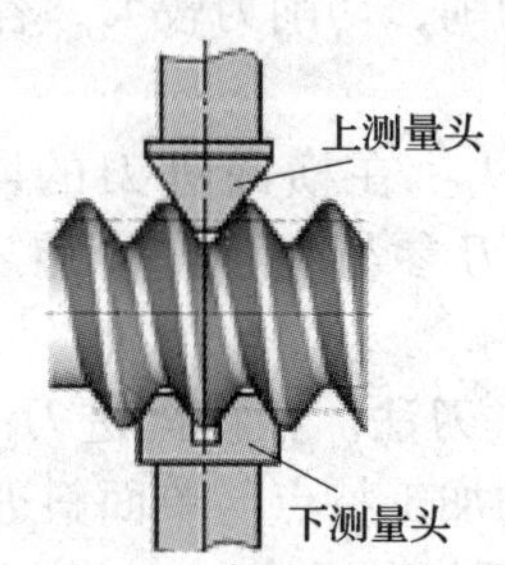

图 2–92　用螺纹千分尺测量中径

4. 量规测量

螺纹量规如图 2–93 所示，有环规和塞规。环规用于测量外螺纹，如图 2–93a 所示；塞规用于测量内螺纹，如图 2–93b 所示。在测量时，如果通端能过而止端不能过，则所加工的螺纹是合格的。

a)

b)

图 2–93　螺纹量规

a）环规　b）塞规

§2-7 车套类零件

套类零件在机械中应用很多，它主要起支撑和导向作用，或在工作中承受径向力、轴向力等。套类零件的共同特点是主要表面为同轴度要求较高的内、外回转表面，长度一般大于直径，端面和轴线要求垂直，零件壁较薄，容易变形。

一、概述

1. 套类零件的基本结构类型

套类零件的基本结构类型可以分为以下三种。

（1）光孔结构。内孔由直径相同的内圆柱面构成，如图 2–94a 所示。它的结构简单，加工比较容易，如滑动轴承、轴套等。

（2）台阶孔结构。孔由两个或两个以上不同直径的内圆柱面组成，如图 2–94b 所示。不同直径的圆柱面间用直台阶或圆弧过渡。

（3）不通孔结构。不通孔结构也称盲孔结构，这种零件的结构特征主要是其内孔不贯通，内孔可由一个或几个圆柱面构成，如图 2–94c 所示。

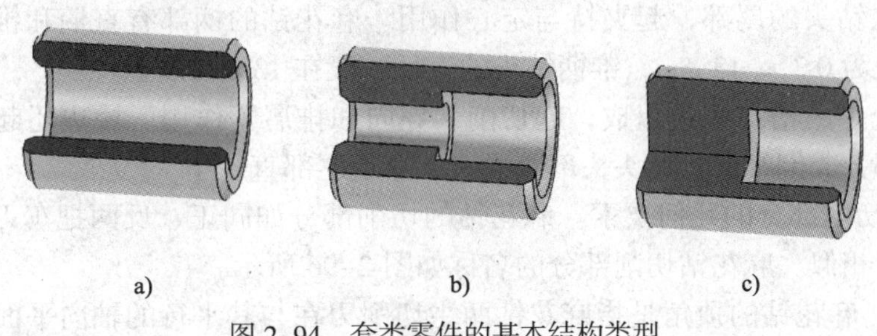

图 2–94 套类零件的基本结构类型
a）光孔 b）台阶孔 c）不通孔

2. 套类零件的技术要求

套类零件的主要技术要求包括以下几点。

（1）尺寸精度。内、外回转表面的尺寸应达到要求。

（2）形状精度。外圆与内孔表面的圆度、圆柱度等应达到要求。

（3）位置精度。各表面之间相互位置精度应达到要求，如径向跳动、端面跳动、垂直度及同轴度等。

（4）表面粗糙度。套类零件的各表面应达到设计要求的表面粗糙度。

3. 套类零件加工的特点

套类零件的主要表面是内圆表面。车内圆表面要比车外圆表面困难得多，原因如下。

（1）内圆表面加工是在工件内部进行的，不易观察切削情况，尤其是当孔很小时，无法看见内部情况。

（2）刀柄刚度差。内孔车刀的刀柄由于受孔径的限制，不能做得太粗，又不能太短。特别是车削直径小而长的孔，所用车刀刀柄刚度差的情况更突出。

（3）排屑和冷却困难。

（4）当工件壁较薄时，容易因装夹和车削使工件产生变形。

（5）圆柱孔的测量比外圆柱面的测量困难得多。

二、套类零件的常用加工方法

1. 钻孔

要把实心工件加工成套类零件，必须先用钻头钻孔。钻孔的精度等级可达 IT11 ～ IT10 级。对于精度要求不高的孔，可直接用钻头钻出，不再进行其他加工。

根据形状和用途不同，钻孔所用的刀具可分为扁钻、麻花钻、中心钻、锪孔钻、深孔钻等。这里只介绍麻花钻。

（1）麻花钻

1）麻花钻的组成部分（图 2–95）

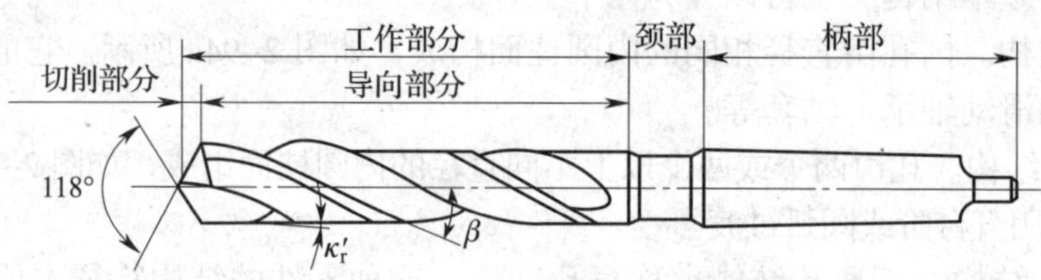

图 2–95　麻花钻的组成部分

①柄部。在钻头的尾部，起夹持与定心作用。麻花钻的柄部有直柄和锥柄两种，直柄钻头的直径一般为 0.3 ～ 13 mm，锥柄钻头的直径一般在 13 mm 以上。

②工作部分。由槽与棱边组成，起切削、导向和排屑等作用。棱边还起修光孔壁的作用。整个工作部分成倒锥形，钻头头部直径大，靠近尾部直径小。

2）麻花钻切削部分的几何要素。麻花钻的切削部分如同正、反两把车刀，它的几何角度的概念与车刀相似。麻花钻切削部分的名称如图 2–96 所示。

①顶角 2φ。麻花钻的顶角是指麻花钻两主切削刃在与其平行的轴向平面上的投影的夹角，一般标准麻花钻的顶角为 118° ±2°。顶角可取 100° ～ 140°。顶角大，主切削刃短，定心差，钻出的孔容易扩大；顶角小，主切削刃长，前角大，钻孔时省力，但钻头主切削刃易磨损。一般来说工件材料软时顶角取小值，反之取大值。

②前角 γ_o。麻花钻的前角是指在垂直于主切削刃的正交平面内前面与基面之间的夹角。主切削刃上各点的前角是变化的，自中心到外缘逐渐增大，其变化范围为 –30° ～ +30°。

③后角 α_o。麻花钻的后角是指后面与切削平面之间的夹角。主切削刃上各点的后角也是变化的，自中心到外缘逐渐减小。

④横刃斜角 ψ。麻花钻的横刃斜角是指横刃与主切削刃在麻花钻端面投影的夹角，它的大小由后角决定，当后角大时，横刃斜角就小，横刃变长。一般标准麻花钻的横刃斜角为 55°。横刃斜角的大小对钻削有较大影响，横刃斜角越大，横刃越长，钻削时的轴向抗力越大，越不易钻入。

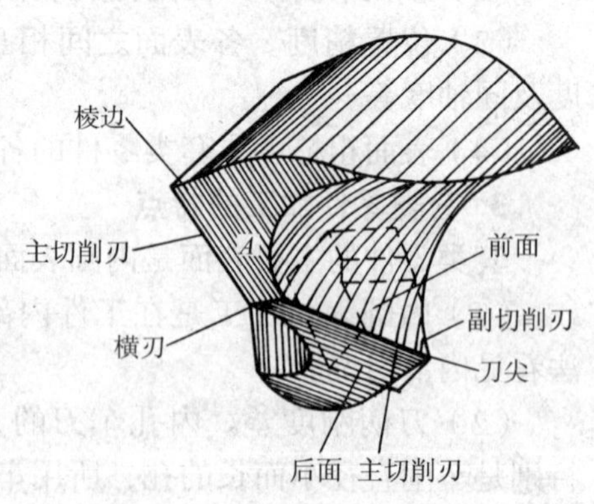

图 2–96　麻花钻切削部分的名称

⑤螺旋角 β。麻花钻的螺旋角是指螺旋槽上最外

缘的螺旋线展开成直线后与麻花钻轴线之间的夹角。

⑥棱边和倒锥。棱边是指麻花钻导向部分的刃带。为了减小钻头钻削时两棱边与孔壁的摩擦，外径常制成倒锥形，即外径从切削部分向尾部逐渐减小。标准麻花钻的倒锥量是每100 mm 长度上直径减小 0.03 ~ 0.12 mm。

⑦刀尖。麻花钻的主切削刃与副切削刃交汇的一小段切削刃为麻花钻的刀尖。

3）麻花钻的刃磨。孔的质量与钻削效率取决于麻花钻的刃磨质量。刃磨麻花钻时，只需刃磨两个主后面，但要同时保证后角、顶角、横刃斜角和两主切削刃的对称度，刃磨质量直接关系到钻孔质量。麻花钻的刃磨方法如图 2–97 所示。麻花钻的刃磨要求及注意事项如下。

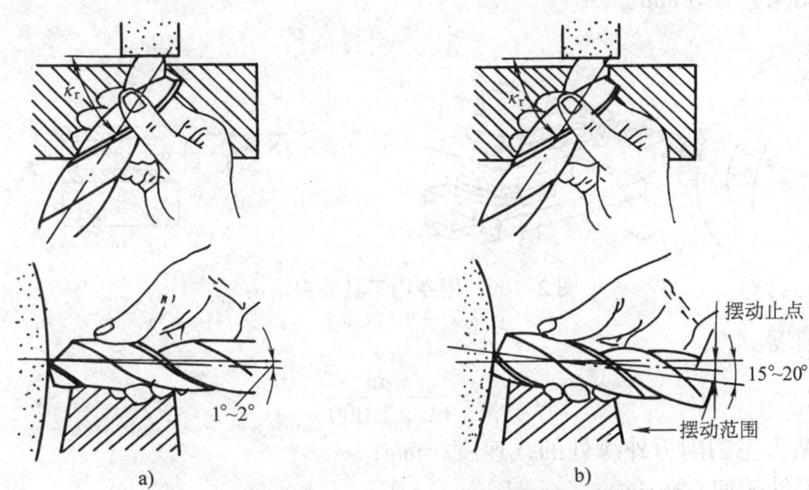

图 2–97　麻花钻的刃磨方法

a）钻头起磨与砂轮的相对位置　b）钻头的刃磨过程

①顶角为 118°，横刃斜角为 55°。

②钻头的两条主切削刃关于钻头轴线要对称，若不对称，会导致钻出的孔扩大和歪斜，并且钻头易磨损。

③刃磨前应先检查砂轮，如果砂轮表面不平整或跳动较大，必须对砂轮进行修整。

④钻头的切削刃应摆平在砂轮上，磨削点高于砂轮轴线水平面 5 ~ 10 mm。

⑤钻头轴线与砂轮圆柱面素线的夹角为顶角的一半。

⑥刃磨时，钻头的柄部不能高于头部，以防止磨出负后角，造成钻头钻不进工件。

⑦刃磨时，一只手握住前端的一个部位作为支撑，另一只手把钻柄向下摆动并绕轴线做微量转动。

⑧刃磨时，钻头应经常浸水冷却，以防止钻头退火而缩短钻头的使用寿命。

（2）钻头的安装

1）直径小于 12 mm 的直柄钻头常用钻夹头装夹，然后将钻夹头的锥柄装入车床尾座套筒锥孔中，如图 2–98 所示。

图 2–98　直柄麻花钻的安装

2）直径较大的锥柄钻头可直接插入尾座套筒中，如图 2–99 所示。如果钻头柄部莫氏号与尾座套筒莫氏号不相同，可在钻头的柄部装一个与尾座套筒莫氏号相同的过渡套筒，然后将过渡套筒插入尾座套筒锥孔内。

图 2–99 锥柄麻花钻的安装

3）将专用工具装在刀架上，如图 2–100 所示，将钻头柄部装入专用工具的孔中。

（3）钻孔时的切削用量

1）背吃刀量。

$$a_p = \frac{d}{2}$$

式中 d——钻头直径，mm。

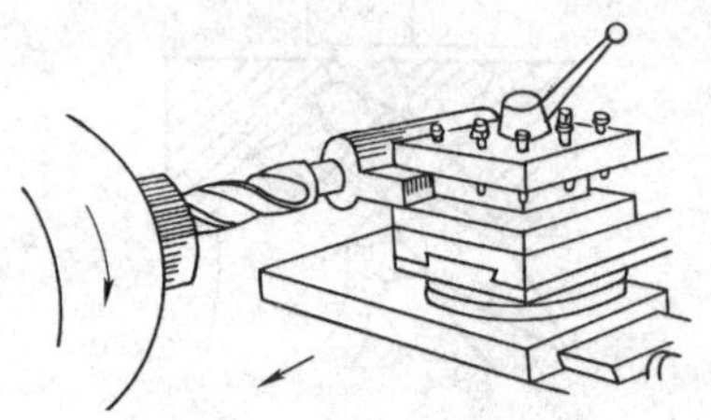
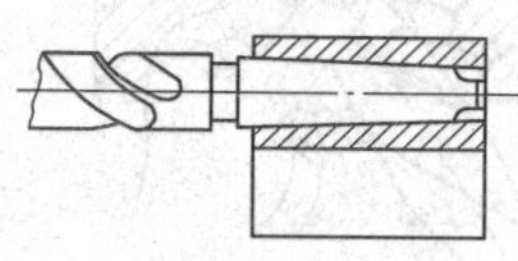
图 2–100 用专用工具装夹钻头

2）切削速度。

$$v_c = \frac{\pi d n}{60 \times 1\ 000}$$

式中 v_c——钻头主切削刃外缘处的线速度，m/s；

n——工件转速，r/min；

d——钻头直径，mm。

3）进给量。钻孔时的进给量是指工件每转一转，钻头相对工件的轴向位移。

（4）钻孔操作方法

1）调整主轴转速。由于钻孔时散热困难，一般选择较低的转速。转速高低还应根据钻头的大小及工件材料的硬度来选择，钻头越大，工件材料越硬，转速应选得越低。钻直径小于 4 mm 的孔时，应选用较高的转速。用高速钢钻头钻钢料时，切削速度 v_c 一般为 0.3 ~ 0.6 m/s；钻脆硬材料（如铸铁等）时，切削速度应稍低些。

2）用卡盘装夹好工件，车平端面，端面应无凸台。对于精度要求较高的孔，可在端面先钻出中心孔来定心引钻。

3）装好钻头，拉近尾座并锁紧，转动尾座手轮进行钻削。对于无中心孔而直接钻削的孔，当钻头接触工件开始钻孔时，用力要小，并要反复进退，直到钻出较完整的锥坑、钻头抖动较小时，方可继续钻进，以防止钻头引偏。钻孔过程中进给速度要均匀，进给量大小要合理，进给量过大，容易使钻头折断；进给量过小，容易造成切屑堵塞在钻头的螺旋槽内。钻较深的孔时，钻头要经常退出，以利于排屑。孔即将钻通时，要降低进给速度，以防窜刀。在钢料上钻孔时一般要加切削液进行冷却。

4）可用钢直尺测量尾座套筒在钻孔前和钻孔时的伸出长度，从而控制钻孔深度，如图 2–101 所示。

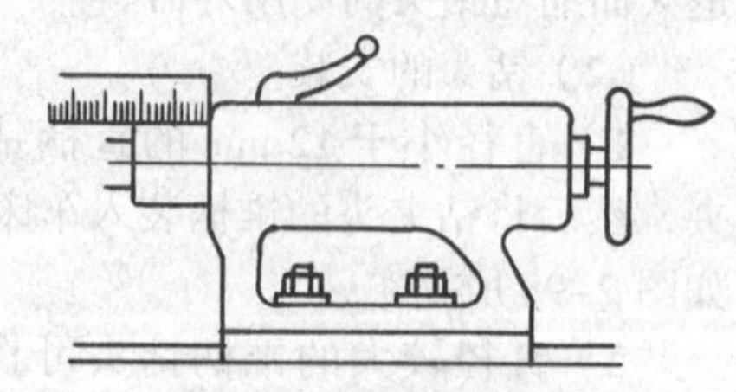
图 2–101 孔深的控制方法

2. 扩孔

对于直径较大（ϕ30 mm 以上）的孔，不可用大钻头直接钻出，可先钻出小孔，再用大钻头扩孔，以免损坏车床。扩孔与钻孔相比，扩孔可达到的尺寸精度较高，其精度等级可达 IT10 ~ IT9 级，表面粗糙度值可达 *Ra*12.5 ~ 3.2 μm，可作为孔的半精加工。

（1）用麻花钻扩孔。用麻花钻扩孔时，由于钻头横刃不参加钻削，轴向切削力减小，从而使钻削省力。但由于钻头外缘处的前角大，容易使钻头切削刃"啃入"工件，使钻头在尾座套筒内打滑。因此，在扩孔时应把钻头外缘处的前角磨得小些，并适当控制进给速度，不能因钻削省力而加大进给量。

（2）用扩孔钻扩孔。扩孔钻的形状如图 2–102 所示，分为高速钢扩孔钻和硬质合金扩孔钻两种。扩孔钻在自动、半自动机床上使用较多。

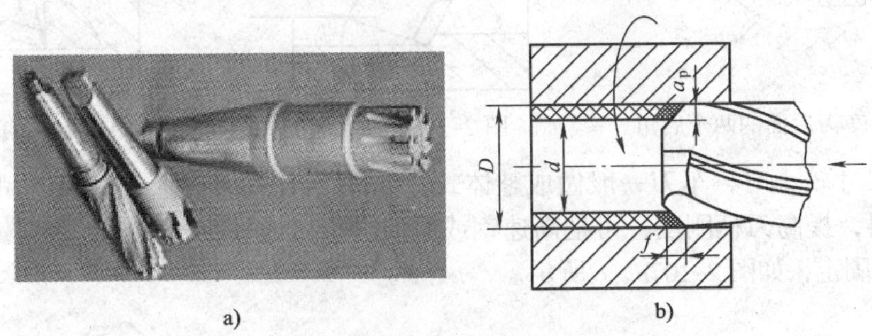

图 2–102　扩孔钻与扩孔

a）扩孔钻　b）用扩孔钻扩孔

扩孔钻的主要特点如下。

1）扩孔钻的芯部没有切削刃，避免了横刃对切削的不良影响。

2）用扩孔钻扩孔时，背吃刀量小，切屑少，钻心粗，刚度高，可提高切削用量，保证加工质量。

3）扩孔钻齿数较多（一般有 3 ~ 4 齿），导向性好，切削平稳。

3. 车孔（图 2–103）

工件上的铸造孔、锻造孔或用钻头钻出的孔，为了达到所要求的精度和表面粗糙度，需用内孔车刀车孔。车孔是常用的孔加工方法之一，可作为粗加工，也可作为精加工，加工范围很广。车出的孔表面粗糙度值较低，一般为 *Ra*3.2 ~ 1.6 μm，精车内孔可达 *Ra*0.8 μm；尺寸精度较高，车孔精度等级一般可达 IT8 ~ IT7 级，并且能纠正原有孔轴线的偏斜。

图 2–103　车孔

（1）内孔车刀。车内孔时，车刀要伸进工件孔内。为了使车刀便于伸进工件的孔内，刀柄细长，后面修磨出两个后角，以防止与工件的刮擦，如图 2–104 所示。根据孔的结构不同和工艺要求，内孔车刀可分为通孔车刀和盲孔车刀两种。

车通孔时采用通孔车刀，通孔车刀的几何形状与外圆车刀相似。为了减小径向切削力，防止振动，主偏角 κ_r 取得大些，一般为 60° ~ 75°；副偏角 κ_r' 一般取 15° ~ 30°，如图 2–105 所示。

车盲孔时采用盲孔车刀，盲孔车刀是用来车盲孔或台阶孔的。盲孔车刀的刀尖在车刀的最前端，主偏角 κ_r 一般取 92° ~ 95°，副偏角 κ_r' 一般取 10° 以下，如图 2–106 所示。

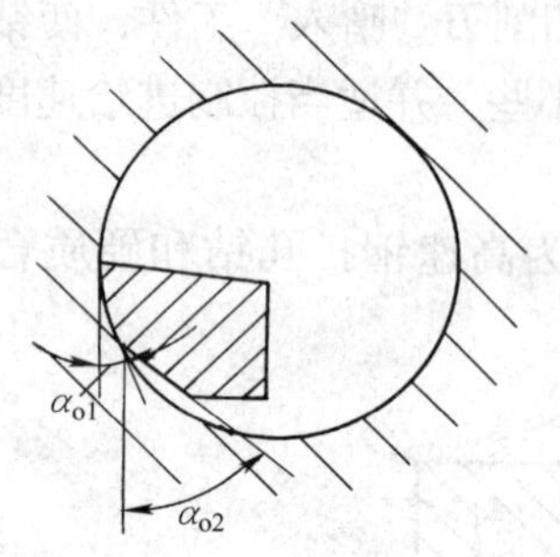

图 2–104　车刀后面的两个后角

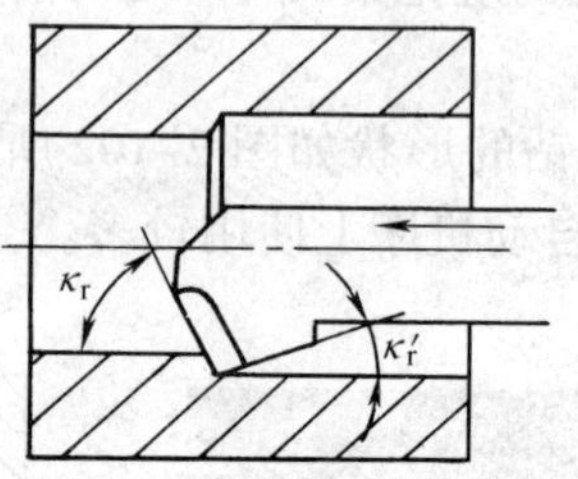

图 2–105　通孔车刀

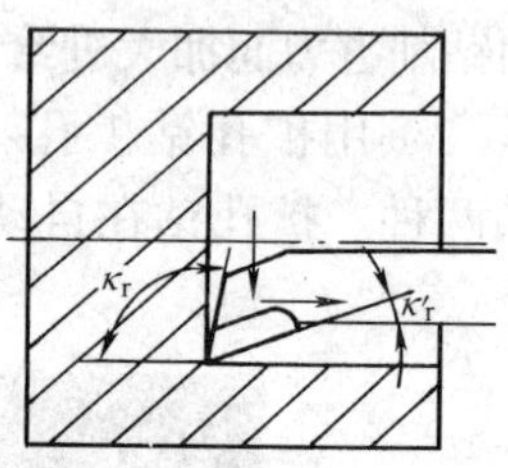

图 2–106　盲孔车刀

当内孔尺寸较小时，车刀一般做成整体式，如图 2–107a 所示。若内孔尺寸允许，为了节省刀具材料，提高刀柄刚度，可把高速钢或硬质合金做成较小的刀头，装在刀柄前端的方孔内，用螺钉固定，如图 2–107b、c 所示。

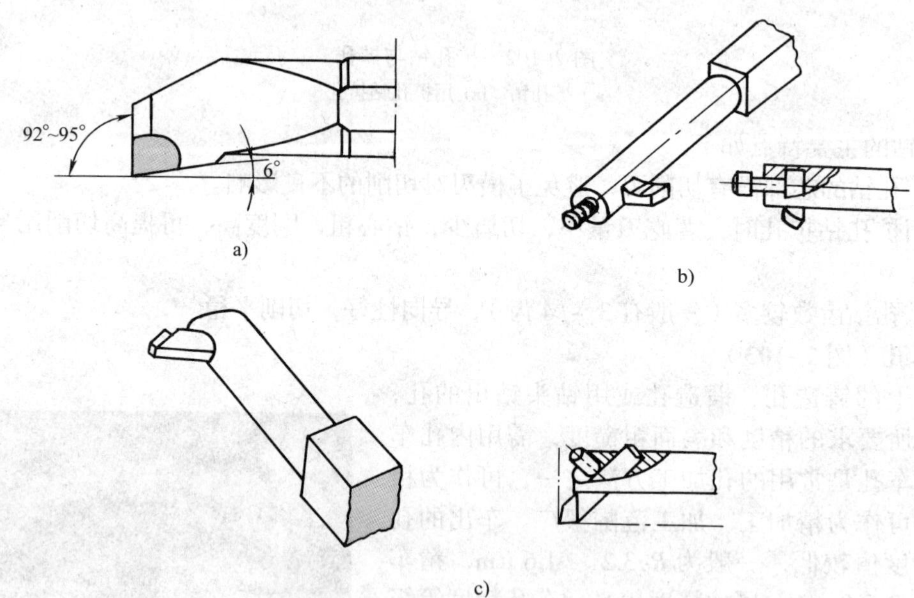

图 2–107　内孔车刀结构

a）整体式内孔车刀　b）装刀头式通孔车刀　c）装刀头式盲孔车刀

（2）车孔的关键技术。车孔的关键是解决内孔车刀的刚度和排屑问题。为此，在车孔前要充分注意内孔车刀的几何角度、刀柄尺寸以及内孔车刀的安装等问题。

1）为提高内孔车刀的刚度和强度，应尽可能选用截面尺寸较大的刀柄。

2）为提高刀柄刚度，刀柄伸出长度应尽可能短些，刀柄伸出长度略大于孔深即可，以免因刀柄伸出太长，使刚度降低而引起振动。

3）为了顺利排屑，通过刃倾角的合理选用来控制排屑方向，精车通孔时使切屑流向待加工表面（前排屑），车盲孔时使切屑从孔口排出（后排屑）。

4. 车内沟槽

（1）内沟槽的种类和作用。根据内沟槽的结构形式和断面形状不同，可以分为矩形、梯形、圆弧形等几种，如图 2–108 所示。内沟槽形式不同，其作用也不一样。矩形内沟槽用于加工时的越程和退刀，如图 2–108a、b、d 所示；梯形内沟槽用于密封润滑油，如图 2–108a 所示；圆弧形内沟槽常作为油、气通道，如图 2–108c 所示。

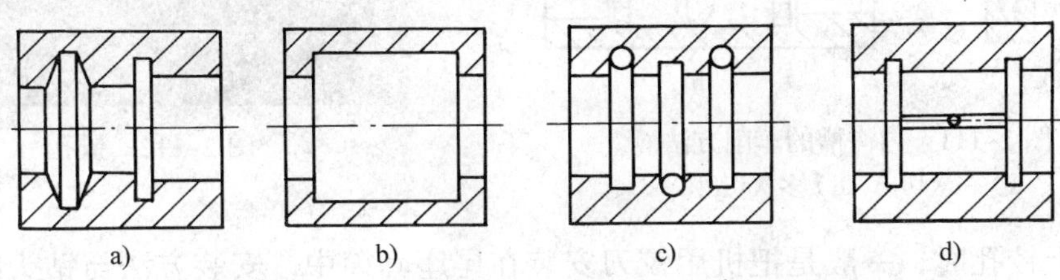

图 2–108　内沟槽的种类

a）梯形内沟槽和退刀槽　b）较长的内沟槽　c）通气的内沟槽　d）拉削油槽的内沟槽

（2）内沟槽车刀。内沟槽车刀的几何形状与切断刀基本相同，不过是在孔中车槽而已，其后角具有内孔车刀的特点。在小孔中加工时，内沟槽车刀常做成整体式，如图 2–109a 所示。在较大直径的孔中加工时，可采用刀排式，如图 2–109b 所示。

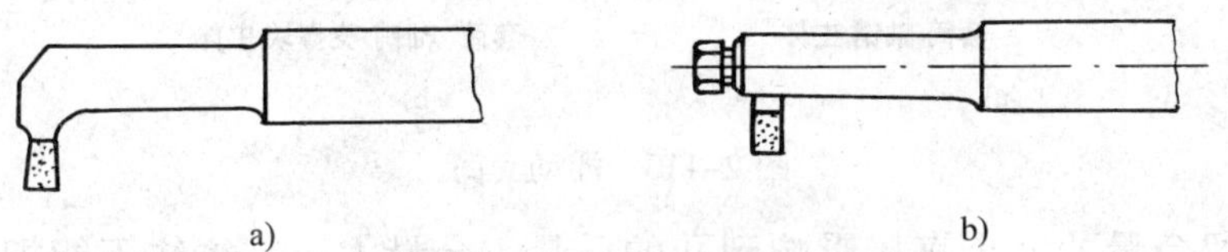

图 2–109　内沟槽车刀

a）整体式　b）刀排式

安装内沟槽车刀时，应使主切削刃与内孔中心等高或略高，两侧副偏角必须对称。刀头伸出刀柄的内侧长度 a 应略大于槽深 h；同时，切削刃至刀柄后面的宽度（$a+d$）应小于内孔直径 D，如图 2–110 所示。

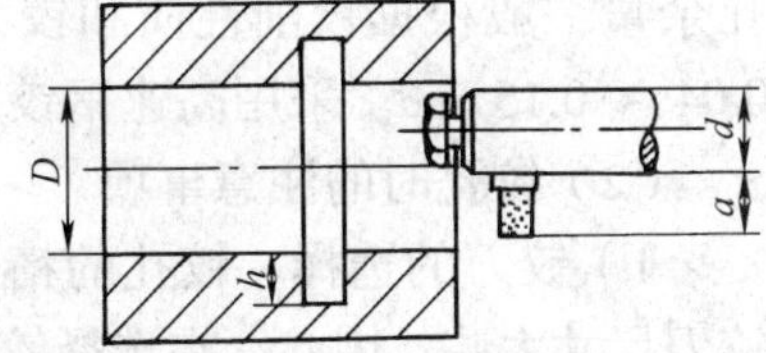

图 2–110　内沟槽车刀的尺寸

（3）内沟槽的车削。内沟槽的车削方法如图 2–111 所示。对于狭小的内沟槽，可用相应车刀径向进给一次切出；对于宽槽，可先用一般通孔车刀车出凹槽，再用内沟槽车刀做轴向移动，把两台阶面车垂直。车梯形密封槽时，一般先车出直槽，然后再用成形刀车削成形。

5. 铰孔（图 2–112）

（1）铰孔的工艺特点。对于孔径较小而未淬硬，且精度要求较高的孔，常用铰孔的方法加工。加工成批、大量的孔类零件时也广泛采用这种加工方法。

铰孔时，由于加工余量小，切削速度低，铰刀制造精度较高，加上铰刀刚度好，所以加工质量较高，特别适用于小而深的孔加工。铰孔精度可达 IT8 ~ IT6 级，手铰精度可达 IT5 级，表面粗糙度值一般可达 $Ra1.6$ ~ 0.8 μm。

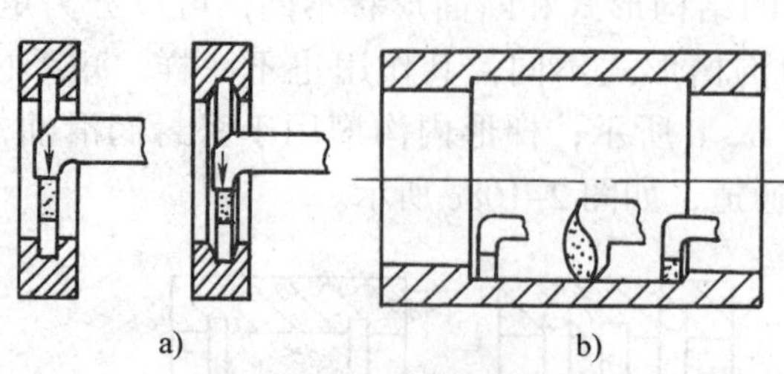

图 2-111　内沟槽的车削方法
a）一次切出　b）多次切出

图 2-112　铰孔

在车床上铰孔时，一般是把机用铰刀安装在尾座套筒中，安装方法与钻头的安装方法相同。铰刀装好后，把尾座调整到与车床主轴中心同轴。为了防止尾座套筒中心与主轴中心不同轴而影响铰孔精度，可采用如图 2-113 所示的浮动套筒装置。

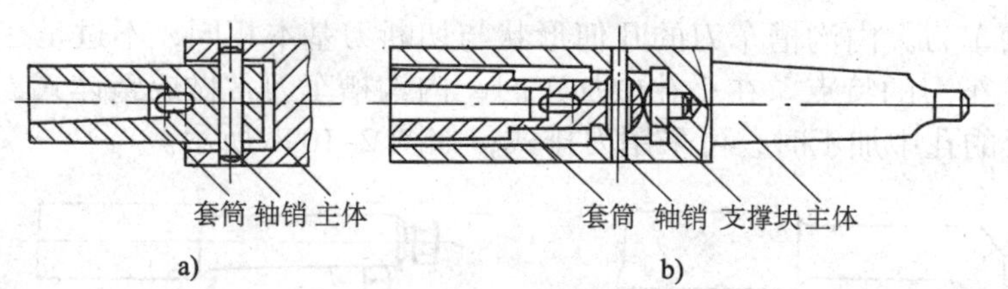

图 2-113　浮动套筒

铰孔前所留余量的大小直接影响到孔的质量。余量太小，往往不能把前道工序所留下的加工痕迹铰去；余量太大，切屑会挤满铰刀的齿槽中不易排出，使切削液无法进入切削区，严重影响加工表面粗糙度，或因负荷过大而使铰刀迅速磨损，甚至使刀刃崩碎。铰孔余量一般根据铰削性质和铰刀材料决定。一般粗铰余量为 0.15 ~ 0.3 mm，精铰余量为 0.04 ~ 0.15 mm。采用高速钢铰刀时余量应取小些，采用硬质合金铰刀时余量可取大些。

（2）铰孔时的注意事项

1）铰刀的选择。铰孔的精度主要取决于铰刀的尺寸。铰孔后的孔径实际尺寸一般要比铰刀尺寸大些。因此，在选择铰刀时，要考虑到铰孔扩张量，要求铰刀的极限尺寸应位于孔公差带中间。如铰 $\phi 20H7\left(^{+0.021}_{0}\right)$mm 孔时，铰刀的尺寸最好选择 $\phi 20^{+0.014}_{+0.007}$mm。铰刀的刃口必须锋利，无崩刃、毛刺等缺陷。使用时应防止与工件碰撞，并及时清除刀槽内的切屑，使用完后要洗净、涂油防锈。

2）合理选择铰削用量。铰削时，切削速度越低，表面粗糙度值越小，因此，一般切削速度 $v_c \leqslant 5$ m/min，进给量 f 取 0.2 ~ 1 mm/r，铰削铸铁孔时，进给量可大些。

3）合理选用切削液。铰孔时，切削液对孔的扩张量与孔的表面粗糙度有很大影响，除铸铁件外，一般铰孔时用油作为切削液。

4）铰孔前必须经过车孔。铰孔无法修正孔轴线的直线度误差，所以铰孔前一般都应车孔，以修正钻孔后的直线度误差。

三、套类零件的车削工艺分析

套类零件主要加工面是孔、外圆和端面，定位基准是外圆或孔。套类零件加工中的主要问题是保证各表面间的位置精度和防止变形。

1. 保证各表面相互位置精度的方法

（1）在加工单件、小批量且形状简单、短小的套类零件时，最好在一次装夹中把内孔、外圆及端面都加工完，以保证内孔与外圆的同轴度以及端面对内孔的垂直度要求。

（2）对于大批量、形状复杂或较长的套类零件，主要表面加工可分在几次装夹中进行，先粗加工外圆并精加工内孔，而后以孔为精基准精加工外圆。用此方法加工，只需用心轴作为夹具，结构简单，制造和安装误差小，可保证较高的位置精度，生产中应用较多。

2. 防止变形的工艺措施

（1）对于壁较薄的套类零件，宜采用轴向夹紧。如采用径向夹紧，应使径向夹紧力均匀，这时可使用过渡套或弹簧套夹紧工件。

（2）对宽而深的内沟槽，考虑到车削中的切削力和切削热会使工件产生变形，应安排在半精车之后、精车之前进行。为减小热变形引起的误差，精加工时应使工件在轴向或径向能自由收缩，并且在切削时使工件充分冷却，合理使用切削液。

（3）在加工平底孔时，先用钻头钻孔，然后用平底钻（钻顶角等于180°）把孔底刮平，最后用盲孔车刀精车。

3. 套类零件车削实例

如图2–114所示缸套零件，材料为40Cr，件数为200件。对于这一零件的加工，除了要保证内孔、外圆的尺寸外，还应保证内孔的圆柱度、外圆相对于内孔轴线的同轴度。若工件是单件生产，可取长棒料，夹住一端，在一次装夹中把内孔、外圆及一个端面都加工完，再在合理长度处切下工件，掉头加工另一端面，以保证工件的技术要求。因零件需加工数量较多，因此主要表面加工可分在几次装夹中进行，先粗加工外圆并精加工内孔，而后以孔为精基准精加工外圆。车削步骤如下。

（1）备料，取 ϕ55 mm 长棒料。

（2）检查、装夹毛坯外圆，伸出110 mm，校正夹紧。

（3）车端面，钻中心孔A5/7.5。

（4）粗车外圆 ϕ50 mm，留3 mm余量。

（5）钻孔、扩孔至 ϕ35 mm × 105 mm。

（6）在长度105 mm处切断。

（7）掉头，车端面至长度102 mm，粗车内孔至 ϕ36.5 mm。

（8）调质处理220 ~ 270HBW，检验。

（9）装夹外圆，伸出60 mm，校正夹紧，半精车外圆至 ϕ51 mm。

（10）工件掉头，装夹外圆，伸出60 mm，校正夹紧，半精车外圆至 ϕ51 mm。

（11）车端面（车平即可），半精车内孔至 ϕ37.5 mm。

（12）精车内孔至尺寸 $\phi38^{+0.05}_{+0.02}$ mm，孔口倒角 C1 mm。

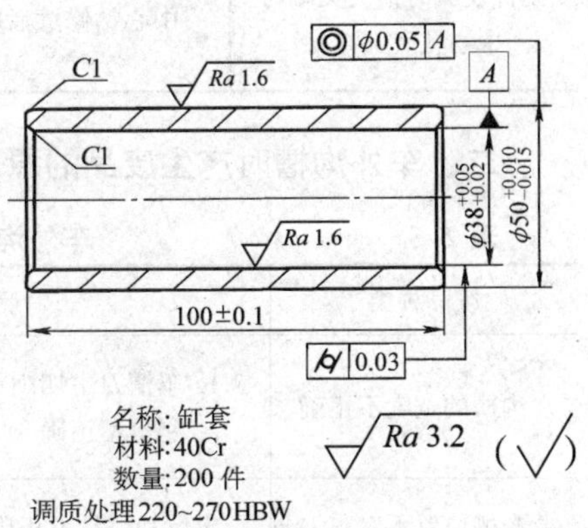

图2–114 缸套

（13）车端面，保证总长（100 ± 0.1）mm，孔口倒角 C1 mm。

（14）主轴、尾座孔内装入伞形顶尖，用两顶尖装夹工件。

（15）精车外圆 $\phi50^{+0.010}_{-0.015}$ mm 至尺寸。

（16）外圆两端倒角 C1 mm。

（17）检验。

§2–8 车削质量分析

一、钻中心孔时容易出现的问题及产生原因（表 2–4）

表 2–4　钻中心孔时容易出现的问题及产生原因

问题	产生原因
中心钻折断	1. 中心钻未对准工件回转中心 2. 工件端面未车平或中心处留有凸头，使中心钻偏斜，不能准确定心而折断 3. 切削用量选择不合适，转速太低、进给量过大 4. 磨钝后的中心钻强行钻入工件易折断 5. 没有充分浇注切削液或没有及时清除切屑，也易导致切屑堵塞而折断中心钻
中心孔钻偏或钻得不圆	1. 工件弯曲未矫正，使中心孔与外圆产生偏差 2. 夹紧力不足，钻中心孔时工件移位，造成中心孔不圆 3. 工件伸出太长，回转时在离心力的作用下，易造成中心孔不圆
工件装夹时顶尖不能与中心孔的锥孔贴合	中心孔钻得太深
工件装夹时顶尖尖端与中心孔底部接触	中心钻修磨后圆柱部分长度过短

二、车外沟槽时产生废品的原因及预防方法（表 2–5）

表 2–5　车外沟槽时产生废品的原因及预防方法

废品种类	产生原因	预防方法
沟槽的宽度不正确	1. 车槽刀主切削刃刃磨得不正确 2. 测量不正确	1. 根据沟槽宽度刃磨车槽刀 2. 仔细、正确测量
沟槽位置不对	定位和测量不正确	正确定位，并仔细测量

续表

废品种类	产生原因	预防方法
沟槽深度不正确	1. 没有及时测量 2. 尺寸计算错误	1. 车槽过程中及时测量 2. 仔细计算尺寸，对留有磨削余量的工件，车槽时必须把磨削余量考虑进去
沟槽槽底一侧直径大，一侧直径小	车槽刀的主切削刃与工件轴线不平行	装夹车槽刀时必须使主切削刃与工件轴线平行
槽底与槽壁相交处出现圆角和槽底中间直径小，靠近槽壁处直径大	1. 车槽刀主切削刃不直或刀尖圆弧太大 2. 车槽刀磨钝	1. 正确刃磨车槽刀 2. 车槽刀磨钝后应及时修磨
槽壁与工件轴线不垂直，出现内槽狭窄外口大，呈喇叭形	1. 车槽刀磨钝让刀 2. 车槽刀角度刃磨不正确 3. 车槽刀的中心线与工件轴线不垂直	1. 车槽刀磨钝后应及时刃磨 2. 正确刃磨车槽刀 3. 车刀装夹时应使其中心线与工件轴线垂直
槽底与槽壁产生小台阶	多次车削时接刀不当	正确接刀，或留有一定的精车余量
表面粗糙度达不到要求	1. 两副偏角太小，产生摩擦 2. 切削速度选择不当，没有加切削液润滑 3. 切削时产生振动 4. 切屑拉毛已加工表面	1. 正确选择两副偏角的数值 2. 选择适当的切削速度，并浇注切削液润滑 3. 采取防振措施 4. 控制切屑的形状和排出方向

三、车台阶轴时产生废品的原因及预防方法（表 2–6）

表 2–6　车台阶轴时产生废品的原因及预防方法

废品种类	产生原因	预防方法
尺寸精度达不到要求	1. 看错图样或刻度盘使用不当 2. 没有进行试车 3. 量具有误差或测量不正确 4. 由于切削热的影响，使工件尺寸发生变化 5. 机动进给没有及时关闭，使车刀进给长度超过台阶长度	1. 必须看清图样的尺寸要求，正确使用刻度盘，看清刻度值 2. 根据加工余量算出背吃刀量，进行试车，然后修正背吃刀量 3. 量具使用前必须检查和调整“零位”，正确掌握测量方法 4. 不能在工件温度较高时测量。如需要测量，应掌握工件的收缩情况，或浇注切削液，降低工件温度 5. 注意及时关闭机动进给；或提前关闭机动进给，再手动进给到要求的长度尺寸

续表

废品种类	产生原因	预防方法
产生锥度	1. 用一夹一顶或两顶尖装夹工件时，后顶尖轴线与主轴轴线不重合 2. 用小滑板车外圆，小滑板的位置不正，即小滑板的基准刻线与中滑板的“0”刻线没有对准 3. 用卡盘装夹工件纵向进给车削时，床身导轨与车床主轴轴线不平行 4. 工件装夹时悬伸较长，车削时因切削力的影响使前端让开，产生锥度 5. 车刀中途逐渐磨损	1. 车削前必须通过调整尾座校正锥度 2. 必须事先检查小滑板基准刻线与中滑板的“0”刻线是否对准 3. 调整车床主轴与床身导轨的平行度 4. 尽量减少工件的伸出长度，或另一端用后顶尖支撑，以增加装夹刚度 5. 选用合适的刀具材料，或适当降低切削速度
圆度超差	1. 车床主轴间隙太大 2. 毛坯余量不均匀，切削过程中背吃刀量变化太大 3. 工件用两顶尖装夹时，中心孔接触不良，或后顶尖顶得不紧，或前后顶尖产生径向圆跳动	1. 车削前检查主轴间隙，并调整合适。如主轴轴承磨损严重，则需更换轴承 2. 半精车后再精车 3. 工件用两顶尖装夹时，必须松紧适当；若回转顶尖产生径向圆跳动，需及时修理或更换
表面粗糙度达不到要求	1. 车床刚度不够，如滑板镶条太松，传动零件（如带轮）不平衡或主轴太松引起振动 2. 车刀刚度不够或伸出太长引起振动 3. 工件刚度不够引起振动 4. 车刀几何参数不合理，如选用过小的前角、后角和主偏角 5. 切削用量选用不当	1. 消除或防止由于车床刚度不足而引起的振动（如调整车床各部分的间隙） 2. 增加车刀刚度和正确装夹车刀 3. 增加工件的装夹刚度 4. 选用合理的车刀几何参数（如适当增大前角，选择合理的后角和主偏角等） 5. 进给量不宜太大，精车余量和切削速度应选择恰当

四、车圆锥时产生废品的原因及预防方法（表 2–7）

表 2–7　　车圆锥时产生废品的原因及预防方法

废品种类	产生原因		预防方法
角度（锥度）不正确	1. 用宽刃刀法车削	（1）装刀不正确 （2）切削刃不直 （3）刃倾角 $\lambda_s \neq 0°$	（1）调整切削刃的角度并使刀尖对准工件轴线 （2）修磨切削刃，保证其直线度 （3）重磨车刀，使 $\lambda_s=0°$
	2. 用偏移尾座法车削	（1）尾座偏移位置不正确 （2）工件长度不一致	（1）重新计算和调整尾座偏移量 （2）若工件数量较多，其长度必须一致，且两端中心孔深度一致

续表

废品种类	产生原因		预防方法
角度（锥度）不正确	3. 用转动小滑板法车削	（1）小滑板转动的角度计算错误或小滑板角度调整不当 （2）车刀没有装夹牢固 （3）小滑板移动时松紧不均匀	（1）仔细计算小滑板应转动的角度和方向，反复试车找正 （2）紧固车刀 （3）调整小滑板的镶条间隙，使小滑板移动均匀
	4. 用仿形法车削	（1）靠模角度调整不正确 （2）滑块与锥度靠模板配合不良	（1）重新调整锥度靠模板角度 （2）调整滑块和锥度靠模板之间的间隙
	5. 铰内圆锥	（1）铰刀的角度不正确 （2）铰刀轴线与主轴轴线不重合	（1）更换、修磨铰刀 （2）用百分表和试棒调整尾座套筒轴线与主轴轴线重合
最大和最小圆锥直径不正确	1. 未经常测量最大和最小圆锥直径 2. 未控制车刀的背吃刀量		1. 经常测量最大和最小圆锥直径 2. 及时测量，用计算法或移动床鞍法控制背吃刀量 a_p
双曲线误差	车刀刀尖未严格对准工件轴线		车刀刀尖必须严格对准工件轴线
表面粗糙度达不到要求	1. 与车台阶轴时，表面粗糙度达不到要求的原因相同 2. 小滑板镶条间隙不当 3. 未留足精车或铰削余量 4. 手动进给忽快忽慢		1. 见表 2–6 车台阶轴表面粗糙度达不到要求的预防方法 2. 调整小滑板镶条间隙 3. 要留有适当的精车或铰削余量 4. 手动进给速度要均匀，快慢一致

五、车螺纹时产生废品的原因及预防方法（表 2–8）

表 2–8　车螺纹时产生废品的原因及预防方法

废品种类	产生原因	预防方法
中径不正确	1. 车刀切入深度不正确 2. 刻度盘使用不当	1. 经常测量中径尺寸 2. 正确使用刻度盘
螺距不正确	1. 交换齿轮计算或组装错误；主轴箱、进给箱有关手柄位置扳错 2. 局部螺距（或轴向齿距）不正确 （1）车床主轴和丝杠的窜动量过大 （2）溜板箱手轮转动不平衡 （3）开合螺母间隙过大 3. 车削过程中开合螺母抬起	1. 在工件上先车出一条很浅的螺旋线，测量螺距（或轴向齿距）是否正确 2. （1）调整好主轴和丝杠的轴向窜动量 （2）将溜板箱手轮拉出使之与传动轴脱开，或加装平衡块使之平衡 （3）调整好开合螺母的间隙 3. 用重物挂在开合螺母手柄上防止中途抬起
牙型不正确	1. 车刀刃磨不正确 2. 车刀装夹不正确 3. 车刀磨损	1. 正确刃磨和测量车刀角度 2. 装刀时用对刀样板 3. 合理选用切削用量并及时修磨车刀

续表

废品种类	产生原因	预防方法
表面粗糙度达不到要求	1. 产生积屑瘤 2. 刀柄刚度不够，切削时产生振动 3. 车刀背前角太大，中滑板丝杠螺母间隙过大产生扎刀 4. 高速切削螺纹时，最后一刀的背吃刀量太小或切屑向倾斜方向排出，拉毛螺纹牙侧 5. 工件刚度差，而切削用量选用过大	1. 高速钢车刀切削时，应降低切削速度，并加切削液 2. 增加刀柄断面面积，并减小悬伸长度 3. 减小车刀背前角，调整中滑板丝杠螺母间隙 4. 高速切削螺纹时，最后一刀的背吃刀量一般要大于 0.1 mm，并使切屑垂直于轴线方向排出 5. 选择合理的切削用量

六、车孔时产生废品的原因及预防方法（表 2–9）

表 2–9　车孔时产生废品的原因及预防方法

废品种类	产生原因	预防方法
尺寸不对	1. 测量不正确 2. 车刀装夹不对，刀柄与孔壁相碰 3. 产生积屑瘤，增加刀尖长度，使孔车大 4. 工件的热胀冷缩	1. 要仔细测量。用游标卡尺测量时，要调整好卡尺的松紧，控制好位置，并进行试车 2. 应在未启动车床前，先把车刀在孔内走一遍，检查是否会相碰，确定合理的刀柄直径 3. 研磨前刀面，使用切削液，增大前角，选择合理的切削速度 4. 应使工件冷却后再精车，加切削液
内孔有锥度	1. 刀具磨损 2. 刀柄刚度低，产生“让刀”现象 3. 刀柄与孔壁相碰 4. 车床主轴轴线歪斜 5. 床身不水平，使床身导轨与主轴轴线不平行 6. 床身导轨磨损。由于磨损不均匀，使走刀轨迹与工件轴线不平行	1. 提高刀具寿命，采用耐磨的硬质合金车刀 2. 尽量采用大尺寸的刀柄，减小切削用量 3. 正确装夹车刀 4. 检查车床精度，校正主轴轴线与床身导轨的平行度 5. 校正车床水平 6. 大修车床
内孔圆度超差	1. 孔壁薄，装夹时产生变形 2. 车床主轴轴承间隙太大，主轴轴颈成椭圆形 3. 工件加工余量和材料组织不均匀	1. 选择合理的装夹方法 2. 大修车床，并检查主轴的圆柱度 3. 增加半精车工序，把不均匀的余量车去，使精车余量合理和均匀。对工件毛坯进行回火处理
内孔表面粗糙度超差	1. 车刀磨损 2. 车刀刃磨不良，表面粗糙度值大 3. 车刀几何角度不合理，装刀低于中心 4. 切削用量选择不当 5. 刀柄细长，产生振动	1. 重新刃磨车刀 2. 保证切削刃锋利，研磨车刀前后面 3. 合理选择刀具角度，精车装刀时可略高于工件轴线 4. 选择合理的切削速度，减小进给量 5. 加粗刀柄，降低切削速度

习题

1. 车床能加工哪些典型的表面?

2. 卧式车床主要由哪些部分组成? 各部分的功用如何?

3. 车削加工必须具备哪些运动?

4. 车刀有哪几种? 它们的用途如何?

5. 安装车刀有什么要求? 其安装高度对车削有什么影响?

6. 轴类零件的毛坯有哪几种形式?

7. 车轴类零件的车刀有哪几种? 车轴类零件时应如何选择?

8. 对粗车刀和精车刀各有什么不同的要求? 如何选用车刀的几何角度。

9. 在车床上装夹轴类零件有哪几种方法? 试说明其应用场合及优缺点。

10. 中心孔有哪几种类型，如何选用?

11. 中心钻折断的原因是什么? 怎样预防?

12. 顶尖有哪几种? 其作用如何?

13. 用两顶尖装夹工件时应注意什么?

14. 粗车与精车各有什么特点?

15. 车轴类零件时，常用的量具有哪几种? 如何正确选用?

16. 车轴类零件时，如何根据零件图进行分析?

17. 车轴类零件时，为什么要分粗、精车? 如何选择车削步骤?

18. 车轴类零件时，容易产生的废品有哪几种? 产生的原因是什么?

19. 画图说明圆锥体各部分名称，并写出各部分尺寸的计算公式。

20. 根据下列已知条件，用三角函数法求出圆锥半角。

（1）D=25 mm，d=21 mm，L=45 mm。

（2）C=1 : 5。

21. 根据下列已知条件，用近似式算出圆锥半角。

（1）D=25 mm，d=24 mm，L=20 mm。

（2）C=1 : 20。

22. 用转动小滑板法车圆锥有什么优缺点? 在什么情况下适用?

23. 用偏移尾座法车圆锥有什么优缺点? 适用于什么情况? 尾座偏移量有哪几种测量方法?

24. 车 C=1 : 20 的锥度，用套规测量时，零件小端离开套规的台阶中心为 8 mm，为了使直径尺寸合格，背吃刀量还有多少?

25. 用仿形法车锥度的优缺点是什么?

26. 车圆锥面时，车刀安装得偏高或偏低，对零件质量有什么影响?

27. 试述车圆锥体锥度不正确的原因及预防方法。

28. 什么是螺旋线? 车螺纹时，其螺旋线是怎样形成的?

29. 常用的螺纹有哪几种? 它们的用途如何?

30. 试述螺纹牙型角、螺距、中径、螺纹升角的定义和代号。

31. 螺纹升角的大小与螺纹直径和导程有什么关系？怎样计算螺纹升角？
32. 画出普通螺纹的基本牙型，并注出螺距、大径、中径和小径。
33. 对螺纹车刀切削刃有哪些要求？
34. 在车螺纹升角较大的螺纹时，车刀后角有哪些影响？其两侧后角如何确定？
35. 螺纹车刀背前角的大小对螺纹牙型角有什么影响？怎样修正？
36. 怎样正确安装螺纹车刀？
37. 车螺纹有哪几种方法？各适用于什么场合？
38. 高速车螺纹时，为什么不宜采用左右切削法？
39. 测量三角形外螺纹中径可用哪些方法？

第 3 章

铣　　削

§3-1 铣削基本知识

一、铣削基本概念及其特点

铣削是以铣刀的旋转为主运动，铣刀或工件做进给运动的一种切削加工方法。

由于铣削采用旋转的多刃刀具加工，刀齿交替切削，具有冷却效果好、刀具耐用度高的特点。加之进给运动灵活、附件较多，便于不同类型工件的安装同时也扩大了铣床的使用范围，使得铣削生产效率高、加工范围广，特别适合模具等形状复杂的组合体零件的加工。

铣削具有较高的加工精度，其经济加工精度一般为 IT9 ~ IT7 级，表面粗糙度值一般为 *R*a12.5 ~ 1.6 μm。

二、铣削工作的基本内容

在普通铣床上使用各种不同铣床附件与铣刀，可以完成平面、台阶、沟槽、孔、特形面、切断、花键、齿式离合器、螺旋槽、齿轮等结构的铣削。普通铣床的主要工作内容见表 3–1。

表 3–1　　普通铣床的主要工作内容

铣削工作的基本内容	示意图	示例
周铣平面	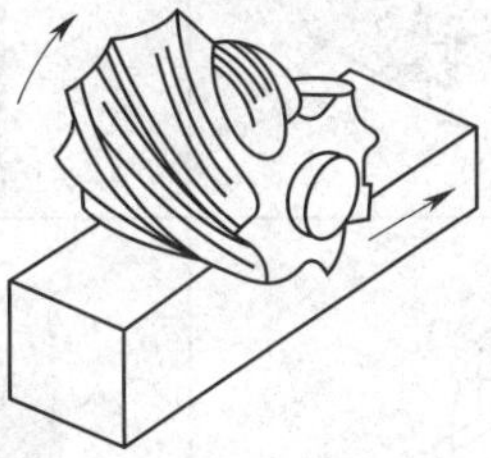	
端铣平面	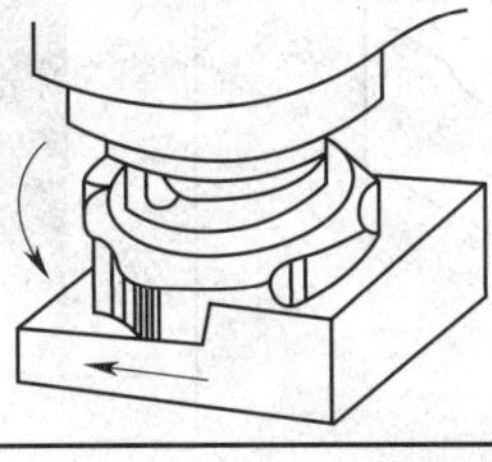	

续表

铣削工作的基本内容	示意图	示例
铣台阶	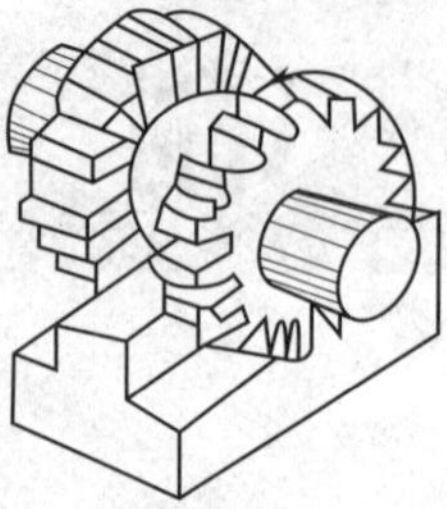	
铣直角沟槽	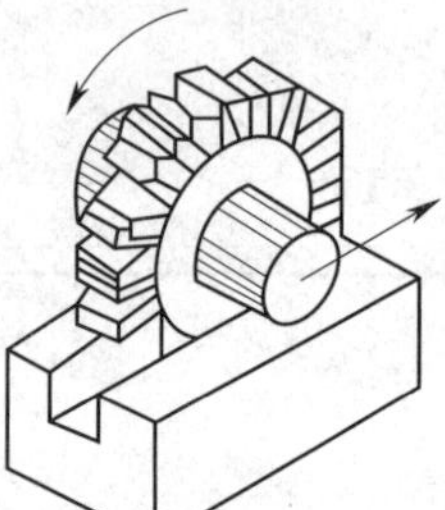	
铣 V 形槽	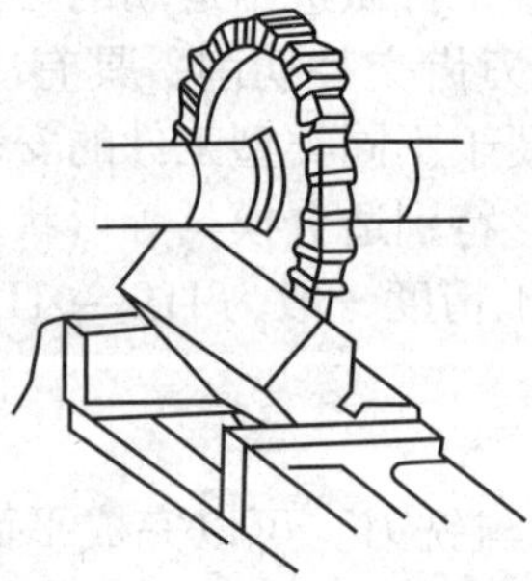	
切断	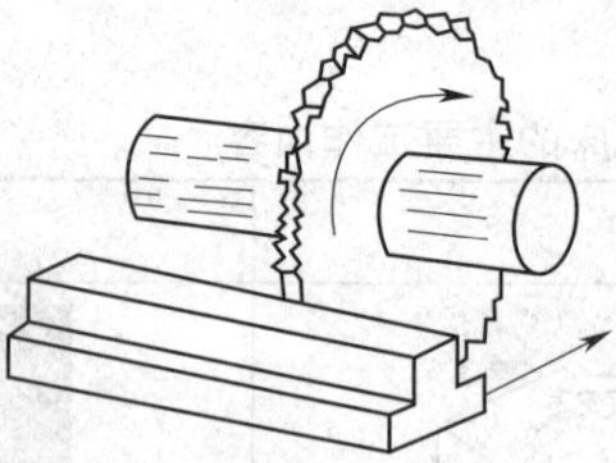	
铣特形面	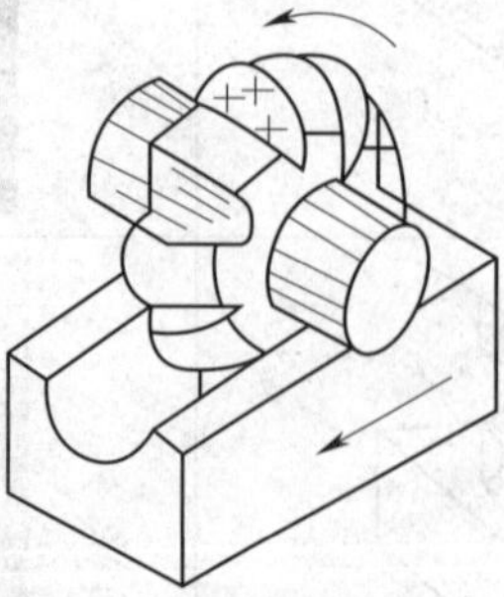 （铣凹形面）	 （铣凸形面）

续表

铣削工作的基本内容	示意图	示例
铣键槽	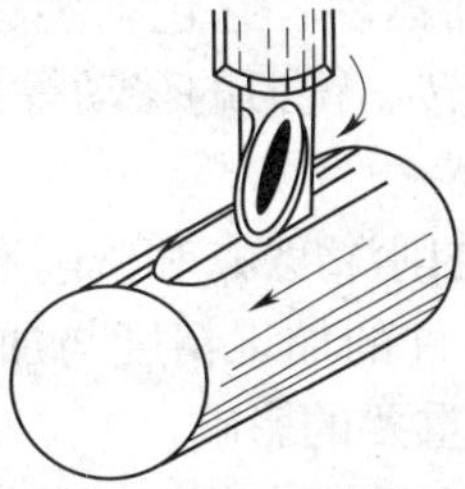	
铣花键轴或齿式离合器	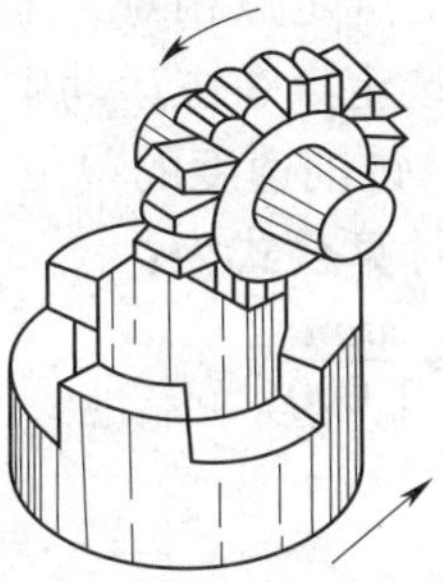 （铣齿式离合器）	 （铣花键轴）
铣齿轮	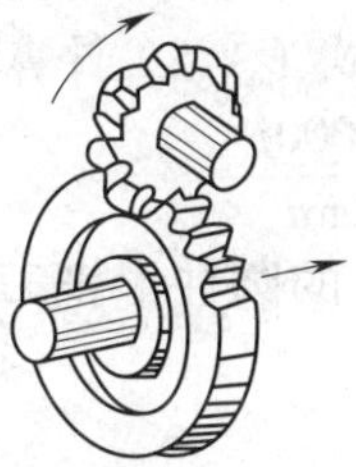	
铣螺旋面或刀具齿槽	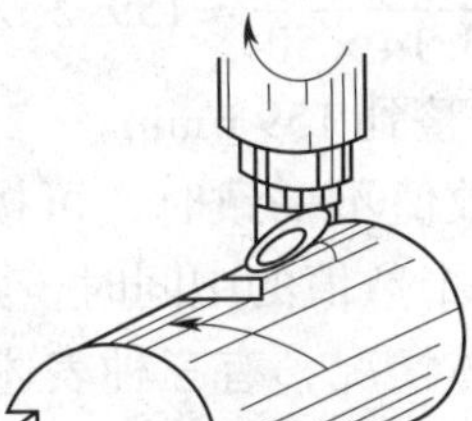 （铣螺旋面）	 （铣刀具齿槽）
钻孔、铰孔和镗孔	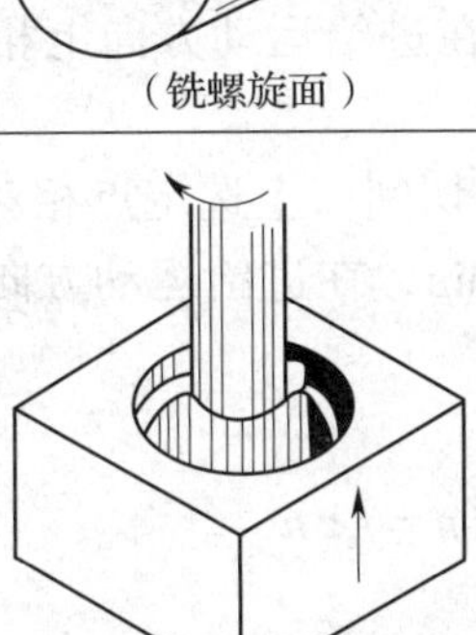	

三、铣削运动和铣削用量

1. 铣削的基本运动

铣削时工件与铣刀的相对运动称为铣削运动，它包括主运动和进给运动。铣削运动中铣刀的旋转运动是主运动，工件的移动或回转、铣刀的移动等都是进给运动。

2. 铣削用量

铣削用量包括铣削速度 v_c、进给量 f、铣削深度 a_p 和铣削宽度 a_e。

铣削时合理地选择铣削用量，对保证零件的加工精度与加工表面质量、提高生产效率、提高铣刀的使用寿命、降低生产成本，都有重要的影响。

（1）铣削速度 v_c。铣削时，铣刀切削刃上选定点相对于工件主运动的瞬时速度称为铣削速度。铣削速度可以简单地理解为切削刃上选定点在主运动中的线速度，即切削刃上离铣刀轴线距离最大的点在 1 min 内所移动的距离。铣削速度的单位一般是 m/min。

铣削速度与铣刀直径、铣刀转速有关，计算公式为：

$$v_c = \frac{\pi dn}{1\ 000} \tag{3-1}$$

式中 v_c——铣削速度，m/min；

d——铣刀直径，mm；

n——铣刀或铣床主轴转速，r/min。

铣削时，根据工件的材料、铣刀切削部分的材料、加工阶段的性质等因素，确定铣削速度，然后根据所用铣刀的规格（直径），按式（3–2）计算并确定铣床主轴的转速。

$$n = \frac{1\ 000 v_c}{\pi d} \tag{3-2}$$

例 3–1 在 X6132 型铣床上，用 ϕ50 mm 的圆柱形铣刀，以 25 m/min 的铣削速度进行铣削，铣床主轴转速应调整到多少？

解：已知 d=50 mm，v_c=25 m/min。

$$n = \frac{1\ 000 v_c}{\pi d} = \frac{1\ 000 \times 25}{3.14 \times 50} \approx 159.2\ \text{r/min}$$

答：根据机床铭牌上的数值，实际应调整到 159 r/min。

当计算所得的数值与铣床铭牌上所标数值不一致时，可按与计算所得数值最接近的铭牌数值选取。若计算所得数值处在铭牌上两个数值的中间时，则应按较小的铭牌数值选取。

（2）进给量 f。铣削中的进给量根据具体情况，有三种表述和度量的方法。

1）每转进给量 f。铣刀每回转一周，在进给运动方向上相对于工件的位移量，单位为 mm/r。

2）每齿进给量 f_z。铣刀每转过一齿，在进给运动方向上相对于工件的位移量，单位为 mm/ 齿。

3）进给速度 v_f（又称每分钟进给量）。切削刃上选定点相对于工件的进给运动的瞬时速度，称为进给速度。也就是铣刀每旋转 1 min，在进给运动方向上相对于工件的位移量，单位为 mm/min。

三种进给量的关系为：

$$v_f = f n = f_z z n \tag{3-3}$$

式中 v_f——进给速度，mm/min；

f——每转进给量，mm/r；

n——铣刀或铣床主轴转速，r/min；

f_z——每齿进给量，mm/ 齿；

z——铣刀齿数。

铣削时，根据加工性质先确定每齿进给量 f_z，然后根据所选用铣刀的齿数 z 和铣刀的转速 n 计算出进给速度 v_f，并以此对铣床进给量进行调整（铣床铭牌上的进给量以进给速度 v_f 表示）。

例 3–2 用一把直径为 25 mm、齿数为 3 的立铣刀，在 X5032 型铣床上铣削，每齿进给量 f_z 为 0.04 mm/ 齿，铣削速度 v_c 为 24 m/min。试调整铣床的转速和进给速度。

解： 已知 d=25 mm，z=3，f_z=0.04 mm/ 齿，v_c=24 m/min。

$$n=\frac{1\,000v_c}{\pi d}=\frac{1\,000\times 24}{3.14\times 25}\approx 305.7\ \text{r/min}$$

$$v_f=f_z zn=0.04\times 3\times 305=36.60\ \text{mm/min}$$

答： 根据铣床铭牌，实际应调整到 305 r/min，进给速度为 36.60 mm/min。

（3）铣削深度 a_p。铣削深度 a_p 是指在平行于铣刀轴线方向上测得的切削层尺寸，单位为 mm。

（4）铣削宽度 a_e。铣削宽度 a_e 是指在垂直于铣刀轴线方向、工件进给方向上测得的切削层尺寸，单位为 mm。

铣削时，由于采用的铣削方法和选用的铣刀不同，铣削深度 a_p 和铣削宽度 a_e 的表示也不同。图 3–1 所示为用圆柱形铣刀进行圆周铣，以及用端铣刀进行端铣时的铣削用量。

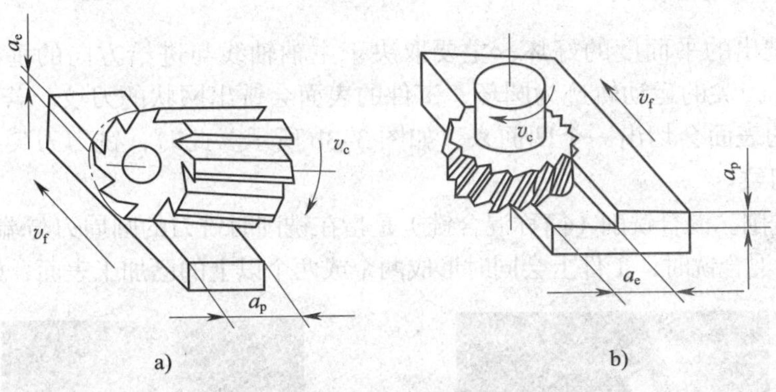

图 3–1 圆周铣与端铣时的铣削用量

a）圆周铣 b）端铣

四、铣削的方式

在铣床上铣削工件时，由于铣刀的结构和工件上所加工的部位不同，所以具体的切削方式、方法也不一样。根据铣刀在切削时切削刃与工件接触的位置不同，铣削方法可分为周铣、端铣以及周铣与端铣同时进行的混合铣；根据铣刀切削部位产生的切削力与进给方向间的关系，铣削方式可分为顺铣和逆铣。

1. 周铣、端铣和混合铣

（1）周铣。圆周铣简称周铣，如图 3–2 所示。周铣是利用分布在铣刀圆柱上的切削刃来铣削并形成平面的。铣削时，圆柱铣刀做旋转运动，工件在铣刀下面以直线形式做进给运动，工件表面被铣出一个平面来。由于圆柱铣刀是由若干个切削刃组成，不是光滑的圆柱体，故铣出的平面有微小的波纹。要使被加工表面获得小的表面粗糙度值，铣刀的转速要适当快一些，而工件进给速度要相对慢一些。

周铣时，铣出的平面度的好坏，主要取决于铣刀的圆柱度。因此，在精铣平面时，要保证铣刀的圆柱度，否则，铣刀的圆柱度误差将“复印”到平面上，使平面产生凹面、凸面或倾斜。

（2）端铣。端面铣简称端铣，如图 3–3a 所示。端铣是利用分布在铣刀端面上的刀尖来铣削并形成平面的。用端铣的方法铣出的平面有一条条刀纹，刀纹的粗细与工件的进给速度和铣刀的转速等许多因素有关。

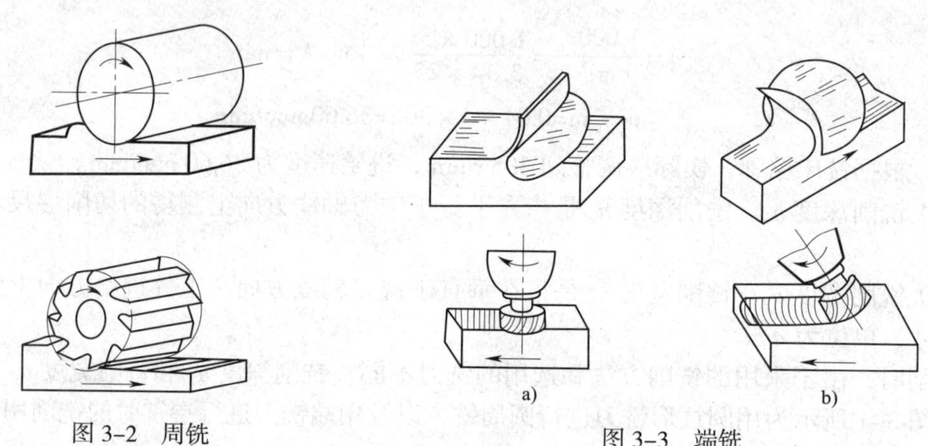

图 3–2　周铣　　图 3–3　端铣

端铣时，铣出的平面度的好坏，主要取决于主轴轴线与进给方向的垂直度。若主轴与进给方向垂直，刀尖的运动轨迹为圆环，工件的表面会铣出网状的刀纹。若主轴与进给方向不垂直，工件的表面会切出一个凹面来，如图 3–3b 所示。此时，铣刀刀尖会在工件表面铣出单向的弧形刀纹。

（3）混合铣削。混合铣削（简称混合铣）是指在铣削时铣刀的圆周刃与端面刃同时参与切削的铣削方法。混合铣时，工件上会同时形成两个或两个以上的已加工表面，如图 3–4 所示。

a)

b)

图 3–4　混合铣

a）圆柱铣刀铣台阶　b）端面铣刀铣台阶

（4）周铣和端铣的比较。在铣床上铣削平面时，既可用周铣，也可用端铣。为了便于合理使用，将这两种铣削方法加以比较如下。

1）端铣时，以刀具轴向受力为主，且刀杆伸出短，刚度好，刀杆变形小，故不易产生振动；周铣时，以刀杆径向受力为主，且刀杆伸出长，刚度差，刀杆变形大。

2）端铣时，端面齿工作，主切削刃切削，副切削刃修光，能提高已加工表面加工质量；周铣时，圆周齿工作，无副切削刃修光，因而在加工表面上留下波纹。

3）端铣时，同时参加切削的刀齿多，切削力变化小，切削过程平稳；周铣时，只有少数刀齿同时切削，切削力波动大，易产生振动。

4）端铣时，刀齿切入、切出时切削厚度变化小；周铣时，刀齿切入、切出时切削厚度变化大，顺铣时容易打刀，逆铣时易产生剧烈摩擦。

5）端铣一般只适宜铣平面，适应性差；周铣能用多种形式的铣刀，可以铣平面、斜面和沟槽，适应性好。

因此，端铣广泛应用于铣平面中，而周铣一般适用于加工沟槽或母线为直线的成形表面。

2. 顺铣和逆铣

（1）顺铣。铣削时，铣刀的旋转方向与工作台（工件）的进给方向相同，这种铣削方法称为顺铣，如图 3–5a 所示。

（2）逆铣。铣削时，铣刀的旋转方向与工作台（工件）进给方向相反，这种铣削方法称为逆铣，如图 3–5b 所示。

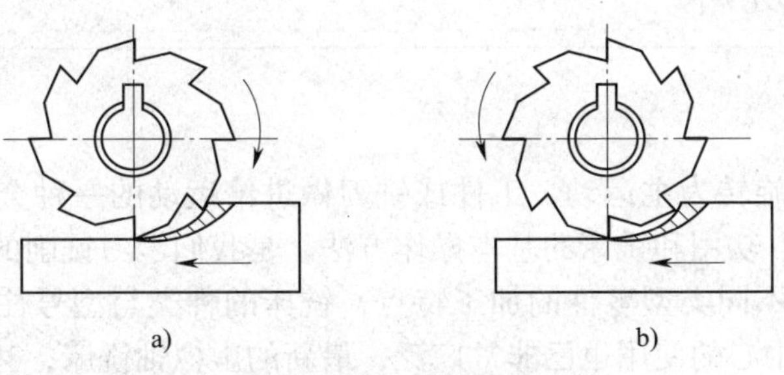

图 3–5　圆柱铣刀的顺铣和逆铣

a）顺铣　b）逆铣

（3）顺铣与逆铣的比较

1）顺铣时，切削刃一开始就切入工件，切削厚度由厚变薄，切削刃磨损小，铣刀耐用度高；逆铣时，切削刃在加工表面上移动一小段距离后才切入工件，切削厚度由薄变厚，切削刃比顺铣时容易磨损。故顺铣时切削刃比逆铣时切削刃的磨损小，铣刀耐用度高。

2）顺铣时，铣刀不会产生上下跳动，振动小，加工表面粗糙度值小；逆铣时，铣刀往往产生周期性振动，影响加工表面的粗糙度。

3）顺铣时，铣削力的一个垂直分力的方向朝下，有压住工件的作用，因而这个力对铣削有利；逆铣时，铣削力的一个垂直分力的方向朝上，有把工件从夹具中拉出的作用，对铣削不利。

4）顺铣时，切削表面没有硬化层，所以容易切削，但顺铣不宜铣削带硬皮的工件；逆铣时，每齿切削厚度是从零到最大，刚开始进入切削时都是在切削表面挤压，使加工表面造成硬化层，给以后的加工带来困难。

5）铣削时，工作台的纵向进给是由工作台下面的丝杠螺母传动的，并且存在一定的间隙。逆铣时，纵向水平分力与工件进给方向相反，丝杠间隙在进给方向的前方，不会拉动工作台；顺铣时，纵向水平分力与工件进给方向相同，丝杠与螺母的间隙在进给方向的后方，会拉动工作台，使每齿进给量突然增大，易造成刀齿折断，甚至使刀轴弯曲。

一般铣床没有消除螺杆螺母传动间隙的机构，故生产中常采用逆铣。另外，在加工具有硬皮的铸件、锻件毛坯，或硬度较高的工件时，也应采用逆铣。精加工时，铣削力较小，为提高刀具耐用度和加工表面质量，多采用顺铣。

3. 对称铣和不对称铣

（1）对称铣。当端铣刀轴线处于工件铣削宽度的对称位置时，称为对称铣。此时，刀齿在工件的切入边为逆铣，在工件的切出边为顺铣，刀齿作用在工件切入边和切出边的纵向分力有一部分相互抵消，一般不会引起工作台窜动。对称铣适用于工件宽度接近铣刀直径且铣刀刀齿较多的情况。

（2）不对称铣。当工件铣削宽度偏于端铣刀回转中心一侧时，称为不对称铣。

§3–2 铣床

铣床是以铣刀的旋转为主运动，工件或铣刀做进给运动的一种金属切削机床。了解常用铣床的结构、型号、功用和铣床的基本操作方法，是我们学习铣削的基础。

车间里为了适应不同类型零件的加工特点，铣床的种类与型号往往很多。目前生产中数控铣床和铣削加工中心的使用也已非常广泛，最新的虚拟轴铣床，甚至可使主轴部件做任意轨迹的运动，从而使铣刀在工件上加工出复杂的三维曲面，这使得铣床从外形、结构和体积大小上都有着很大的差别。所以，认识铣床首先要从识读机床的型号入手。

一、铣床的型号和种类

1. 铣床的型号

铣床的型号是铣床产品的代号，用以简明地表示铣床的类别、结构特性等。铣床的型号也根据 GB/T 15375—2008《金属切削机床　型号编制方法》的规定编制。

（1）铣床的类代号。铣床的类代号是“X”，读作“铣”。所以当看到机床的标牌上第一位（或第二位）字母标有“X”时，即可知道该机床为铣床。

（2）铣床的通用特性代号。在得知铣床类代号后，可通过通用特性代号来了解该铣床的通用特性及结构上的特点。通用特性代号有着统一固定的含义，铣床的通用特性代号见表 3–2。

表 3–2　　铣床的通用特性代号

通用特性	高精度	精密	自动	半自动	数控	加工中心（自动换刀）	仿型	轻型	加重型	柔性加工单元	数显	高速
代号	G	M	Z	B	K	H	F	Q	C	R	X	S
读音	高	密	自	半	控	换	仿	轻	重	柔	显	速

（3）铣床的组、系代号。铣床分为 10 个组，每组又分为 10 个系（系列）。铣床的组代号见表 3–3。

表 3–3　　铣床的组代号

组别名称	仪表铣床	悬臂及滑枕铣床	龙门铣床	平面铣床	仿型铣床	立式升降台铣床	卧式升降台铣床	床身铣床	工具铣床	其他铣床
组别	0	1	2	3	4	5	6	7	8	9

（4）铣床的主参数。铣床型号中的主参数通常用工作台面宽度的折算值表示，折算值大于 1 时取整数，前面不加“0”；当折算值小于 1 时，则取小数点后第一位数字，并在前面加“0”。常用铣床的组、系划分及主参数见表 3–4。

表 3–4　　常用铣床的组、系划分及主参数

组		系		主参数		典型铣床及特点
代号	名称	代号	名称	折算值	含义	
2	龙门铣床	0 1 2 3 4 5 6 7 8 9	龙门铣床 龙门镗铣床 龙门磨铣床 定梁龙门铣床 定梁龙门镗铣床 龙门移动铣床 定梁龙门移动铣床 龙门移动镗铣床 	1/100 1/100 1/100 1/100 1/100 1/100 1/100 1/100 	工作台面宽度	X2010 床身呈水平布置，其两侧的立柱和连接梁构成门架的铣床。铣头装在横梁和立柱上，可沿其导轨移动，通常横梁可沿立柱导轨垂直方向移动，工作台可沿床身导轨纵向移动。龙门铣床用于大件加工
5	立式升降台铣床	0 1 2 3 4 5 6 7 8 9	立式升降台铣床 立式升降台镗铣床 摇臂铣床 万能摇臂铣床 摇臂镗铣床 转塔升降台铣床 立式滑枕升降台铣床 万能滑枕升降台铣床 圆弧铣床 	1/10	工作台面宽度	X5040(X53K)　　X5325 主轴位置与工作台面垂直，具有可沿床身导轨垂直移动的升降台的铣床。通常安装在升降台上的工作台和床鞍可分别做纵向、横向移动

续表

组		系		主参数		典型铣床及特点
代号	名称	代号	名称	折算值	含义	
6	卧式升降台铣床	0	卧式升降台铣床	1/10	工作台面宽度	X6132　XQ6225 主轴位置与工作台面平行，具有可沿床身导轨垂直移动的升降台的铣床。通常安装在升降台上的工作台和床鞍可分别做纵向、横向移动
		1	万能升降台铣床			
		2	万能回转头铣床			
		3	万能摇臂铣床			
		4	卧式回转头铣床			
		5				
		6	卧式滑枕升降台铣床			
		7				
		8				
		9				

2. 铣床的种类

（1）升降台式铣床。升降台式铣床又称曲座式铣床。这类铣床的主要特征是具有可沿床身垂直导轨运动的升降台（曲座）。工作台既可在升降台上沿纵、横向导轨做左、右、前、后运动，还能随升降台做上、下方向垂直运动。这类铣床按主轴位置，又可分为卧式铣床和立式铣床两种。

1）卧式铣床。卧式铣床的主要特征是铣床主轴轴线与工作台台面平行并处于水平位置，如图 3–6 所示。铣刀和刀轴安装在主轴上，铣削时，主轴带动铣刀做旋转运动，工件装夹在工作台上做进给运动。卧式铣床根据加工范围的大小，又可分为卧式升降台铣床和卧式万能升降台铣床。

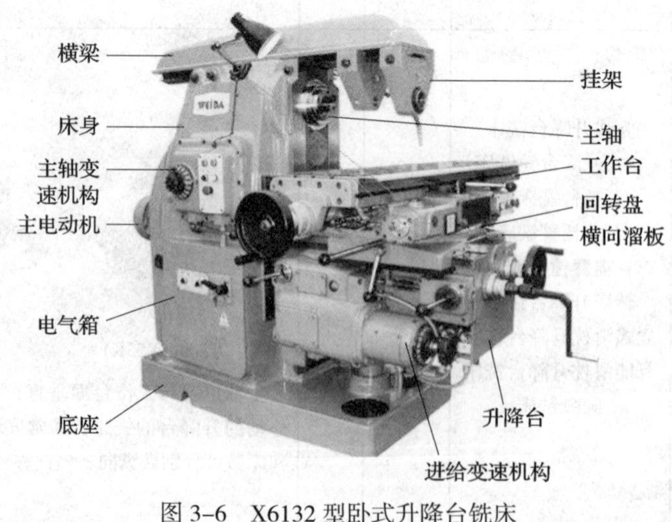

图 3–6　X6132 型卧式升降台铣床

卧式升降台铣床（简称卧铣）的主轴是水平的，主轴轴线与工作台的纵向进给方向垂直，且垂直度很高。因此，在使用过程中，不需对纵向进给方向进行校正，但它的工作范围较小。

卧式万能升降台铣床的结构与一般卧式铣床有所不同，其横向溜板与工作台之间有一个带刻度的回转盘，使用时，可使工作台在 ±45° 范围内转到所需要的位置。同时，卧式万能铣床还带有较多的附件，因而，它的加工范围较广。

2）立式铣床。立式铣床的主要特征是铣床主轴轴线与工作台台面垂直，如图 3–7 所示。因主轴呈竖直位置，故称立式铣床。安装主轴的部分称为立铣头，立铣头与床身的连接形式有两种。一种形式是立铣头与床身做成一个整体，如图 3–7a 所示。这种铣床的立铣头刚度较好，但加工范围较小。另一种形式是立铣头与床身由两部分组成，如图 3–7b 所示，结合处有一个带刻度的回转盘。工作时立铣头可向左或向右扳转，使主轴与工作台面倾斜一个所需要的角度，因此，它的加工范围较大，操作方便，生产效率高，使用较广泛。

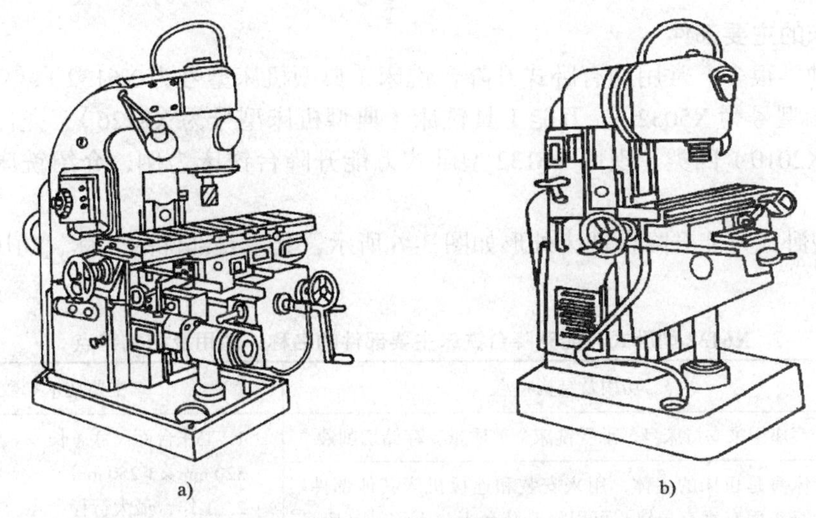

图 3–7　立式铣床

a）立铣头与床身一体　b）立铣头与床身由两部分组成

（2）工作台不升降铣床。这种铣床没有升降台，它的工作台安装在支座上，支座与底座连在一起，工作台只做纵向和横向运动。工件与刀具之间的垂直相对运动，是由主轴箱沿床身的垂直导轨上下移动来实现的。由于工作台直接安装在支座上，因此刚度好，支撑能力大，适宜对工件进行高速切削和强力切削，也适宜于加工质量较大的大型和重型工件。工作台不升降铣床的外形如图 3–8 所示。

（3）龙门铣床。图 3–9 所示是一台四轴龙门铣床。在它的横梁 2 上，安装有两个垂直的铣削头，铣削头能根据需要沿横梁左右移动；在两侧的立柱 1 上，各有一个可以沿其上下移动的水平铣削头 3。铣削时，可根据需要安装一把、两把、三把或四把铣刀，同时铣削工件相应的表面。龙门铣床的工作台一般只做纵向运动，垂直和横向运动则由铣削头和龙门框架来完成。龙门铣床根据铣削头轴数不同，有单轴、双轴和四轴等多种形式。龙门铣床是一种大型铣床，适合加工大型和重型工件，生产效率较高。

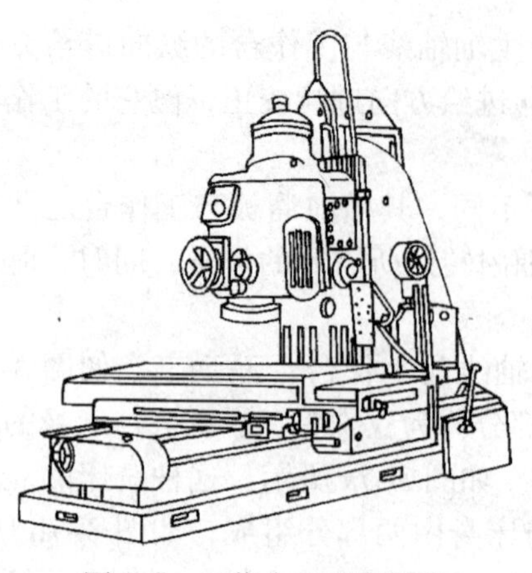
图 3-8　工作台不升降铣床

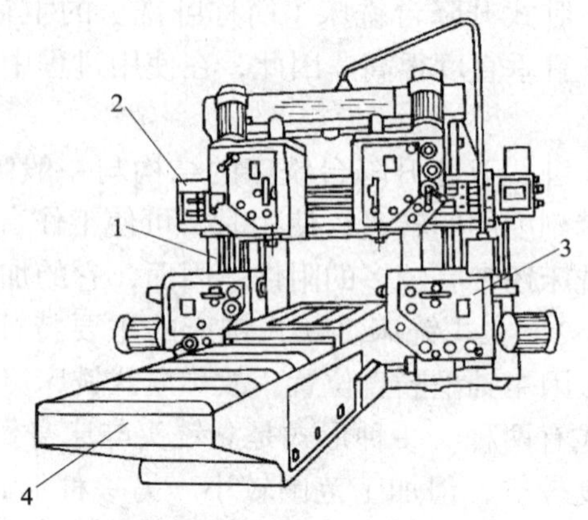

图 3-9　四轴龙门铣床
1—立柱　2—横梁　3—铣削头　4—工作台

二、铣床的主要部件

铣床的种类很多，常用的有卧式升降台铣床（典型机床型号为 X6132），立式升降台铣床（典型机床型号为 X5032），万能工具铣床（典型机床型号为 X8126），龙门铣床（典型机床型号为 X2010）四类。现以 X6132 型卧式万能升降台铣床为例，介绍铣床的主要部件和结构。

X6132 型卧式万能升降台铣床外形如图 3-6 所示，其主要部件的名称、功用及结构特点见表 3-5。

表 3-5　X6132 型卧式万能升降台铣床主要部件的名称、功用及结构特点

部件名称	功用及结构特点	主要技术参数
底座	底座用来支持床身，承受铣床全部质量，存储切削液	1. 工作台面尺寸（长 × 宽）：320 mm × 1 250 mm 2. 工作台最大行程 （1）纵向（手动 / 机动）：700 mm/680 mm （2）横向（手动 / 机动）：255 mm/240 mm （3）垂向（手动 / 机动）：320 mm/300 mm 3. 工作台进给速度（18 级） （1）纵向、横向：23.5 ～ 1 180 mm/min （2）垂向：8 ～ 394 mm/min 4. 工作台快速移动速度 （1）纵向、横向：2 300 mm/min （2）垂向：770 mm/min 5. 工作台最大回转角度：± 45° 6. 主轴锥孔锥度：7 : 24 7. 主轴转速（18 级）：30 ～ 1 500 r/min 8. 主电动机功率：7.5 kW 9. 机床工作精度
床身	床身是机床的主体，用来安装和连接机床其他部件。床身正面有垂直导轨，可引导升降台上、下移动。床身顶部有燕尾形水平导轨，用以安装横梁并按需要引导横梁水平移动。床身内部装有主轴和主轴变速机构	
横梁与挂架	横梁可沿床身顶部燕尾形导轨移动，并可按需要调节其伸出床身的长度。横梁上可安装挂架，用以支撑刀杆的外端，增强刀杆的刚度	
主轴	主轴为前端带锥孔的空心轴，锥孔的锥度为 7 : 24，用来安装铣刀刀杆和铣刀。主电动机输出的回转运动，经主轴变速机构驱动主轴连同铣刀一起回转，实现主运动	
主轴变速机构	主轴变速机构安装于床身内，其操纵机构位于床身左侧。其功用是将主电动机的额定转速（1 450 r/min）通过齿轮变速，转换成 30 ～ 1 500 r/min 的 18 种不同主轴转速，以适应不同铣削速度的需要	
进给变速机构	进给变速机构用来调整和变换工作台的进给速度，以适应铣削的需要	

续表

部件名称	功用及结构特点	主要技术参数
工作台	工作台用以安装铣床夹具和工件，铣削时带动工件实现纵向进给运动	（1）平面度：0.02 mm （2）平行度：0.03 mm （3）垂直度：0.02 mm/100 mm （4）表面粗糙度：*R*a1.6 μm
横向溜板	横向溜板铣削时用来带动工作台实现横向进给运动。在横向溜板与工作台之间设有回转盘，可以使工作台在水平面内做 ±45° 范围内的偏转	
升降台	升降台用来支撑横向溜板和工作台，带动工作台上、下移动。升降台内部装有进给电动机和进给变速机构	

X6132 型卧式万能升降台铣床在结构上还具有下列特点。

1. 机床工作台的机动进给操纵手柄，操纵时所指示的方向，就是工作台进给运动的方向，操作时不易产生错误。

2. 机床的前面和左侧，各有一组按钮和手柄的复式操作装置，便于操作者在不同位置上进行操作。

3. 机床采用速度预选机构来改变主轴转速和工作台的进给速度，使操作简便明确。

4. 机床工作台的纵向传动丝杠上，有双螺母间隙调整机构，所以机床既可进行逆铣，又能进行顺铣。

5. 机床工作台可以在水平面内做 ±45° 范围内的偏转，因而可进行各种螺旋槽的铣削。

6. 机床采用转速控制继电器（或电磁离合器）进行制动，能使主轴迅速停止回转。

7. 机床工作台有快速进给运动装置，用按钮操纵，方便省时。

§3–3 铣床附件

在铣床上常用到机用虎钳、压板和万能分度头等附件装夹工件。对于较小型的工件，一般采用机用虎钳装夹；对于大中型工件，则多在铣床工作台上用压板来装夹。

一、机用虎钳

机用虎钳是以平面定位，用于夹紧中小型工件的夹具。它的规格以钳口宽度为标准，有 100 mm、125 mm、130 mm、160 mm、200 mm 和 250 mm 等几种。

机用虎钳的外形和结构如图 3–10 所示。

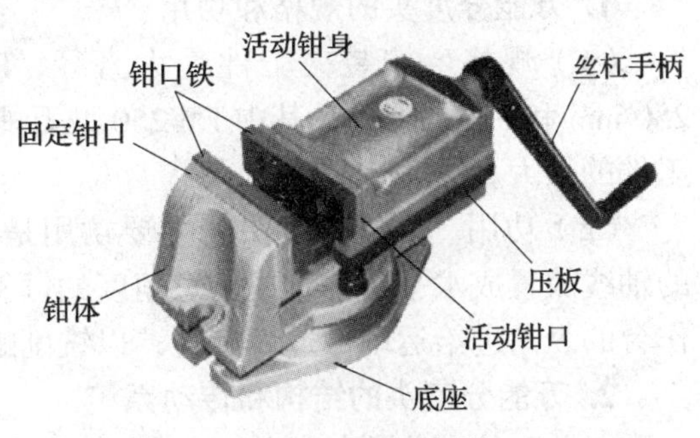

图 3–10　机用虎钳

二、压板

常见的压板和搭压板的方法如图 3–11 所示。

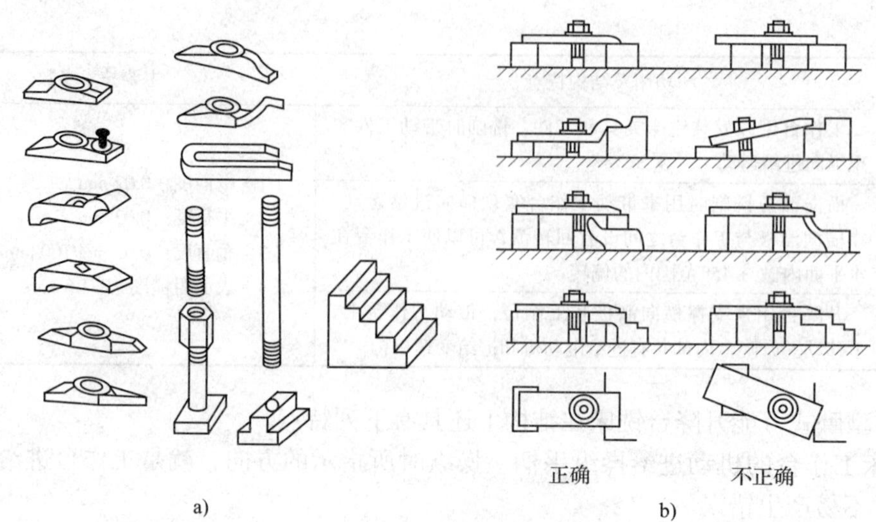

图 3–11 常见的压板和搭压板的方法
a）压板 b）搭压板的方法

三、万能分度头

万能分度头是铣床上的重要精密附件，在其他机床（如磨床、钻床、刨床和插床等）上也得到广泛的应用，如图 3–12 所示。分度头可以把装夹在顶尖间或卡盘上的工件转动任意角度；可以对工件进行圆周分度，使许多机械零件（如花键轴、牙嵌式离合器、直齿圆柱齿轮等）上需要等分的齿槽能在铣床上铣削。

图 3–12 万能分度头

通常，铣床上使用的分度头有直接分度头（等分分度头）、单分度头、万能分度头等，其中万能分度头的使用最为广泛。

1. 万能分度头的规格和功用

（1）规格。按装夹工件最大直径，FW 型万能分度头常用规格有 160 mm、200 mm、250 mm 和 320 mm 等，其中 FW250 型万能分度头是在铣床上应用最为普遍的一种，其装夹工件的最大直径为 250 mm。

（2）功用。万能分度头的主要功用是能够将工件做任意的圆周或直线等分；可把工件的轴线放置成水平、垂直或任意角度的倾斜位置；通过交换齿轮，可使分度头主轴随铣床工作台的纵向进给运动做连续旋转，以铣削螺旋面和凸轮的成形面。

2. 万能分度头的结构和传动系统

（1）万能分度头的结构。FW250 型万能分度头的外形和组成如图 3–13 所示。基座上有回转体，分度头主轴可随回转体在垂直平面内转动。主轴前端可安装三爪自定心卡盘。摇动手柄通过单线蜗杆蜗轮副使分度头主轴旋转进行分度。分度盘正、反面上每圈都有数目不同的孔（分度盘上孔圈的孔数见表 3–6），用以适应各种分度数的需要。主轴分度数靠转动手柄时将定位销插入合适的孔中获得。

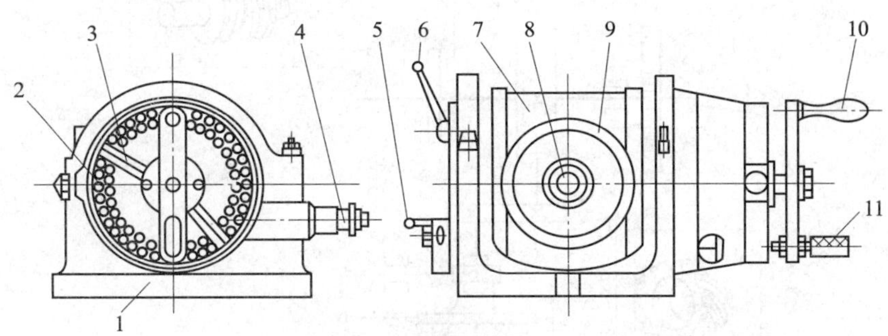

图 3–13　FW250 型万能分度头的外形和组成

1—基座　2—分度盘　3—分度叉　4—侧轴　5—蜗杆脱落手柄
6—主轴锁紧手柄　7—回转体　8—主轴　9—刻度盘
10—分度手柄　11—定位插销

表 3–6　　分度盘孔圈的孔数

<table>
<tr><th>分度头形式</th><th colspan="2">分度盘孔圈的孔数</th></tr>
<tr><td>带一块分度盘</td><td colspan="2">正面：24，25，28，30，34，37，38，39，41，42，43
反面：46，47，49，51，53，54，57，58，59，62，66</td></tr>
<tr><td rowspan="2">带两块分度盘</td><td>第一块</td><td>正面：24，25，28，30，34，37
反面：38，39，41，42，43</td></tr>
<tr><td>第二块</td><td>正面：46，47，49，51，53，54
反面：57，58，59，62，66</td></tr>
</table>

（2）万能分度头的传动系统。FW250 型万能分度头的传动系统如图 3–14 所示。

分度时，从分度盘定位孔中拔出定位插销，转动分度手柄，手柄轴随着一起转动，通过一对齿数相同（即传动比为 1∶1）的直齿圆柱齿轮，以及传动比为 40∶1 的蜗杆蜗轮副，使分度头主轴带动工件转动实现分度。

此外，右侧的侧轴通过一对传动比为 1∶1 的交错轴传动的斜齿圆柱齿轮，与空套在手柄轴上的分度盘相连，当侧轴转动时，带动分度盘转动，用以进行差动分度或铣削螺旋面。

3. 万能分度头的正确使用和维护

万能分度头是铣床上的重要精密附件，正确的使用及日常的维护对延长其使用寿命和保持其精度十分重要，为此，在使用和维护时应注意以下要点。

（1）分度头蜗杆和蜗轮的啮合间隙应保持在 0.02 ~ 0.04 mm，不允许随意调整。

（2）在装卸、搬运分度头时，要保护好主轴和两端锥孔以及基座底面，以免损坏。

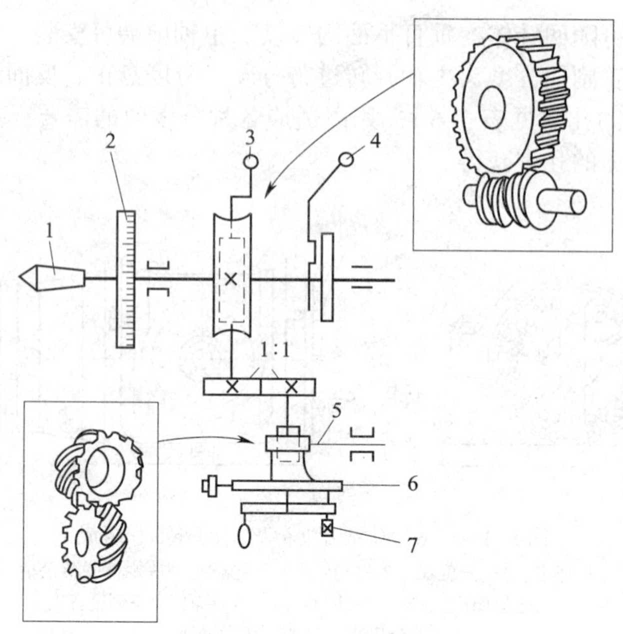

图 3-14　FW250 型万能分度头的传动系统

1—主轴　2—刻度盘　3—蜗杆脱落手柄

4—主轴锁紧手柄　5—侧轴　6—分度盘　7—定位插销

（3）在分度头上装夹工件时，最好先锁紧分度头主轴，紧固工件时不要用力过大过猛，切忌用力敲打工件。

（4）分度前先松开主轴锁紧手柄，分度后再重新锁紧主轴锁紧手柄。铣削螺旋面时主轴锁紧手柄应松开。

（5）分度时，应顺时针转动分度手柄。如手柄摇错孔位，应将分度手柄逆时针转动半转后再顺时针转动到规定孔位。分度定位插销应缓慢插入分度盘的分度孔内，切勿突然将定位插销插入孔内，以免损坏定位插销和定位孔眼。

（6）调整分度头主轴的仰角时，不应将基座上部靠近主轴前端的两个内六角螺钉松开，否则会使主轴的“零位”变动。

（7）要经常保持分度头的清洁，使用前应清除其表面的脏物，并将主轴锥孔和基座底面擦拭干净。

（8）分度头各部分应按说明书规定定期加油润滑，分度头存放时应涂防锈油。

4. 简单分度法

简单分度法又称单式分度法，是最常用的分度方法。在铣床上对工件简单分度，可在万能分度头或回转工作台上进行。

在万能分度头上用简单分度法分度时，应先将分度盘固定，转动分度手柄，使蜗杆带动蜗轮旋转，从而带动主轴和工件转过一定的转（度）数。

（1）分度原理。由图 3-14 所示万能分度头传动系统可知，分度手柄转过 40 r，分度头主轴转过 1 r，即传动比为 40 : 1，40 叫作分度头的定数。各种常用的分度头（FK 型数控分度头除外）都采用这个定数。定数也就是分度头内蜗杆蜗轮副的传动比。

例如，要分度头主轴转过 1/2 r（即把圆周 2 等分），分度手柄需要转过 20 r。如果分度头主轴要转过 1/5 r（即把圆周 5 等分），分度手柄需要转过 8 r。由此可知，分度手柄的转数与工件等分数的关系如下：

$$40:1=n:\frac{1}{z}$$

即

$$n=\frac{40}{z} \tag{3-4}$$

式中 n——分度手柄转数，r；

40——分度头的定数；

z——工件的等分数（齿数或边数）。

式（3-4）为简单分度的计算公式。当计算得到的转数 n 不是整数而是分数时，可利用分度盘上相应的孔圈进行分度。具体的方法是选择分度盘上某孔圈，其孔数为分母的整倍数，然后将该真分数的分子、分母同时增大该整数倍，利用分度叉实现非整转数部分的分度。

例 3–3 在 FW250 型万能分度头上铣削一个正八边形的工件，试求每铣一边后分度手柄的转数。

解：以 $z=8$ 代入式（3–4）得：

$$n=\frac{40}{z}=\frac{40}{8}=5\ \text{r}$$

答：每铣完一边后，分度手柄应转过 5 r。

例 3–4 在 FW250 型万能分度头上铣削一六角螺母，求每铣一面时，分度手柄应转过多少转?

解：以 $z=6$ 代入式（3–4）得：

$$n=\frac{40}{z}=\frac{40}{6}=6\frac{2}{3}=6\frac{44}{66}\ \text{r}$$

答：分度手柄应转 6 r 并在分度盘孔数为 66 的孔圈上转过 44 个孔距数，这时工件转过 1/6 r。

例 3–5 铣削一个齿数为 48 的齿轮，分度手柄应转过多少转后再铣第二个齿?

解：以 $z=48$ 代入式（3–4）得：

$$n=\frac{40}{z}=\frac{40}{48}=\frac{5}{6}=\frac{55}{66}\ \text{r}$$

答：分度手柄应转 55/66 r，这时工件转过 1/48 r。

（2）分度盘和分度叉的使用。由例 3–3 和例 3–4 可以看出，当按式（3–4）计算得到的分度手柄转数为分数（带分数或真分数）时，其非整转数部分的分度需要用分度盘和分度叉进行调整。使用分度盘与分度叉时应注意以下两点。

1）选择孔圈时，在满足孔数是分母整倍数的条件下，一般应选择孔数较多的孔圈。在例 3–4 中，$n=6\frac{2}{3}=6\frac{16}{24}=6\frac{20}{30}=6\frac{26}{39}=\cdots=6\frac{44}{66}$，可选择的孔圈孔数分别是 24，30，39，…，66 共 8 个，一般选择孔数为 42 或 66 的孔圈（分别在第 1 块和第 2 块分度盘的反面）。因为一方面在分度盘的第一面上孔数多的孔圈离轴心较远，操作方便；另一方面分度误差较小（准确度高）。

2）分度叉两叉脚间的夹角可调，调整的方法是使两叉脚间的孔数比需摇过的孔数多 1 个。如图 3–15 所示，两叉脚间有 7 个孔，但只包含了 6 个孔距。在例 3–4 中，$n = 6\frac{2}{3} = 6\frac{28}{42}$，如选择孔数为 42 的孔圈，分度叉两叉脚间应有 28 + 1 = 29 个分度孔。

每次分度时，将定位插销从叉脚 1 内侧的定位孔中拔出并转动 90° 锁住，然后摇动分度手柄转过所需的整数圈后，将定位插销摇到叉脚 2 内侧的定位孔上方，将定位插销转动 90° 后轻轻插入该定位孔内，然后转动分度叉，使叉脚 1 靠紧定位插销（此时叉脚 2 转动到下一次分度时所需的定位位置）。

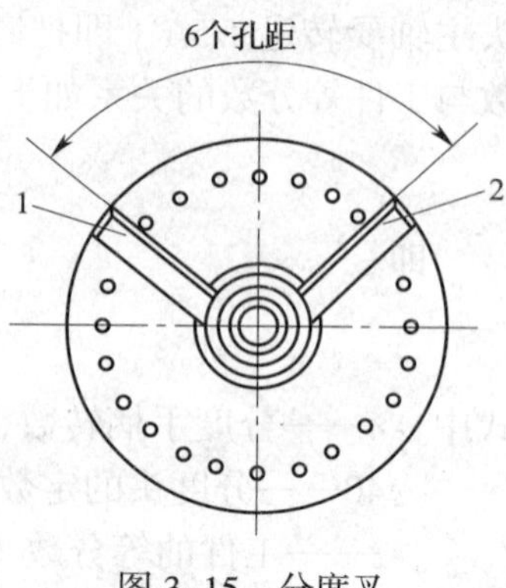

图 3–15　分度叉

§ 3–4　常用铣刀

一、铣刀的种类

1. 按铣刀的用途分类

（1）加工平面用的铣刀。加工平面用的铣刀有圆柱铣刀和端铣刀两种，如图 3–16 所示。加工较小的平面，也可用立铣刀和三面刃铣刀进行。

（2）加工成形面用的铣刀。成形铣刀是根据成形面的形状而专门设计的一种铣刀。如图 3–17 所示，分别为加工半圆形面的铣刀和专门加工叶片内圆弧面的铣刀。

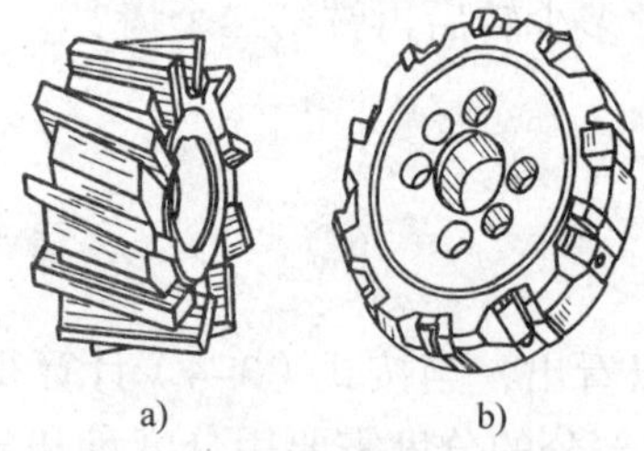

图 3–16　加工平面用的铣刀

a）高速钢镶齿圆柱铣刀

b）可转换硬质合金刀片的端铣刀

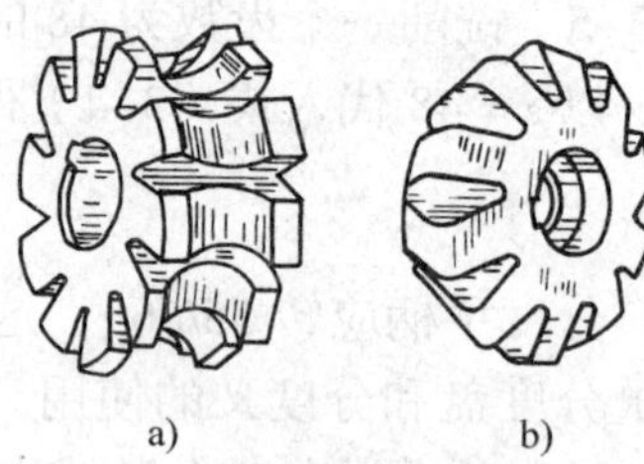

图 3–17　加工成形面用的铣刀

a）加工半圆形面的铣刀

b）加工叶片内圆弧面的铣刀

（3）加工沟槽用的铣刀。加工直角沟槽用的铣刀主要有立铣刀、镶齿三面刃铣刀、键槽铣刀、盘形铣刀和锯片铣刀等；加工特形槽用的铣刀主要有 T 形槽铣刀、燕尾槽铣刀和角度铣刀等，如图 3–18 所示。

（4）加工孔用的刀具。在铣床上加工孔的刀具主要有麻花钻、铰刀和镗刀等，如图 3–19、图 3–20 和图 3–21 所示。

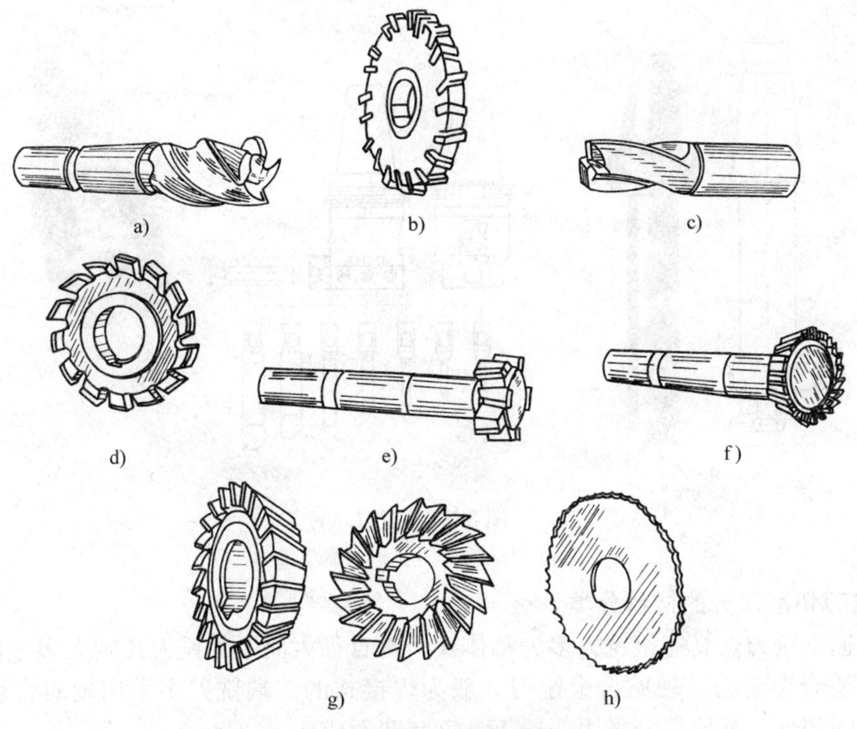

图 3-18　加工沟槽用的铣刀

a）立铣刀　b）镶齿三面刃铣刀　c）键槽铣刀　d）盘形铣刀
e）T 形槽铣刀　f）燕尾槽铣刀　g）角度铣刀　h）锯片铣刀

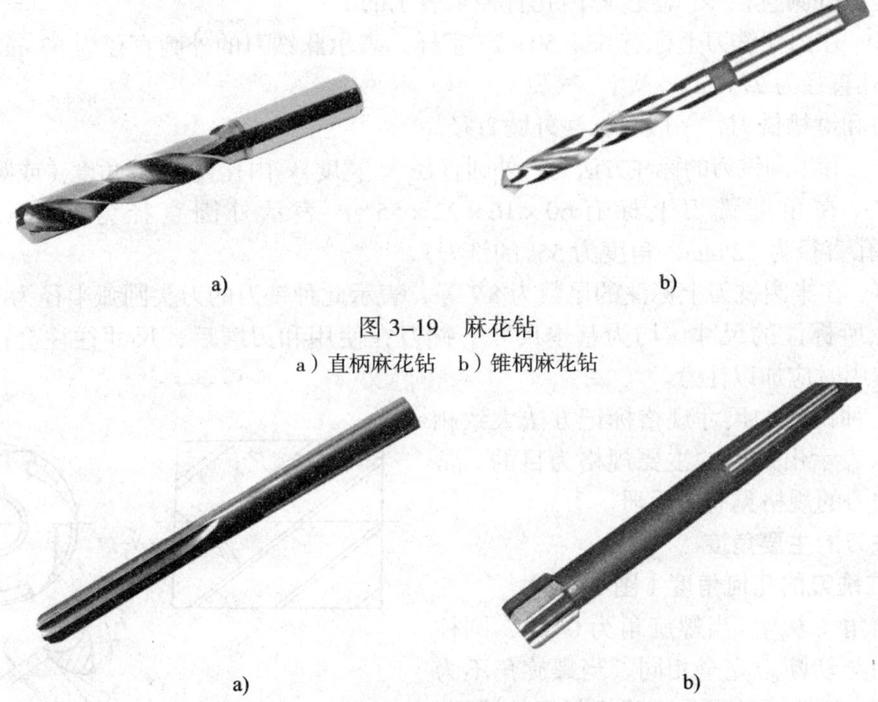

图 3-19　麻花钻

a）直柄麻花钻　b）锥柄麻花钻

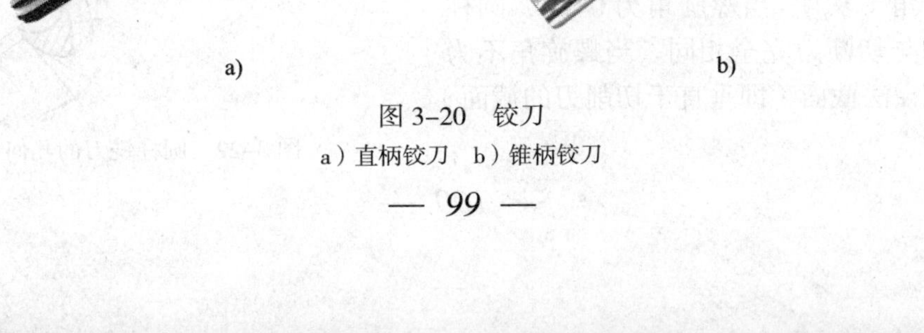

图 3-20　铰刀

a）直柄铰刀　b）锥柄铰刀

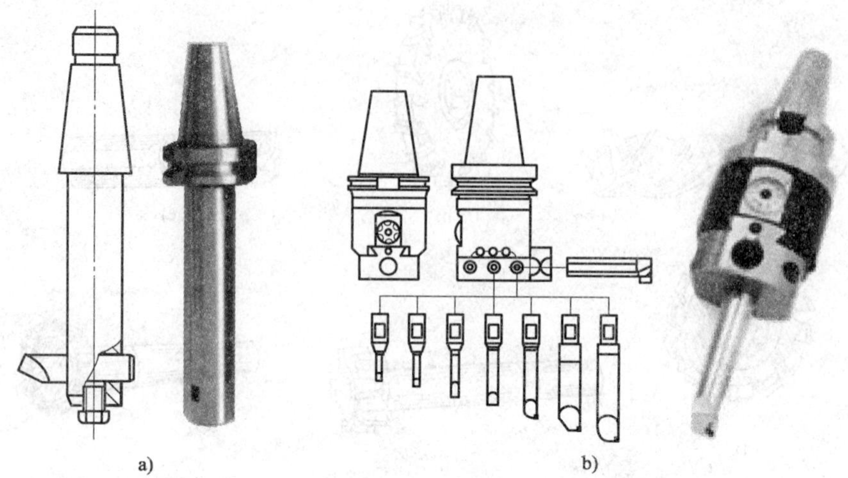

图 3–21　镗刀

a）简易镗刀　b）微调镗刀

2. 按铣刀切削部分的材料分类

（1）高速钢铣刀。高速钢铣刀多为整体式，对直径大而厚的铣刀，则大多为镶齿型的。

（2）硬质合金铣刀。硬质合金铣刀一般为焊接式的，端铣刀多采用硬质合金作为刀齿或刀齿的切削部分，其他部分采用普通工具钢制造而成。

二、铣刀的规格和标记

铣刀尺寸规格的标记方法随铣刀的形状不同而不同。如圆柱铣刀、三面刃铣刀和锯片铣刀等，是以外圆直径 × 宽度 × 内孔直径来表示的。

例 3–6　在圆柱铣刀上标有 63×50×27 字样，表示此铣刀的外圆直径为 63 mm，宽度为 50 mm，内孔直径为 27 mm。

立铣刀和键槽铣刀，一般只标注外圆直径。

角度铣刀和半圆铣刀的标注方法为：外圆直径 × 宽度 × 内孔直径 × 角度（或圆弧半径）。

例 3–7　在角度铣刀上标有 60×16×22×55°，表示外圆直径为 60 mm，宽度为 16 mm，内孔直径为 22 mm，角度为 55° 的铣刀。

例 3–8　在半圆铣刀上标注的尾数为 8*R* 等，表示此种铣刀的刀头圆弧半径为 8 mm。

铣刀上所标注的尺寸，均为基本尺寸。铣刀在使用和刃磨后，尺寸往往会产生变化。因此，在使用时应加以注意。

其他几种铣刀的尺寸规格标记方法大致相同，都是以表示出铣刀的主要规格为目的。常用的标准铣刀的规格见有关手册。

三、铣刀的主要角度

1. 圆柱铣刀的几何角度（图 3–22）

（1）前角（γ_o）。当螺旋角为 0° 时，圆柱铣刀的前角与切断刀完全相同。当螺旋角不为 0° 时，前角在法截面（即垂直于切削刃的截面）内测量。

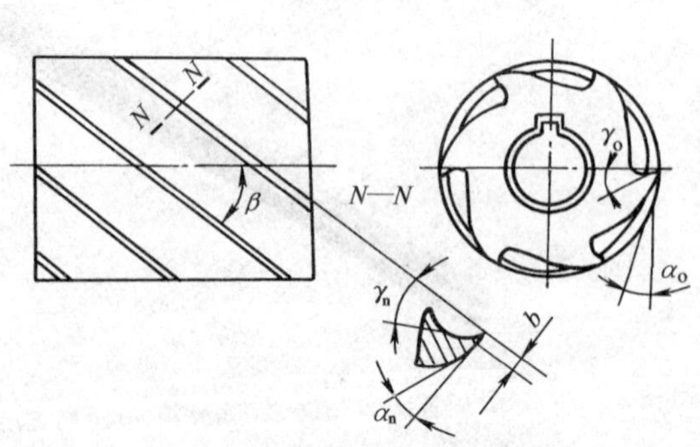

图 3–22　圆柱铣刀的几何角度

（2）后角（α_o）。当螺旋角为0°时，圆柱铣刀的后角也与切断刀后角一样。当螺旋角不为0°时，由于后角是在圆周方向起作用，故规定在端截面内测量。

（3）螺旋角（β）。为了减小直齿圆柱铣刀在切削过程中的振动，铣刀圆柱面上的切削刃制成螺旋状分布。过切削刃某一点，沿切削刃作切线，该直线与铣刀轴心线之间的夹角为螺旋角。

（4）楔角（β_o）。楔角与前角和后角一样，也有法面与端面两种。

2. 端铣刀的几何角度

端铣刀的几何角度如图3–23所示。

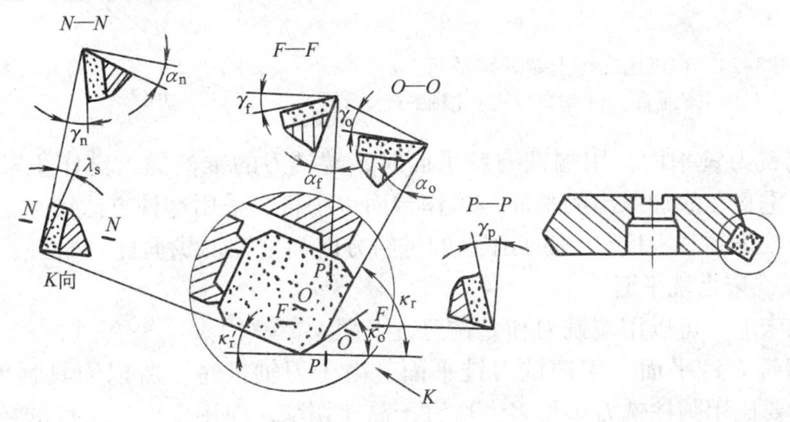

图3–23　端铣刀的几何角度

§3–5　铣平面

用铣削方法加工工件的平面称为铣平面。铣平面是铣床加工的基本工作内容，也是进一步掌握铣削其他各种复杂表面的基础。

一、平面的铣削方法

1. 在卧式铣床上铣平面

（1）用圆柱铣刀铣平面。用圆柱铣刀可铣水平面（基准面）、垂直面和平行面。在卧式铣床上用圆柱铣刀铣平面时，铣出的平面与工作台台面平行，其方法简单，铣削精度也较高。根据被加工平面与基准平面的相互位置要求，可以在机用虎钳或角铁上装夹铣平面。

1）在机用虎钳上装夹铣平面。当铣削的平面与基准面平行时，可在机用虎钳上装夹。此时，工件的基准面应与机用虎钳底面平行。当工件的加工面为狭长平面时，钳口应与铣床主轴垂直，如图3–24a所示；当工件的加工面为短而宽的平面时，钳口应与铣床主轴平行，如图3–24b所示。

2）在角铁上装夹铣平面。当铣削的平面与基准面垂直时，可以将工件在角铁上装夹并和角铁一起固定在工作台上，工件的长度和铣削进给方向一致，如图 3–25 所示。

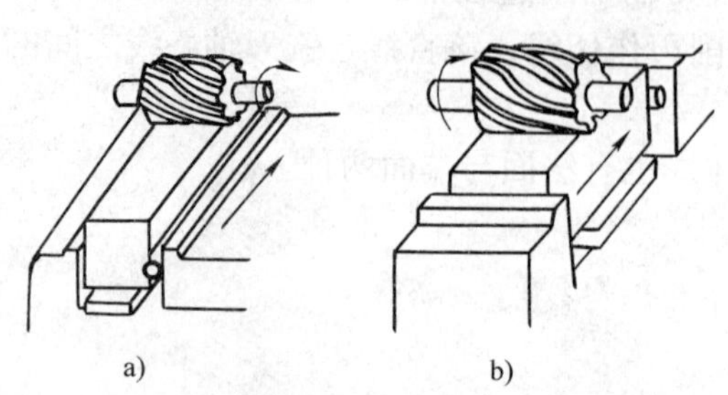

图 3–24　在机用虎钳上装夹铣平面

a）钳口与铣床主轴垂直　b）钳口与铣床主轴平行

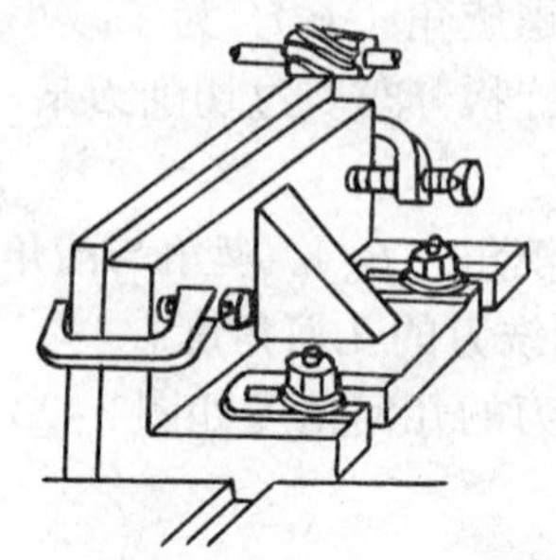

图 3–25　在角铁上装夹铣平面

（2）用端铣刀铣平面。用端铣刀铣平面时，端铣刀的锥柄插入铣床主轴锥孔，因其端面与工作台面垂直，故加工出的平面与工作台面也垂直。采用这种方法铣平面时，需把工作台下的回转台校正到“零位”，使工作台的进给方向与主轴轴线垂直，如图 3–26 所示。

2. 在立式铣床上铣平面

在立式铣床上，可以用端铣刀和立铣刀铣平面。

（1）用端铣刀铣平面。用端铣刀铣平面，由于刀轴极短，所以刀具强度高，刚度好，铣削时的振动要比用圆柱铣刀小得多，适宜于高速切削，应用很广。工件的装夹与在卧式铣床上相同，如图 3–27 所示。

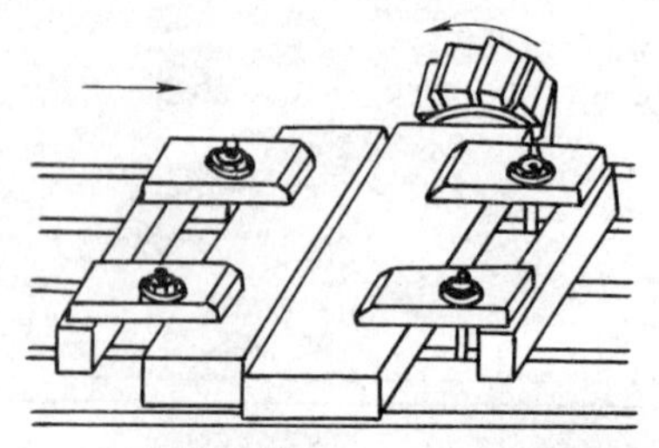

图 3–26　在卧式铣床上用端铣刀铣平面

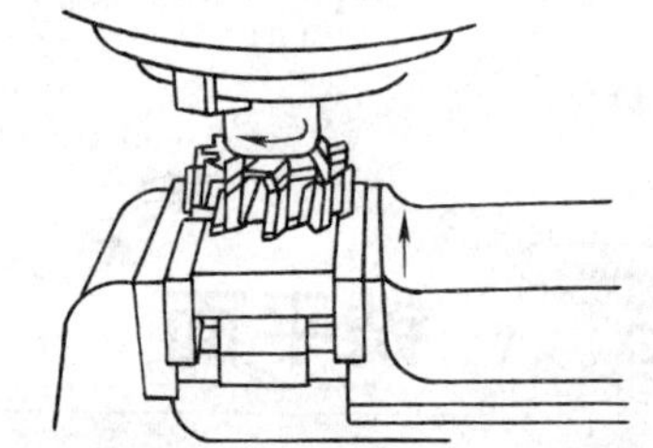

图 3–27　在立式铣床上用端铣刀铣平面

（2）用立铣刀铣平面。对基准面宽且长、加工面较窄的工件，可在立式铣床上用立铣刀加工。工件可以直接用压板固定在工作台上，如图 3–28 所示。用这种方法可以铣与基准面垂直的平面，比在卧式铣床上采用角铁装夹铣垂直面要方便和稳固，也较准确。

二、斜面的铣削方法

所谓斜面是指零件上与基准面成倾斜的平面，它们之间相交成一个任意的角度。在铣床上铣斜面的方法有工件倾斜铣斜面、铣刀倾斜铣斜面和用角度铣刀铣斜面三种。

1. 工件按所偏角度倾斜装夹铣斜面

在卧式铣床上或在立铣头不能扳转角度的立式铣床上铣斜面时，可将工件按所需角度倾斜装夹，铣斜面常用的方法有以下几种。

（1）根据划线装夹工件铣斜面。如图 3–29 所示，由于划线费时，校正工件也较慢，所以这种方法一般用于单件生产。

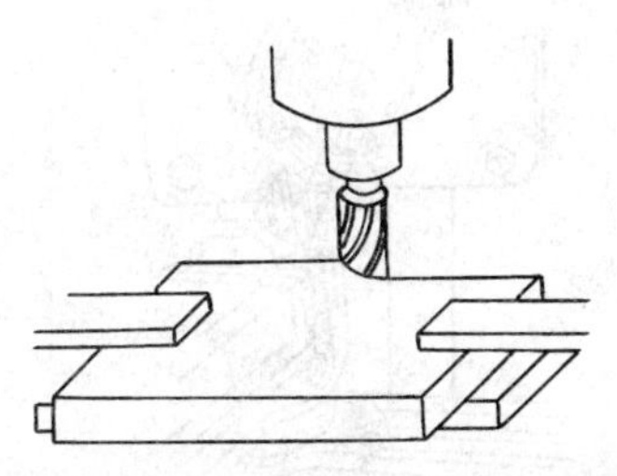

图 3-28　在立式铣床上用立铣刀铣平面

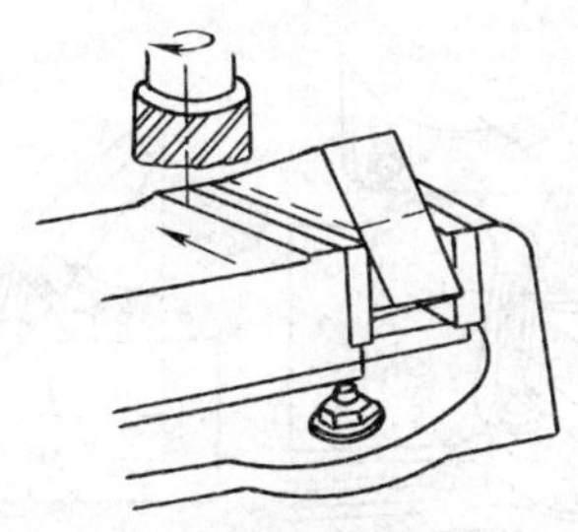

图 3-29　根据划线装夹工件铣斜面

（2）旋转机用虎钳钳体角度，用机用虎钳装夹工件铣斜面。安装机用虎钳，先校正固定钳口与卧式铣床主轴轴线垂直或平行（在立式铣床上安装时，固定钳口与工作台纵向进给方向平行或垂直）后，再通过机用虎钳底座上的刻线将钳体旋转到所需角度要求的位置，装夹工件，铣出要求的斜面，如图 3-30 所示。

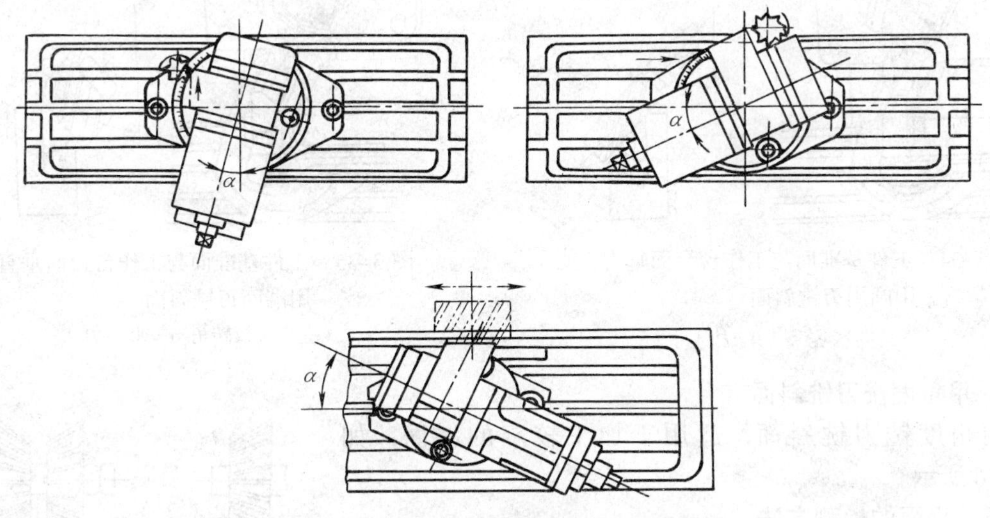

图 3-30　旋转钳体角度装夹工件铣斜面

（3）用倾斜垫块装夹工件铣斜面。使用倾斜垫块使工件基准面倾斜，用机用虎钳装夹工件，铣出斜面，如图 3-31 所示。所用垫块的倾斜程度需与斜面的倾斜程度相同，垫块的宽度应大于工件宽度。用这种方法铣斜面，装夹、校正工件方便，且倾斜垫块制造容易，适用于小批量生产。

在成批、大量生产时，常使用专用夹具装夹工件铣斜面，以达到优质高产的目的。

2. 将铣刀倾斜所需角度后铣斜面

在立铣头可扳转的立式铣床上，用机用虎钳或压板装夹工件。使用安装在经扳转角度后的立铣头主轴上的立铣刀或端铣刀，可以铣削要求的斜面。常用的方法如图 3-32 ~ 图 3-35 所示（β 为工件斜面倾斜角）。

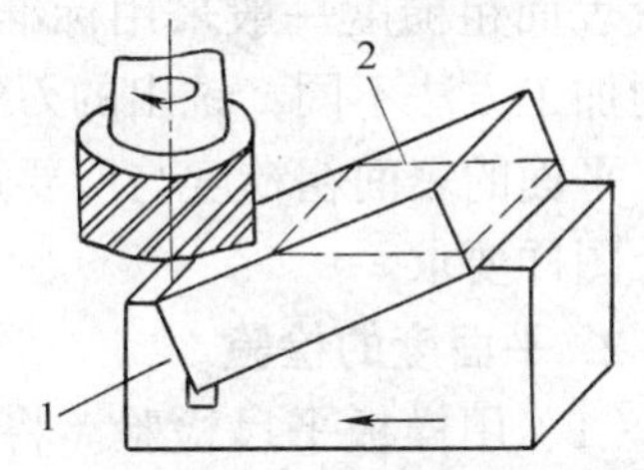

图 3-31　用倾斜垫块装夹工件铣斜面

1—倾斜垫块　2—工件

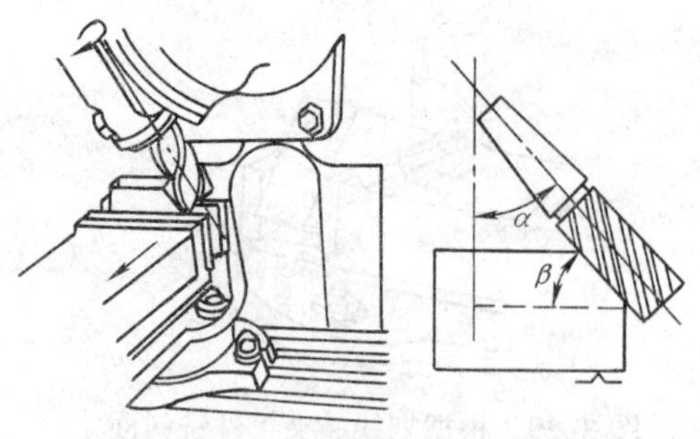

图 3-32　工件基准面与工作台台面平行，用圆周刃铣斜面
（立铣头扳转角 $\alpha=90°-\beta$）

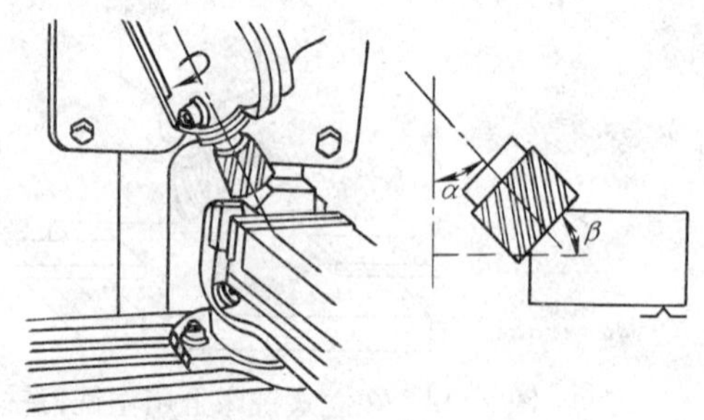

图 3-33　工件基准面与工作台台面平行，用端面刃铣斜面
（立铣头扳转角 $\alpha=\beta$）

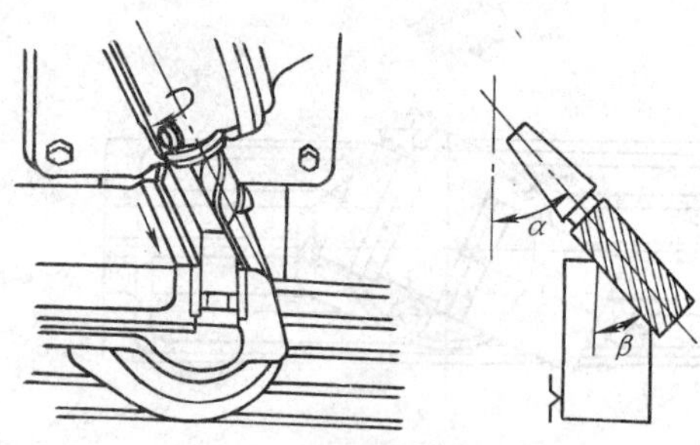

图 3-34　工件基准面与工作台台面垂直，用圆周刃铣斜面
（立铣头扳转角 $\alpha=\beta$）

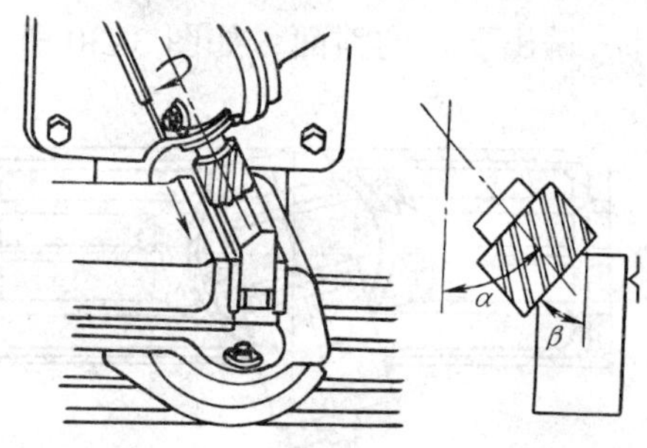

图 3-35　工件基准面与工作台台面垂直，用端面刃铣斜面
（立铣头扳转角 $\alpha=90°-\beta$）

3. 用角度铣刀铣斜面

用角度铣刀铣斜面，适用于加工较窄的斜面，如图 3-36 所示。

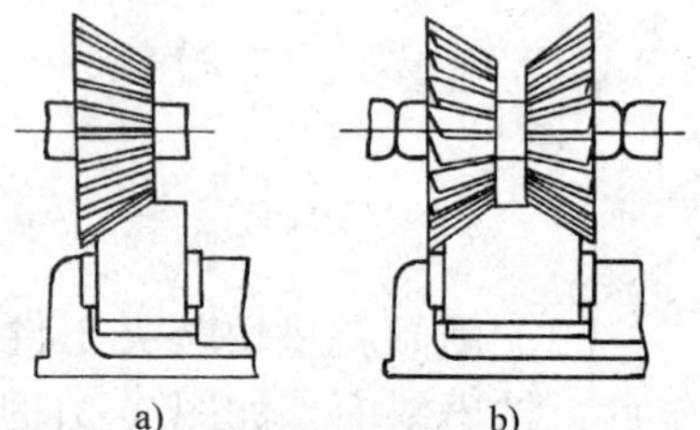

图 3-36　用角度铣刀铣斜面
a）铣单斜面　b）铣双斜面

三、平面的检测方法

平面质量的好坏，主要从平面的平整度和表面的粗糙程度的两个方面来衡量，分别用平面度和表面粗糙度两项来考核。

1. 表面粗糙度的检验

表面粗糙度一般采用标准样板来检验。由于加工时采取的加工方法不同，铣出的刀纹痕迹也不同，所以标准样板按不同的加工方法来分组。当所加工平面的表面粗糙度与所要达到的样板表面粗糙度很接近时，则说明此平面的表面粗糙度符合图样要求。

2. 平面度的检验

（1）用样板平尺检验。将样板平尺放在平面上，眼睛平视刀口与平面的接触处，观察透光情况。若缝隙小且均匀，说明平面在该方向直线度较好。将样板平尺在平面的各个位置的各个方向（一般选取有代表性的位置和方向）进行测量，其测量结果如果相同，说明该平面的平面度符合图样要求。检验方法及平面出现的凹、凸、波形的情况，如图 3-37 所示。

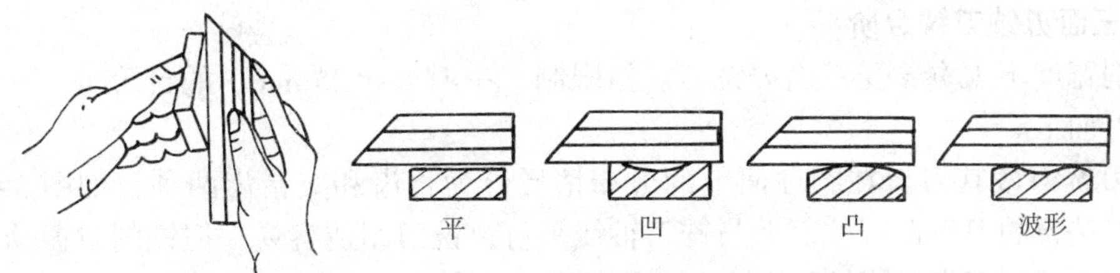

图 3–37　用样板平尺检验

（2）用百分表检验。如图 3–38 所示，先用游标高度尺上的百分表测量三顶尖附近的平面高度，通过调节，使这三处的高度相等，然后以此高度为准，对平面上其余部分进行比较测量。用这种测量方法，可直接在表盘上读出所测工件平面度的误差。

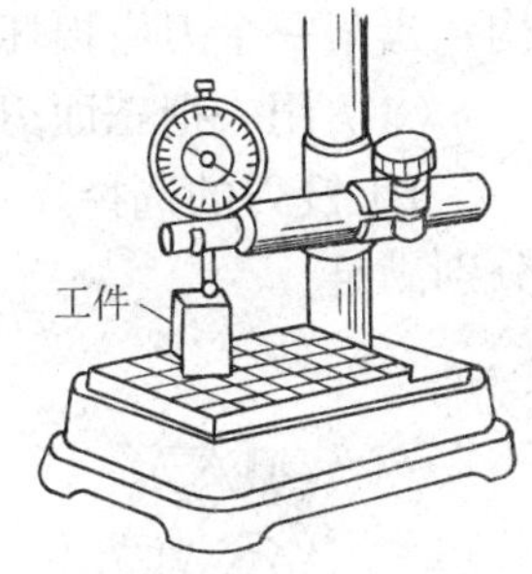

图 3–38　用百分表检验

（3）用涂色法检验。对于平面度要求高的平面，可用样板平面来检验。检验时，在标准平板的平面上涂红丹粉或龙胆紫溶液，再将工件上的被检平面放在标准平板上进行对研，对研几次后，取下工件，观察平面的着色情况，若均匀而细密，则表示平面的平面度好。

3. 斜面的角度检验

斜面铣削后，除了要检验斜面的表面粗糙度和平面度外，还要检验斜面与基准面之间的夹角是否符合图样要求。检验方法主要有以下三种。

（1）用万能角度尺检验。当工件的角度精度要求不高时，可用一般量具直接测量斜面与基面之间的夹角。当工件的角度要求比较精确时，可用万能角度尺来测量。

（2）用正弦规检验。当工件的角度精度要求很高时，可用正弦规配合百分表和量块检验。

（3）用角度样板检验。当工件数量较多且精度要求不高时，可用标准角度样板来检验。

§3–6　铣台阶

在机器中，有不少零件带有台阶，如台阶式键、阶梯式垫铁等，它们通常在铣床上加工，其工作量仅次于铣平面。

一、台阶的铣削方法

零件上的台阶，根据其结构尺寸不同，通常可在卧式铣床上用三面刃铣刀加工，或在立式铣床上用端铣刀或立铣刀进行加工。

1. 用三面刃铣刀铣台阶

在铣削宽度不太宽（受三面刃铣刀规格限制，一般 $B < 25$ mm）的台阶时，一般都采用三面刃铣刀加工。

三面刃铣刀按其刀齿在圆柱面上的分布情形分为直齿和交错齿两种，如图 3–39 所示。直齿三面刃铣刀的刀齿在圆柱面上与铣刀轴线平行，铣刀制造容易，但铣削时振动较大；交错齿三面刃铣刀的刀齿在圆柱面上向两个相反的方向倾斜，所以具有螺旋齿铣刀铣削平稳的优点，但制造较困难。直径大的三面刃铣刀（尤其是交错齿三面刃铣刀），大多是镶齿式结构，当某一个刀齿损坏后，只需对损坏的刀齿进行更换即可。

（1）用一把三面刃铣刀铣台阶，如图 3–40 所示。

1）铣刀的选择。主要选择三面刃铣刀的宽度 L 和直径 D。如图 3–40 所示，两个参数应分别满足：

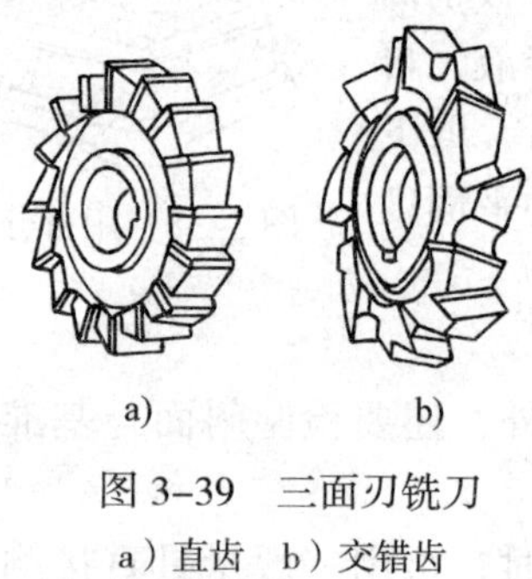

图 3–39　三面刃铣刀

a）直齿　b）交错齿

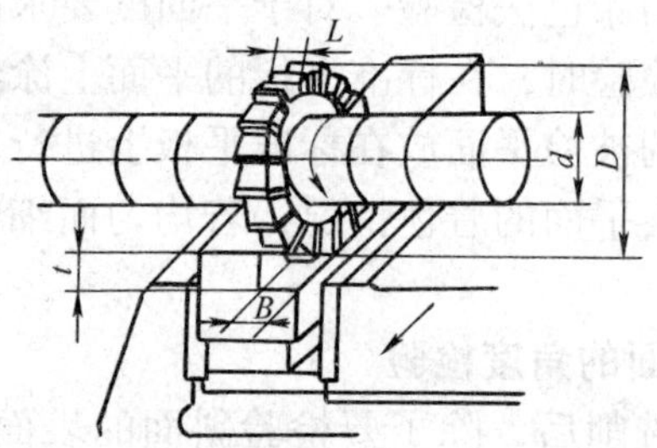

图 3–40　用一把三面刃铣刀铣台阶

$$L > B \tag{3–5}$$

$$D > d+2t \tag{3–6}$$

在满足式（3–5）、式（3–6）的条件下，应选用直径较小的三面刃铣刀，并尽可能选用交错齿三面刃铣刀。

2）工件的装夹与校正。中小型工件一般采用机用虎钳装夹，尺寸较大的工件可用压板装夹，形状复杂的工件或大批量生产时可用专用夹具装夹。夹具必须校正。使用机用虎钳装夹时，固定钳口与卧式铣床主轴轴线应垂直（或平行），如果固定钳口与主轴轴线不垂直（即与纵向进给方向不平行），铣出的台阶就会与工件侧面产生歪斜，如图 3–41 所示。

3）铣削方法。如图 3–42 所示，a）工件装夹与校正后，手摇铣床各操纵手柄，使回转中的铣刀的侧面切削刃轻擦工件台阶处侧面的贴纸；b）垂直降落工作台；c）横向移动工作台一个台阶宽度的距离，并紧固横向溜板，再上升工作台，使铣刀的圆柱面切削刃轻擦工件上表面的贴纸；d）手摇工作台纵向进给手柄，退出工件，上升工作台一个台阶深度 t，摇动纵向进给手柄使工件接近铣刀，手动或机动进给铣出台阶。

用三面刃铣刀铣削台阶时，铣刀只有一个侧面受力。因此，在铣削时铣刀容易向不受力的一侧偏让，这种现象称为“让刀”。为了减小“让刀”现象对精度较高台阶的影响，除了选用错齿三面刃铣刀铣削外，通常台阶应先经粗铣切除大部分余量后，再精铣达到规定要求。

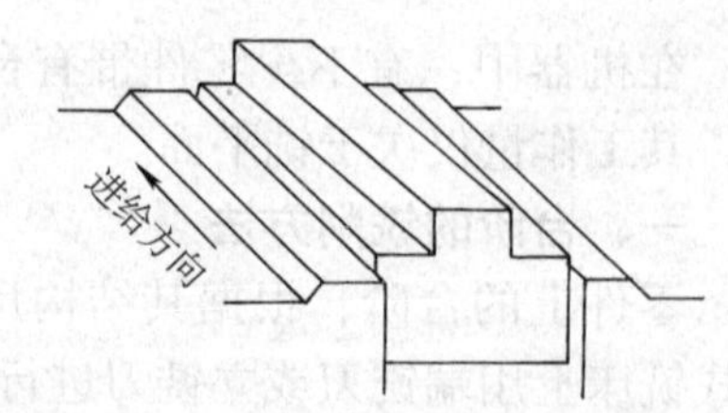

图 3–41　固定钳口方向对铣台阶的影响

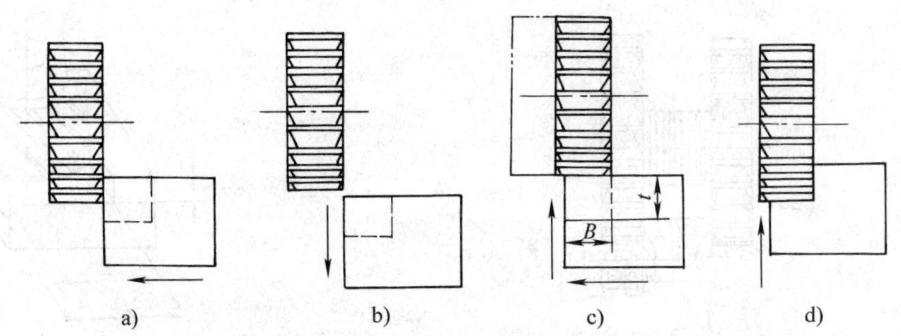

图 3–42 台阶的铣削方法

4）用一把三面刃铣刀铣削双面台阶。铣削时，先铣出一侧的台阶，保证规定的尺寸要求，然后退出工件，将工作台横向移动距离 A（$A=L+C$），紧固横向溜板后，铣出另一侧台阶，如图 3–43 所示。

此外，也可在一侧的台阶铣好后，松开机用虎钳，将工件调转 180° 后重新装夹，再铣另一侧的台阶。用这种方法铣削，台阶凸台的宽度 C 受工件宽度尺寸精度的影响较大，但铣出的两台阶对称性很好。

（2）用两把三面刃铣刀组合铣台阶。成批生产时，常采用两把三面刃铣刀组合铣削双面台阶工件的方法，如图 3–44 所示。这样不仅可以提高生产效率，而且操作简单，并能保证工件质量。

用两把三面刃铣刀组合铣削时，两把铣刀必须规格一致，直径相同（必要时两铣刀应一起装夹，同时刃磨外圆），铣刀尺寸按式（3–5）、式（3–6）确定。两把铣刀内侧切削刃间的距离用铣刀杆垫圈调整，使其等于台阶凸台的宽度尺寸，如图 3–45 所示。装刀时两把铣刀应错开半个齿，以减小铣削中的振动。正式铣削前，应使用废料进行试铣，确认两把三面刃铣刀组合的间距符合工件要求后，才可正式铣削。

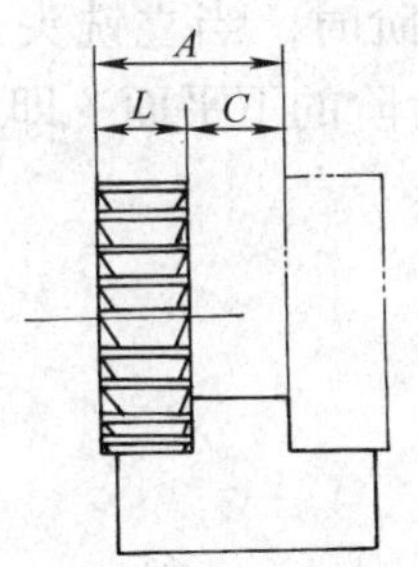

图 3–43 用一把三面刃铣刀铣双面台阶

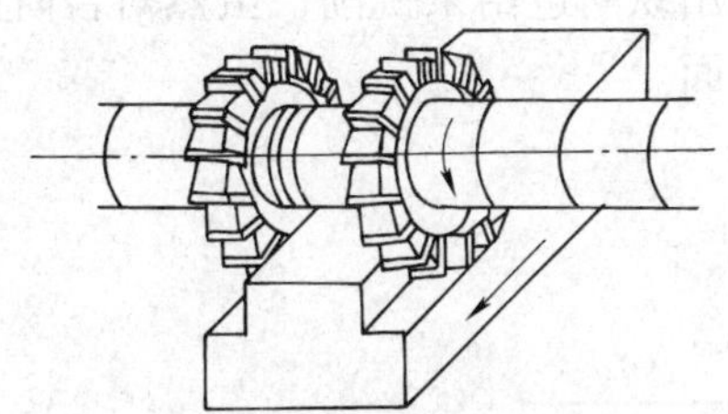

图 3–44 用两把三面刃铣刀组合铣台阶

2. 用端铣刀铣台阶

宽度较宽而深度较浅的台阶，常使用端铣刀在立式铣床上加工，如图 3–46 所示。端铣刀刀杆刚度大，铣削时切屑厚度变化小，切削平稳，加工表面质量好，生产效率高。铣削台阶所用端铣刀的直径应大于台阶的宽度，一般可按 $D=（1.4 \sim 1.6）B$ 选取。

3. 用立铣刀铣台阶

深度较深的台阶或多级台阶，可用立铣刀在立式铣床上加工，如图 3–47 所示。铣削时，立铣刀的圆周切削刃起主要切削作用，端面切削刃起辅助切削作用。由于立铣刀刚度小，强

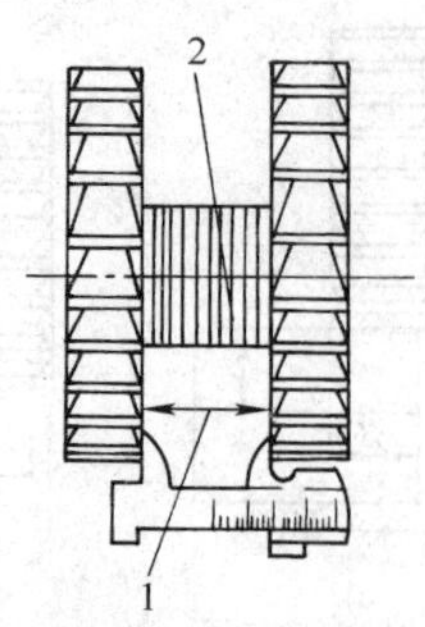

图 3-45　用游标卡尺测量铣刀内侧切削刃间的间隙

1—等于凸台宽度尺寸　2—铣刀杆的垫圈

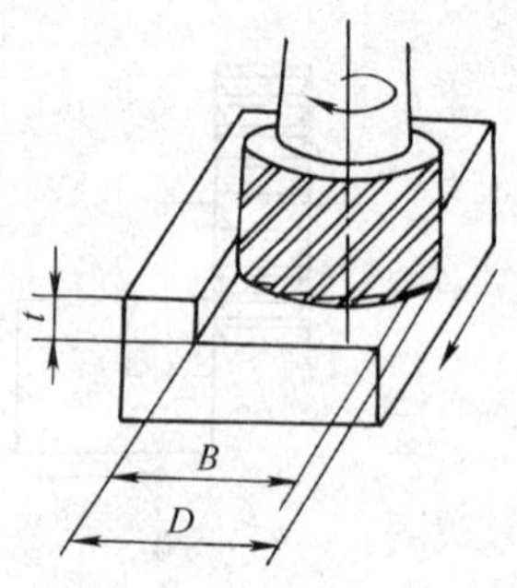

图 3-46　用端铣刀铣台阶

度较弱，铣削时选用的铣削用量比使用三面刃铣刀铣削时要小，否则容易产生“让刀”，甚至造成铣刀折断。为此，一般分数次粗铣出台阶宽度，最后将台阶的宽度和深度精铣至要求。在条件许可的情形下，应选用直径较大的立铣刀铣台阶，以提高铣削效率。

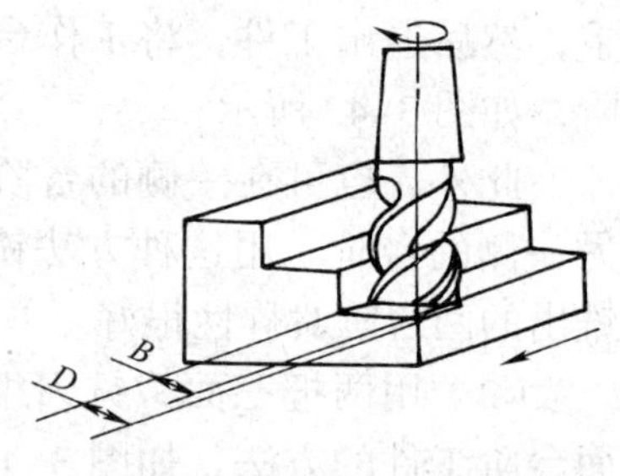

图 3-47　用立铣刀铣台阶

二、台阶的检测方法

台阶的检测方法较为简单，台阶的宽度和深度一般可用游标卡尺、游标深度尺检测。检测双面台阶的凸台宽度时，若台阶深度较深，可用千分尺检测；若台阶深度较浅，不便使用千分尺检测时，可用极限量规检测。

三、铣台阶时应注意的问题

1. 铣床工作台的纵向进给方向应与主轴轴线垂直。当铣床工作台的纵向进给方向与主轴轴线不垂直时，铣出的台阶两侧容易形成凹面，使台阶产生“上窄下宽”的现象。

2. 立铣头应对准“零位”。在立式铣床上用立铣刀铣台阶时，当立铣头“零位”不准时，若用纵向进给来铣削，虽然对台阶的两侧面无影响，但台阶的下平面（即水平面）上会产生凹面。

§3-7　铣槽

在各种机床和夹具中，由于工艺要求，各种槽应用得比较广泛。如机床工作台上要安装、固定夹具和工件；机床上两部分之间需要在导轨之上做相对运动；为了运动和动力的传递，轴上需要安装键等，这些都需要加工槽。

槽的种类很多，按槽的截面形状分，有直角沟槽、键槽、特形沟槽等；按槽的走向分，有直线形槽、螺旋形槽、曲线形槽等。

一、直角沟槽的铣削方法

直角沟槽的形式，如图 3–48 所示。加工尺寸较小的直角沟槽时，一般选用三面刃铣刀铣削，成批生产时，采用盘形槽铣刀加工；成批生产较宽的直角沟槽时，则采用合成铣刀来铣削；半通槽和封闭槽用立铣刀或键槽铣刀铣削。

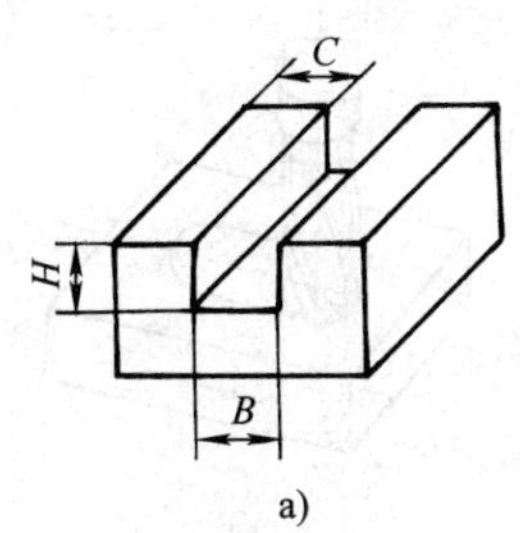

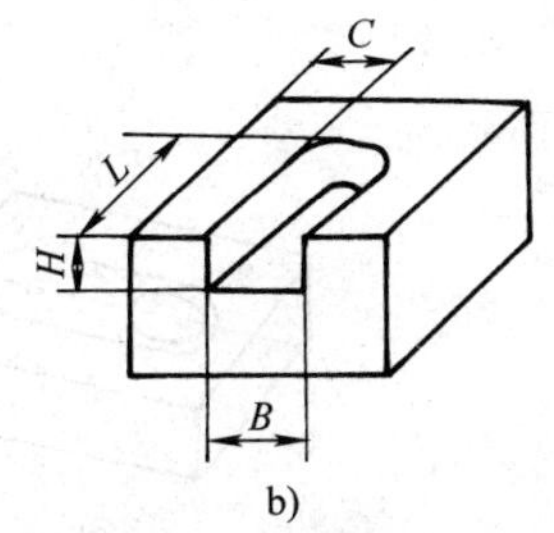

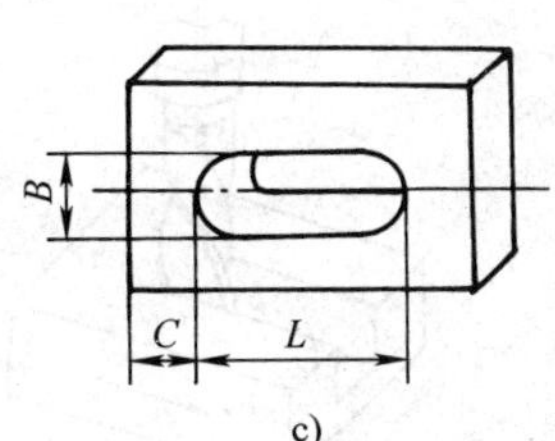

图 3–48　直角沟槽的形式

a）通槽　b）半通槽　c）封闭槽

1. 用三面刃铣刀铣直角沟槽

（1）铣刀的选择。三面刃铣刀的宽度 L 应小于或等于直角沟槽的槽宽 B，即 $L \leqslant B$。当槽宽精度要求不高且有相应宽度规格的铣刀时，可按 $L=B$ 选用铣刀；当没有相应宽度规格的铣刀或对槽宽尺寸精度要求较高的沟槽，通常选择宽度小于槽宽的三面刃铣刀，采用扩刀法，分两次或两次以上将槽宽铣削至要求。三面刃铣刀的直径 D 按式（3–6）选择。

（2）工件的装夹与校正。直角沟槽在工件上的位置，大多要求与工件两侧面平行。中小型工件一般都用机用虎钳装夹，大型工件则用压板直接装夹在工作台上。在铣削前，应校正机用虎钳固定钳口相对于纵向进给方向是否满足加工要求，校正可用万能角度尺进行；工件用压板装夹时，可用百分表将其侧面校正到水平位置。

（3）对刀的方法。常用的对刀方法有两种。

1）侧面对刀法。对于直角通槽平行于侧面的工件，在装夹校正后，调整机床，使回转中的三面刃铣刀的侧面切削刃轻擦工件侧面的贴纸。垂直降落工作台，再将工作台横向移动一个位移 A，位移 A 等于铣刀宽度 L 与工件侧面到槽侧面距离 C 之和，即 $A=L+C$，如图 3–49 所示，将横向溜板紧固后，调整好铣削宽度 a_e（即槽深 H），铣出直角通槽。

2）划线对刀法。在工件的加工部位划出直角通槽的尺寸、位置线，装夹校正工件后，调整切削位置，使三面刃铣刀侧面切削刃对准工件上所划通槽的宽度线，将横向溜板紧固，分次进给铣出直角通槽。

2. 用立铣刀铣直角沟槽

（1）用立铣刀铣直角通槽。宽度大于 25 mm 的直角通槽，一般采用立铣刀铣削。

（2）用立铣刀铣半通槽。如图 3–50 所示，用立铣刀铣半通槽时，所选择的立铣刀直径应等于或小于槽的宽度。由于立铣刀刚度较差，铣削时容易产生“让刀”现象，加工深度较深的半通槽时，应分几次铣到要求的深度，以免铣刀受力过大引起折断，铣到深度后，再将槽扩铣到要求的宽度尺寸。扩铣时应避免顺铣，防止扭坏铣刀和啃伤工件。

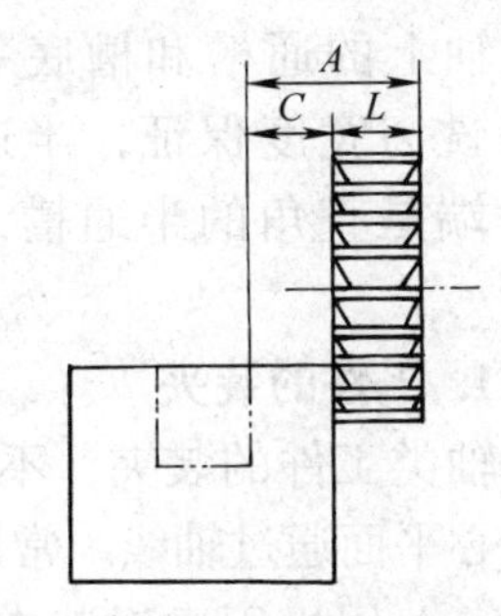

图 3–49　侧面对刀铣直角通槽

（3）用立铣刀铣封闭槽。用立铣刀铣穿通的封闭槽如图 3–51 所示。由于立铣刀的端面切削刃没有通过刀具的中心（与刀具轴线不相交），铣刀中心不能切削，因此不能直接垂直进给切削工件，铣削前应在封闭槽的一端预钻一个直径略小于立铣刀直径的落刀孔，并由此孔落刀铣削。

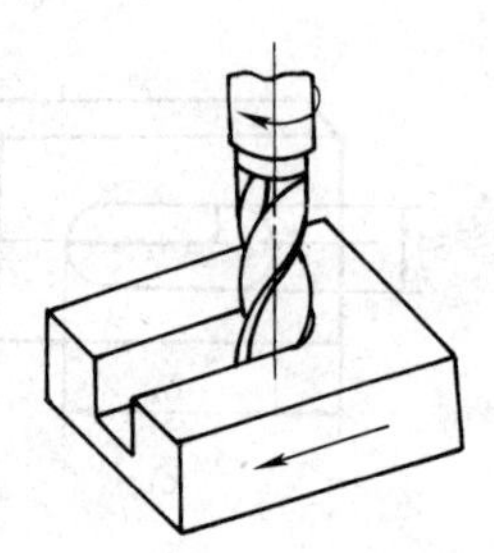

图 3–50　用立铣刀铣半通槽

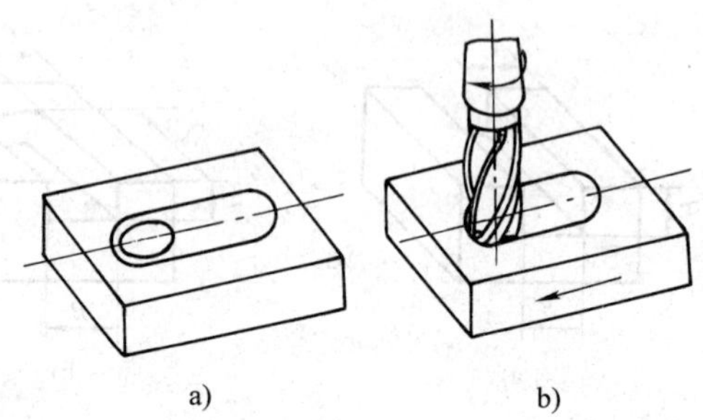

图 3–51　用立铣刀铣穿通的封闭槽

a）封闭槽加工线　b）预钻落刀孔

3. 用键槽铣刀铣半通槽和封闭槽

由于立铣刀的尺寸精度较低，其直径的标准公差等级为 IT14 级，且端面切削刃只起辅助切削作用，不能用于垂直进给切削。因此，精度较高、深度较浅的半通槽和不穿通的封闭槽，一般可用精度较高（直径标准公差等级为 IT8 级）的键槽铣刀铣削。键槽铣刀的端面切削刃能在垂直进给时切削工件，因此，用键槽铣刀铣削封闭槽时，可不必预钻落刀孔。

二、轴上键槽的铣削方法

轴上的键槽习惯上称为轴槽，轴上零件上的键槽习惯上称为轮毂槽。在平键连接中，轴槽和轮毂槽都是直角沟槽。轴上键槽多用铣削的方法加工。

轴上键槽有通槽、半通槽（也称半封闭槽）和封闭槽三种，如图 3–52 所示。

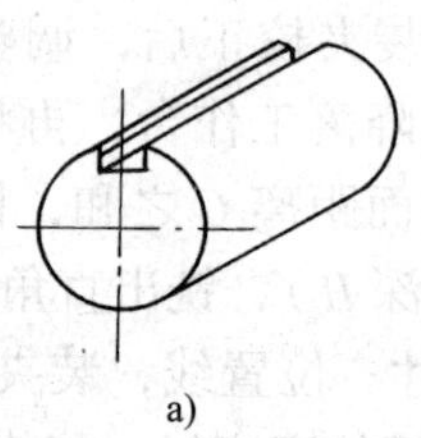

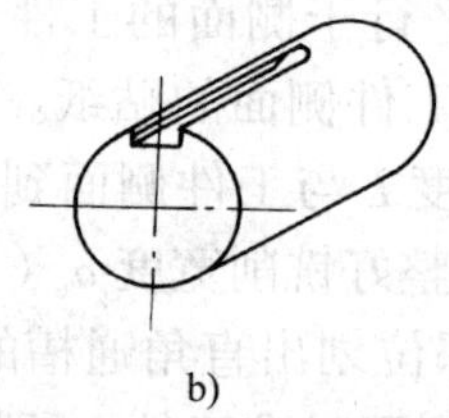

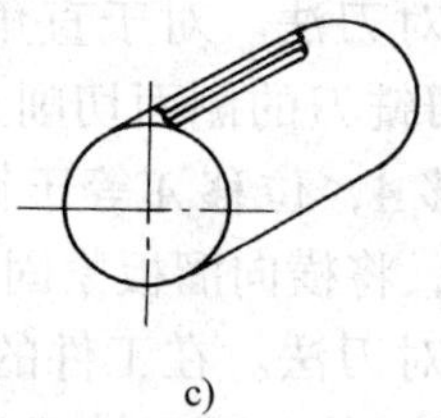

图 3–52　轴上键槽的种类

a）通槽　b）半通槽　c）封闭槽

轴上的通槽和槽底一端是圆弧形的半通槽，一般选用盘形槽铣刀铣削，轴槽的宽度由铣刀宽度保证，半通槽一端的槽底圆弧半径由铣刀半径保证。轴上的封闭槽和槽底一端是直角的半通槽，用键槽铣刀铣削，并按轴槽的宽度尺寸来确定键槽铣刀的直径。

1. 工件的装夹

轴类工件的装夹，不但要保证工件稳定，还需保证工件的轴线位置不变，以保证轴槽的中心平面通过轴线。常用的装夹方法有以下几种。

（1）用机用虎钳装夹。用机用虎钳装夹工件，简便、稳固，但当工件直径有变化时，工件的轴线位置在左右（水平位置）和上下方向都会发生变动，如图 3–53 所示。

用机用虎钳装夹工件，在采用定距切削时，会影响轴槽的深度和对称度。因此，一般适用于单件生产。对轴的外圆已经精加工的工件，由于轴的直径已确定，用机用虎钳装夹时，各轴的轴线位置变动很小，在此条件下，可适用于成批生产。

为保证铣出的轴槽两侧面和底平面都平行于工件轴线，必须使工件的轴线既平行于工作台纵向进给方向，又平行于工作台台面。用机用虎钳装夹工件时，应使用百分表校正固定钳口与工作台纵向进给方向平行，还应校正工件的上素线与工作台台面平行。

（2）用 V 形架装夹。把圆柱形工件放置在 V 形架内，并用压板紧固的装夹方法，是铣轴上键槽的常用装夹方法之一。其特点是工件的轴线位置只在 V 形槽的对称平面内随工件直径变化而上下变动，如图 3–54 所示。因此，当盘形槽铣刀的对称平面或键槽铣刀的轴线与 V 形槽的对称平面重合时，能保证一批工件上轴槽的对称度。虽然一批工件的直径因加工误差而有变化会对轴槽的深度有影响，但变化量一般不会超过精度要求不高的槽深尺寸公差。

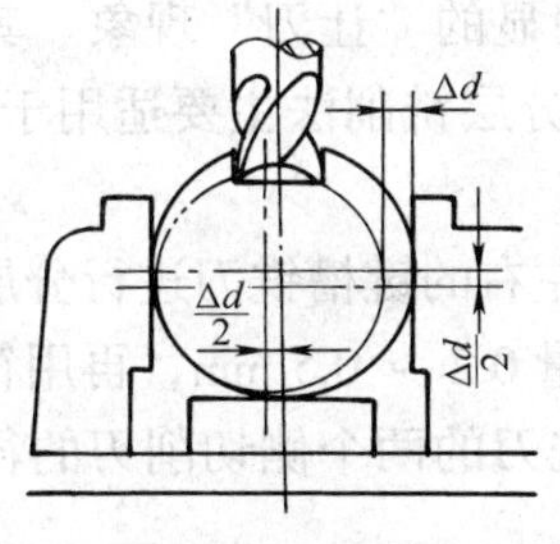

图 3–53　用机用虎钳装夹

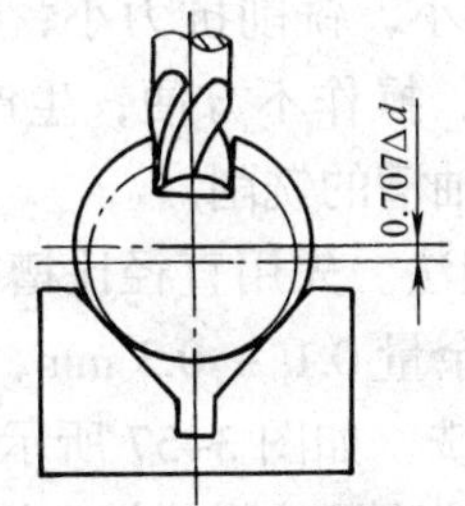

图 3–54　用 V 形架装夹

（3）用分度头定中心装夹。用分度头主轴与尾座的两顶尖或用三爪自定心卡盘和尾座顶尖一夹一顶方法装夹工件，如图 3–55 所示。工件轴线始终在两顶尖或三爪自定心卡盘与尾座顶尖的连心线上，工件轴线位置不因工件直径的变化而变动，因此，铣出的轴槽，其对称性不受工件直径变化的影响。

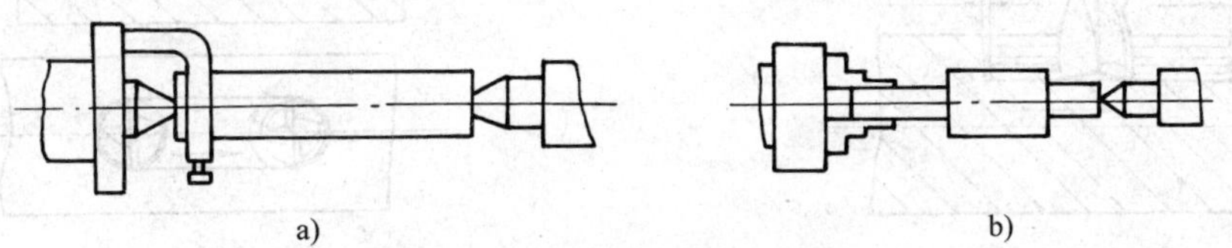

图 3–55　用分度头定中心装夹

a）分度头主轴与尾座的两顶尖装夹　b）三爪自定心卡盘和尾座顶尖一夹一顶装夹

安装分度头和尾座时，也应将标准量棒用两顶尖或用一夹一顶的方法装夹，用百分表校正量棒的上素线与工作台台面平行，侧素线与工作台纵向进给方向平行。

2. 轴上键槽的铣削方法

（1）铣轴上通槽。一般采用盘形槽铣刀来铣削。对于长的轴类工件，若外圆已经磨削准确，则可采用机用虎钳装夹进行铣削。为避免因工件伸出钳口太长而产生振动和弯曲，可在伸出的一端用千斤顶支撑。若工件外圆只经粗加工，则采用三爪自定心卡盘和尾座顶尖装夹，且中间需用千斤顶支撑。

工件装夹完毕并对准中心后，应调整铣削宽度 a_e（即切削层深度）。调整时先使回转的铣刀切削刃与工件圆柱面（上素线）接触，然后退出工件，将工作台上升 a_e（到轴槽的深度），即可开始铣削。

为了进一步校核中心是否对准，在铣刀开始切到工件时，应手动进给缓慢移动工作台，暂不浇注切削液，并仔细观察。在铣削深度（即切削层宽度）接近铣刀宽度时，轴的一侧若有先出现台阶的现象，则说明铣刀还未准确对准中心，应将工件出现台阶的一侧向铣刀做横向的微调，直至轴的两侧同时出现小台阶（即对准中心）为止。

（2）铣轴上封闭键槽。用键槽铣刀铣轴上封闭键槽，常用的方法有以下两种。

1）分层铣削法。用符合键槽槽宽尺寸的键槽铣刀分层铣键槽，如图 3–56 所示。铣削时，每次的铣削深度 a_p 为 0.5 ~ 1.0 mm，手动进给由轴槽的一端铣向另一端，然后以较快的速度手动将工件退至原位，再进给，重复铣削。铣削时，注意轴槽两端应各留长度方向余量 0.2 ~ 0.5 mm。

分层铣削法的优点是铣刀磨钝后只需刃磨端面，磨短 1 mm 左右，铣刀直径不受影响；因铣削深度 a_p 较小，铣削抗力小，铣削时不会产生明显的“让刀”现象。其缺点是在普通铣床上进行加工，操作不方便，生产效率低。因此，分层铣削法主要适用于长度尺寸较短、生产数量不多的轴槽的铣削。

2）扩刀铣削法。先用直径比槽宽尺寸小 0.5 mm 左右的键槽铣刀进行分层往复粗铣至接近槽深，槽深留余量 0.1 ~ 0.3 mm，槽长两端各留余量 0.2 ~ 0.5 mm，再用符合轴槽宽度尺寸的键槽铣刀精铣，如图 3–57 所示。精铣时，由于铣刀的两个侧切削刃的径向力能相互平衡，所以铣刀的偏让量较小，轴上键槽的对称性好。

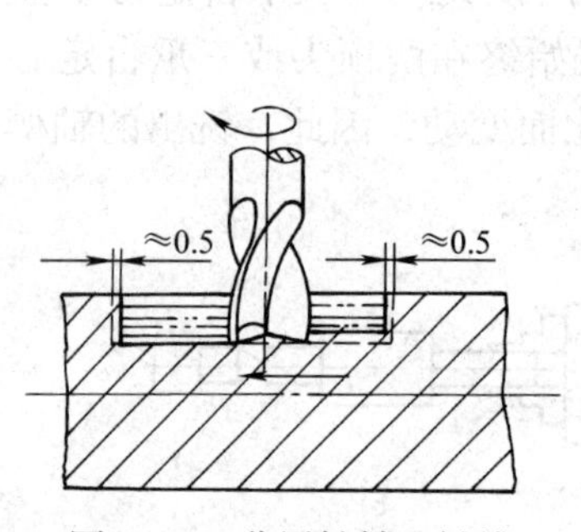

图 3–56　分层铣轴上键槽

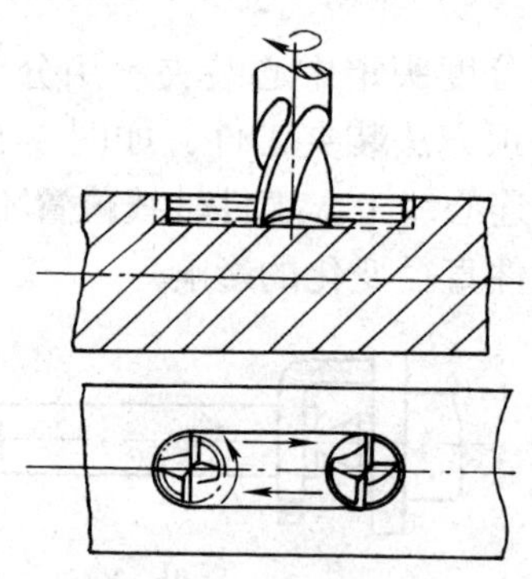

图 3–57　扩刀铣轴上键槽

三、特形沟槽的铣削方法

常见的特形沟槽有 V 形槽、T 形槽、燕尾槽和半圆键槽等。特形沟槽一般用刃口形状与沟槽形状相对应的铣刀铣削。

1. V 形槽的铣削方法

V 形槽两侧面间的夹角（槽角）一般为 90° 或 60°，也有 120° 的，以槽角为 90° 的 V 形槽最为常用。

（1）倾斜立铣头铣 V 形槽。槽角大于或等于 90°、尺寸较大的 V 形槽，可在立式铣床上调转立铣头，用立铣刀或端铣刀铣削，如图 3–58 所示。铣 V 形槽前应先用锯片铣刀铣出窄槽。铣 V 形槽时，铣完一侧槽面后，将工件松开掉转 180°，重新夹紧，再铣另一侧槽面；也可以将立铣头反方向调转角度后铣另一侧槽面。

（2）倾斜工件铣 V 形槽。槽角大于 90°、精度要求不高的 V 形槽，可以按划线校正 V 形槽的一侧槽面，使之与工作台台面垂直后夹紧工件进行铣削。铣完一侧槽面后，重新校正另一侧槽面并夹紧工件，铣削成形，如图 3–59 所示。槽角等于 90° 且尺寸不太大的 V 形槽，则可以一次校正装夹铣削成形。

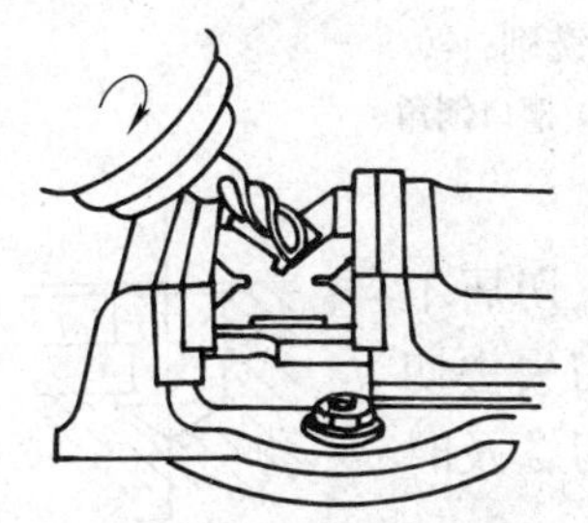

图 3–58　倾斜立铣头铣 V 形槽

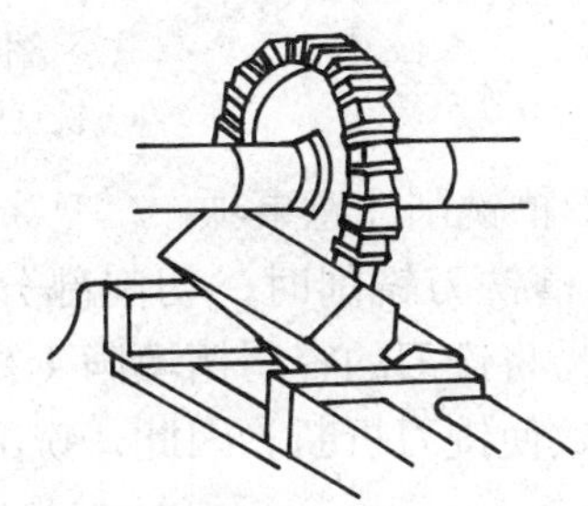

图 3–59　倾斜工件铣 V 形槽

（3）用角度铣刀铣 V 形槽。槽角小于或等于 90° 的 V 形槽，一般采用与其角度相同的对称双角铣刀在卧式铣床上铣削，铣 V 形槽前应先铣出窄槽，夹具或工件的基准面应与工作台纵向进给方向平行，如图 3–60 所示。

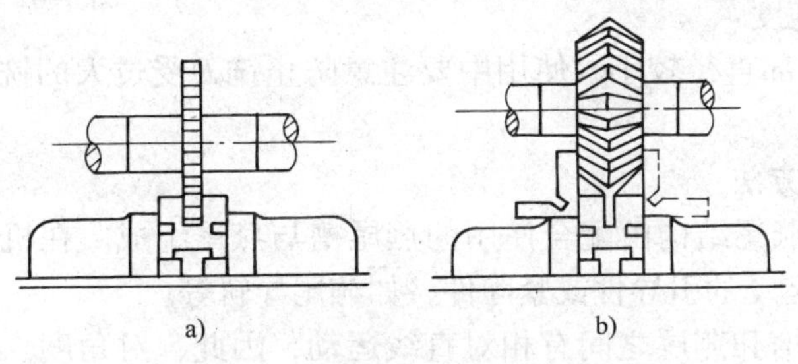

图 3–60　用对称双角铣刀铣 V 形槽

a）用锯片铣刀铣窄槽　b）铣 V 形槽

2. T 形槽的铣削方法

T 形槽多见于机床（如铣床、牛头刨床等）的工作台，用于与机床附件、夹具配套时定位和固定。T 形槽由直槽和底槽组成，根据使用要求不同分为基准槽和固定槽。基准槽的尺寸精度和形状、位置精度要求比固定槽高。X6132 型卧式铣床和 X5032 型立式铣床的工作台均有三条 T 形槽，中间的一条是基准槽，习惯上称为中央 T 形槽，两侧的两条为固定槽。

（1）T 形槽的铣削方法

1）铣刀选择。铣直槽可选用三面刃铣刀或立铣刀，铣底槽时用 T 形槽铣刀。T 形槽铣刀应按直槽宽度尺寸（即 T 形槽的基本尺寸）选择。

2）铣削方法，如图 3–61 所示。

3）不穿通 T 形槽的铣削，如图 3–62 所示。铣削前应先在 T 形槽的一端钻落刀孔，落刀孔的直径应大于 T 形槽铣刀切削部分的直径，深度应大于 T 形槽底槽的深度。用立铣刀铣完直槽后，在落刀孔处进入 T 形槽铣刀，对正中心后铣出底槽。

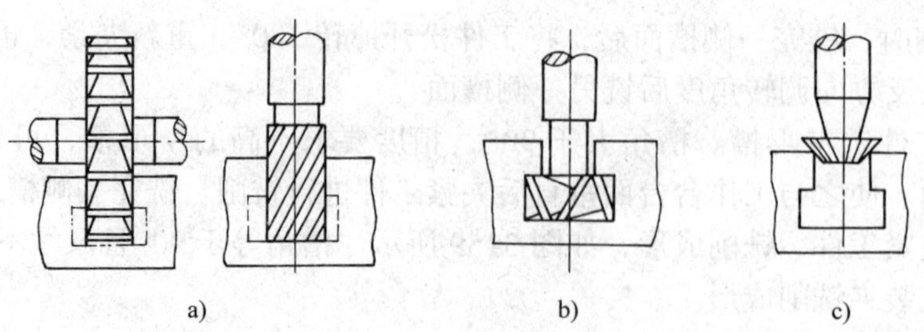

图 3–61　T 形槽的铣削

a）铣直槽　b）铣底槽　c）槽口倒角

（2）T 形槽铣削注意事项

1）T 形槽铣刀铣削时，切削部分埋在工件内，切屑不易排出，容易将铣刀的容屑槽填满（塞刀）而使铣刀失去切削能力，以致使铣刀折断。因此，铣削中应经常退刀，及时清除切屑。

2）T 形槽铣刀铣削时，切削热因排屑不畅而不易散发，容易使铣刀受热产生退火而丧失切削能力，因此在铣削钢件时，应充分浇注切削液。

3）T 形槽铣刀铣削时，切削条件差，所以应选用较小的进给量和较低的切削速度。

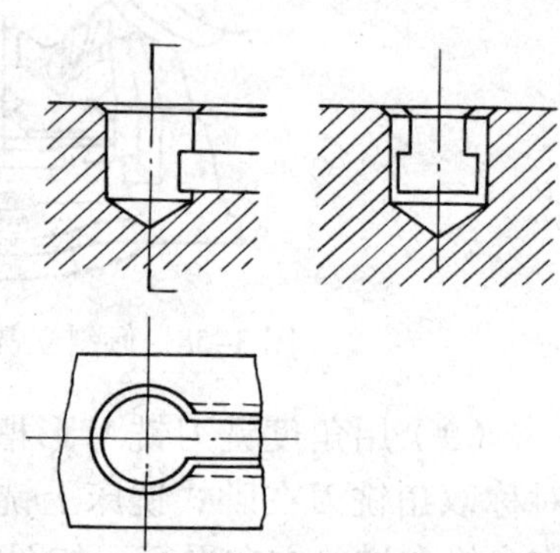

图 3–62　不穿通 T 形槽的落刀孔

4）T 形槽铣刀颈部直径较小，使用中要注意防止铣刀受过大的铣削抗力和突然的冲击力作用而折断。

3. 燕尾槽的铣削方法

（1）燕尾结构。燕尾结构由配合使用的燕尾槽与燕尾组成。在机械设计制造中，常采用燕尾结构作为直线运动的引导件或紧固件，如燕尾导轨等。

燕尾结构的燕尾槽和燕尾之间有相对直线运动，因此，对角度、宽度、深度有较高的精度要求，斜面有较高的平面度要求，且其表面粗糙度值较小。燕尾槽、燕尾斜面的角度 α（槽角）有 45°、50°、55°、60° 等多种，一般采用 55°。

（2）燕尾槽和燕尾的铣削方法

1）铣刀选择。燕尾槽和燕尾采用燕尾槽铣刀铣削。所选择的铣刀角度应与燕尾槽的槽角一致，铣刀锥面的宽度应大于工件燕尾槽斜面的宽度。单件生产时，若没有合适的燕尾槽铣刀，可用与燕尾槽槽角相等的单角铣刀来铣削。

2）铣削方法。铣燕尾槽、燕尾分两个步骤，如图 3–63 所示。

步骤 1：在立式铣床上用立铣刀或端铣刀铣出燕尾槽的直槽或燕尾的台阶。

步骤 2：在立式铣床上用燕尾槽铣刀铣出燕尾槽或燕尾。

如图 3–64 所示，用单角铣刀铣燕尾槽或燕尾时，立铣头倾斜角度应等于燕尾槽角 α。由于立铣头偏转角度较大，安装单角铣刀的刀杆长度应适当增长。

3）带斜度燕尾槽的铣削。在铣完直槽后，先用燕尾槽铣刀铣燕尾槽与相对于直线运动方向平行的一侧斜面，然后松开压板，将工件按规定斜度旋转到与进给方向成一斜角，紧固工件后铣燕尾槽带斜度的另一侧。

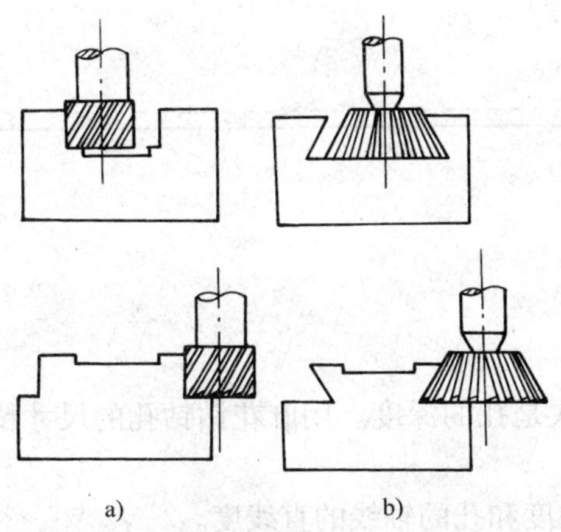

图 3–63　燕尾槽、燕尾的铣削
a）铣直槽或台阶　b）铣燕尾槽或燕尾

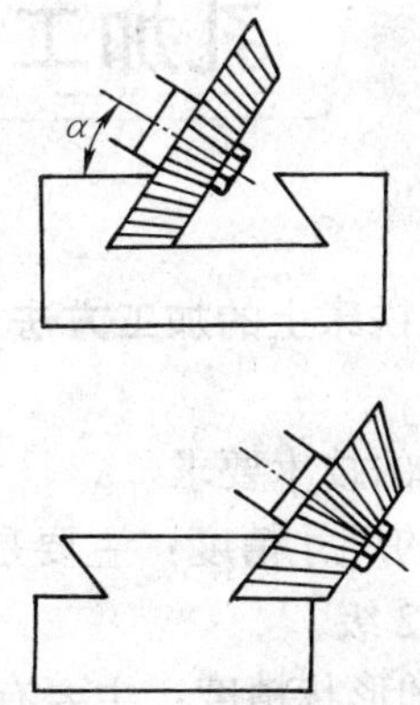

图 3–64　用单角铣刀铣削燕尾槽和燕尾

（3）燕尾槽、燕尾铣削注意事项

1）铣燕尾槽、燕尾时的铣削条件与铣 T 形槽时大致相同，但燕尾槽铣刀刀尖部位的强度和切削性能都很差，因此，铣削中主轴转速不宜过高，进给量、切削层深度不可过大，以减小铣削抗力，同时还应及时排屑和充分浇注切削液。

2）铣直槽时槽深可留 0.5 ~ 1.0 mm 余量，待铣燕尾槽时再铣至槽深，以使燕尾槽铣刀铣削时平稳。

3）燕尾槽的铣削应分粗铣、精铣两步进行，以提高燕尾槽斜面的表面质量。

四、槽的检测

1. 直角沟槽的检测

直角沟槽的长度、宽度和深度一般使用游标卡尺、游标深度尺检测，尺寸精度较高的槽宽可用极限量规（塞规）检测。直角沟槽的对称度可用游标卡尺或杠杆百分表检测。使用杠杆百分表检测时，工件分别以槽的外侧面为基准面，放在平板上，然后使杠杆百分表的触头触在槽的侧面上，移动工件，两次检测指示读数的最大差值即为对称度误差。

2. 轴上键槽的检测

（1）用塞规检测轴槽的宽度。

（2）用千分尺和游标卡尺检测轴槽的长度和深度。

（3）轴槽中心平面对轴线对称度的检测，如图 3–65 所示。用百分表检测塞块的 *A* 面与平板或工作台台面平行并读数，然后将工件转动 180°，用百分表校正塞块 *B* 面与平板平行并读数，两次读数的差值，即为轴上键槽的对称度误差。

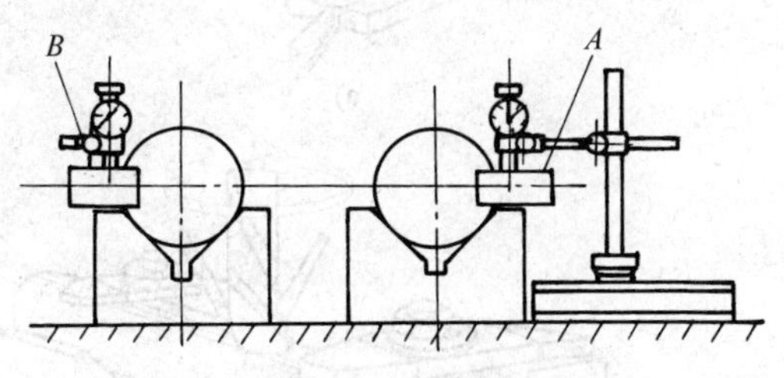

图 3–65　轴上键槽对称度误差的检测

§3-8 孔加工

一、孔在铣床上的加工方法

1. 钻孔

（1）钻孔的技术要求

1）钻孔的尺寸精度：主要是孔的直径，其次是孔的深度。用麻花钻钻孔的尺寸精度可达 IT11 ~ IT12 级。

2）钻孔的形状精度：主要有孔的圆度、圆柱度和孔的轴线的直线度。

3）钻孔的位置精度：主要有孔与孔或孔与外圆之间的同轴度、孔与孔的轴线或孔的轴线与基准面的平行度、孔的轴线与基准面的垂直度、孔的轴线对基准的偏移量的位置度要求。

4）钻孔的表面粗糙度：表面粗糙度值可达 Ra6.3~12.5 μm。

（2）钻孔时工件的装夹方法

较小的工件可用机用虎钳装夹，如图 3–66a 所示；较大的工件可用压板和螺栓装夹，如图 3–66b 所示；对于圆柱形工件，可用 V 形块装夹，如图 3–66c 所示；在盘类工件上钻圆周等分孔，可用分度头或回转工作台装夹，如图 3–66d、e 所示。

（3）孔距的加工方法

1）按划线法钻孔。按图样上孔的位置、尺寸要求，在工件上划出孔的中心位置线和孔径尺寸线，并在孔的中心位置及孔的圆周上打样冲眼。

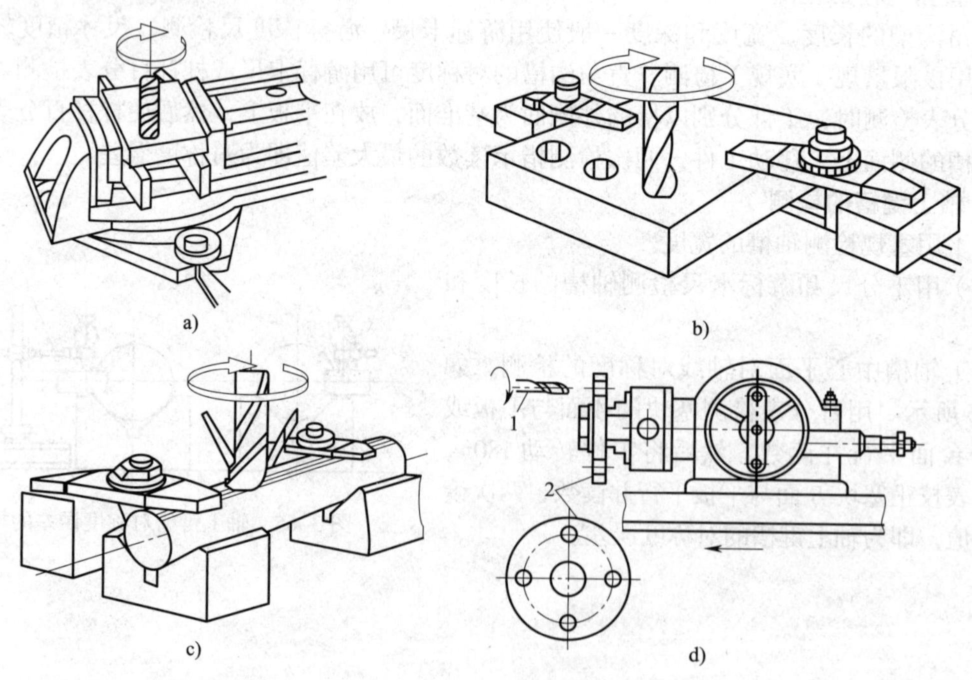

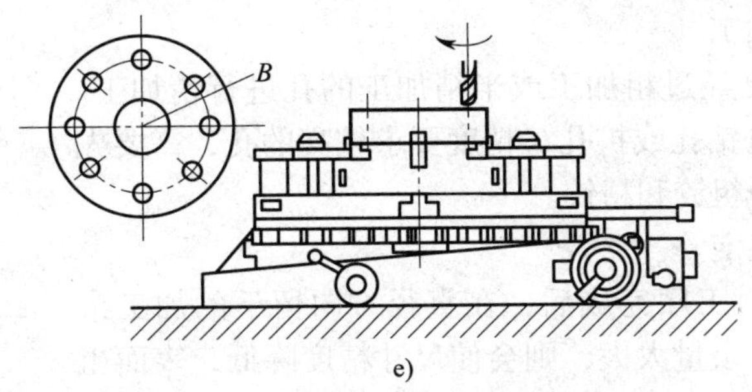

图 3-66　钻孔时工件的装夹方法

a）用机用虎钳装夹工件　b）用压板和螺栓装夹工件　c）用 V 形块装夹工件

d）用分度头装夹工件　e）用回转工作台装夹工件

钻削时，先调整好主轴转速，移动工件使麻花钻轴线与工件中心重合（目测），然后试钻一浅孔，观察是否偏心。若偏心则应重新进行找准。找准时，可在浅孔坑与划线距离较大处錾几条浅槽，如图 3-67 所示。找准并落钻再试钻，待对准后即可开始钻孔。对于通孔，当钻头快要钻通时应减慢进给速度，钻通后方可退刀。

2）按寻边法钻孔。对于孔距要求较高的工件，用划线法钻孔不易控制，此时可利用铣床的纵向、横向手轮刻度，采用寻边法对刀。例如，钻图 3-68 所示工件，先将机用虎钳固定钳口找正与纵向进给方向平行（或垂直），工件装夹好后用标准圆棒或中心钻装夹在钻夹头中，使标准圆棒的外径与工件一基准刚好靠到后，摇进距离 S_1，再靠另一基准后摇进距离 S，即已对好孔的中心位置。当精度要求更高时可采用寻边器寻边、百分表移距的方法。

如直接用麻花钻钻孔，会因钻头横刃较长或顶角对称性不好而产生定心不准造成钻偏，使孔距公差难以保证。为了保证孔距公差，可先用中心钻钻出锥坑作为导向定位，然后再用麻花钻钻孔，就不会产生偏移。

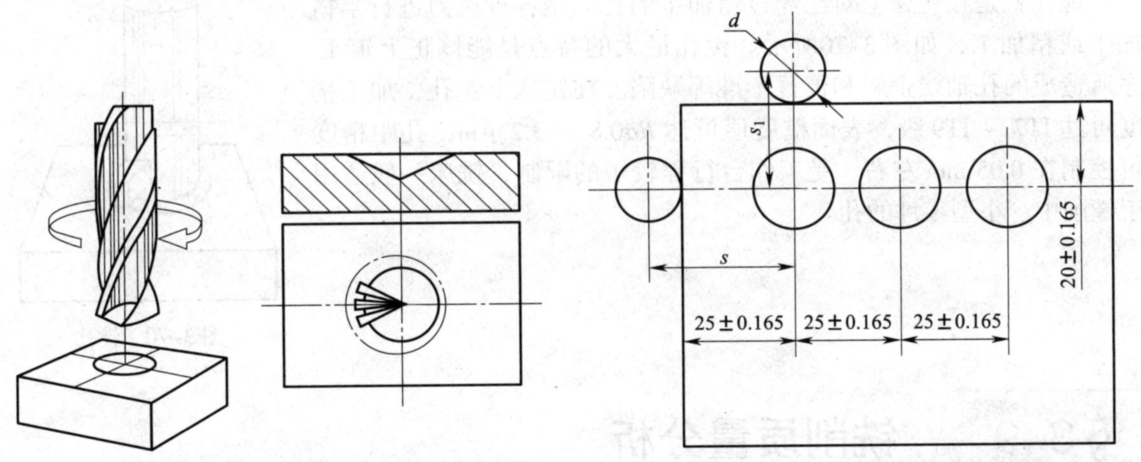

图 3-67　按划线试钻并调整　　图 3-68　用寻边法移动距离确定孔的中心位置

2. 铰孔

用铰刀从工件孔壁切除微量金属层，以获得较高尺寸精度和较小表面粗糙度值的方法称为铰孔，如图 3-69 所示。铰刀是精度较高的多刃刀具，具有切削余量小、导向性好、加工精度高等特点，尺寸公差一般可达 IT7~IT9 级，表面粗糙度值可达 $Ra0.4~1.6$ μm。

（1）铰孔前的孔加工

铰孔是用铰刀对已经过粗加工或半精加工的孔进行精加工。铰孔之前，一般先经过钻孔或扩孔。精度要求较高的孔，需要先扩孔或镗孔，有的还分粗铰和精铰。

（2）铰削余量的确定

铰削余量是指上道工序完成后，在直径方向留下的加工余量。铰削余量应适中，余量太大，则会使尺寸精度降低，表面粗糙度值增大，同时加剧铰刀磨损；余量太小，则上道工序的残留变形难以纠正，原有刀痕不能去除，铰削质量达不到要求。通常应综合考虑孔径大小、材料软硬、尺寸精度、表面粗糙度要求、铰刀类型及加工工艺等多种因素合理选择铰削余量。一般粗铰余量为 0.15 ~ 0.35 mm，精铰余量为 0.1 ~ 0.2 mm。

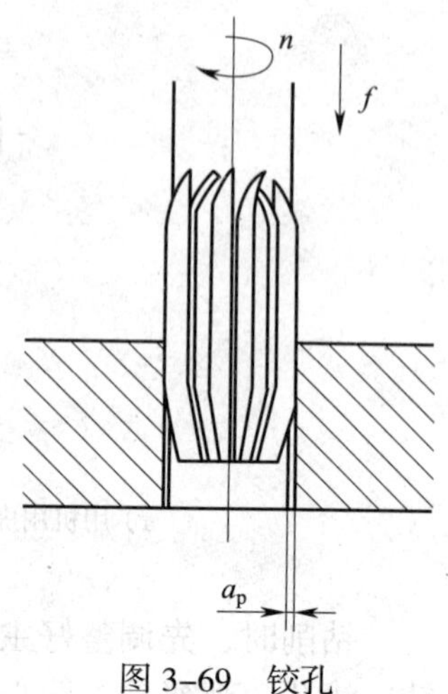

图 3–69　铰孔

（3）切削速度与进给量的选择

在铣床上使用普通标准高速钢机用铰刀铰孔，切削速度和进给量的选择见表 3–7。

表 3–7　**切削速度和进给量的选择**

工件材料	切削速度 /（m/min）	进给量 /（mm/r）
钢	4 ~ 8	0.4 ~ 0.8
铸铁	6 ~ 10	0.5 ~ 1
铜或铝	8 ~ 12	1 ~ 1.2

3. 镗孔

镗孔就是在铣床上对已经过粗加工的孔，用各种镗刀进行半精加工或精加工，如图 3–70所示。镗孔最大的特点是能修正上道工序所造成的孔轴线歪斜和位置不准等缺陷。在铣床上镗孔，加工精度可达 IT7 ~ IT9 级，表面糙度值可达 Ra0.8 ~ 3.2 μm，孔距精度可控制在 0.05 mm 左右。受工作台行程较短的限制，铣床一般适用于镗削中、小型零件的孔。

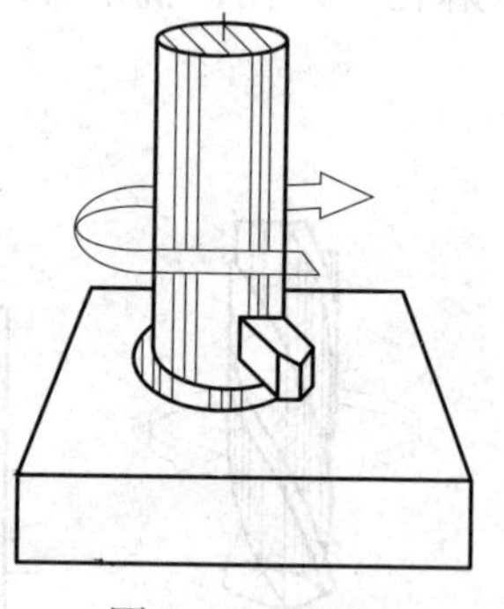
图 3–70　镗孔

§3–9　铣削质量分析

铣削时产生废品的原因及预防方法见表 3–8。

表 3–8　　铣削时产生废品的原因及预防方法

铣削内容	废品种类	产生原因	预防方法
铣平面	表面粗糙度值大	进给量太大	选择合适进给量
		铣刀不锋利	刃磨或调换铣刀
		铣刀跳动太大	调整铣刀和刀轴
		机床、夹具刚度低引起振动	调整机床、夹具，提高工艺系统刚度
		工作台垫铁调整不当，引起爬行	调整工作台垫铁
		切削液选用不当	选择润滑性好的切削液
		铣刀几何参数选择不当	刃磨或选择几何参数适当的铣刀
	出现“深啃”现象	铣削时中途停止进给	铣削时不间断进给
	平面度超差	周铣时： 1. 铣刀圆柱度不好 2. 铣刀宽度小于工件宽度，铣削时接刀	1. 刃磨或调换圆柱度好的铣刀 2. 选择宽度大于工件宽度的铣刀
		端铣时： 1. 主轴与进给方向不垂直 2. 铣刀直径小于工件宽度	1. 调整铣床主轴或工作台，使主轴与进给方向垂直 2. 选择直径大于工件宽度的铣刀
		机床导轨的平面度和直线度差，使进给运动不是直线，铣出的平面成波形	修理和校正导轨的平面度和直线度
	位置度超差	夹具的定位支撑面（如固定钳口）位置不准	1. 提高夹具本身的制造精度 2. 安装时调整准确
		工件基准面与夹具支撑面不密合	擦净工件基准面与夹具支撑面之间的脏物
		周铣时，铣刀圆柱度不准	刃磨或调换圆柱度好的铣刀
		端铣时，铣床主轴轴线与进给方向不垂直，尤其在立式铣床上做横向进给时更明显	调整铣床主轴与工作台台面相垂直
		精铣时夹紧力太大，使夹具产生变形	夹紧时，使夹紧力适当
		工件基准面质量差，以致定位不准	调整工件或立铣头的转角，使转角准确
	工件铣小，尺寸与图样不符	1. 刻度盘摇错 2. 对刀不准确 3. 图样看错 4. 测量错误，以致铣去过多余量	1. 工作认真 2. 提高操作水平 3. 认真看图 4. 测量准确
		工件因切削受热膨胀，测量中没有考虑它的影响，冷却后尺寸减小	冷却后测量或浇注切削液

续表

铣削内容	废品种类	产生原因	预防方法
铣台阶、直角沟槽、特形槽	宽度尺寸超差	立铣刀直径或三面刃铣刀宽度不符合要求	使用前检查铣刀直径或宽度
		刻度盘格数搞错，测量不准确	看清刻度，仔细测量
		丝杠与螺母的间隙方向记错，使工作台移动不到位	记清间隙方向，使工作台移动到位
		立铣刀直径太小，让刀严重，铣刀有摆差	适当减少精铣余量，或使用直径较大的立铣刀，检查铣刀的偏摆量
		铣刀磨损	调换铣刀
		用三面刃铣刀加工时，万能铣床工作台“零位”未校正	校正工作台“零位”
		工件装夹不合理，工件变形，影响槽宽	选择合理的装夹方式，注意夹紧力在工件上的作用部位，精铣时适当减小夹紧力
	长度或深度尺寸超差	纵向工作台移动距离不对	预先按槽长画线，总长度要减去铣刀直径
		对刀不准确，使深度不准	认真对刀
		工件倾斜，使底部深浅不一	仔细装夹，使工件基准面与工作台台面平行
		直柄立铣刀被落下	尽量采用锥柄铣刀，或用精度较高的弹簧夹头夹持直柄立铣刀，适当减小进给量
	几何精度超差	基准面搞错	看清图样，认清基准面
		工作台“零位”不准，使台阶上窄下宽、沟槽上宽下窄	调整工作台，使工作台对准“零位”
		夹具和工件未校正，使台阶和沟槽产生歪斜	铣削前检查并校正夹具和工件
		铣键槽时中心未对准，使键槽的对称度超差	铣键槽前，严格对准中心
		铣削时有“让刀”现象，使沟槽的位置（或对称度）不准	减小铣削用量，克服“让刀”现象
	表面粗糙度不符合要求	铣刀因磨损变钝	及时调换铣刀
		铣削用量选择不当	合理选择铣削用量
		切削液不合适或浇注量不足	选用合适的切削液，加大浇注量
		工作台垫铁松动，铣削时振动大	调整垫铁与机床的间隙，增大夹具和刀具的刚度
		切屑排出不畅	及时排出切屑

续表

铣削内容	废品种类	产生原因	预防方法
钻孔	孔大于规定尺寸	钻头两切削刃长度不等，高低不一致	修磨钻头
		立铣头主轴径向偏摆，或工作台未锁紧、有松动	调整立铣头或工作台
		钻头本身弯曲或装夹不好，使钻头有过大的径向圆跳动	更换钻头
	孔壁粗糙	钻头不锋利	修磨钻头
		进给量太大	调整进给量
		切削液选用不当或供应不足	选择合适的切削液并充分浇注
		钻头过短、排屑槽堵塞	更换钻头
	孔位偏移	工件划线不正确	正确划线
		钻头横刃太长，定心不准，起钻过偏而没有找正	修磨钻头或用中心钻预钻底孔
	孔歪斜	工件上与孔垂直的平面与主轴不垂直或立铣头主轴与台面不垂直	调整立铣头
		工件安装时，安装接触面上的切屑未清除干净	清除切屑
		工件装夹不牢，钻孔时产生歪斜或工件有砂眼	夹紧工件
		进给量过大使钻头产生弯曲变形	减小进给量
	钻孔呈多角形	钻头后角太大	修磨钻头
		钻头两主切削刃长短不一，角度不对称	修磨钻头
	钻头工作部分折断	钻头用钝仍继续钻孔	修磨钻头
		钻孔时未经常退钻排屑，使切屑在钻头螺旋槽内堵塞	及时退钻排屑
		孔将钻通时没有减小进给量	减小进给量
		进给量过大	减小进给量
		工件未夹紧，钻孔时产生松动	夹紧工件
		在钻黄铜一类软金属时，钻头后角太大，前角又没有修磨小，造成扎刀	修磨钻头
铰孔	表面粗糙度达不到要求	铰刀切削刃口不锋利或有崩裂，铰刀切削部分和修整部分不光洁	更换铰刀
		铰刀切削刃上粘有积屑瘤，容屑槽内切屑粘积过多	调整切削速度，及时清除切屑

续表

铣削内容	废品种类	产生原因	预防方法
铰孔	表面粗糙度达不到要求	铰削余量太大或太小	选择合适铰削余量
		切削速度太高，以致产生积屑瘤	调整切削速度
		铰刀退出时反转，手铰时铰刀旋转不平稳	不反转，手动平稳
		切削液选择不当或浇注不充足	选择合适的切削液并充分浇注
		铰刀偏摆过大	更换铰刀
	孔径扩大	铰刀与孔的中心不重合，铰刀偏摆过大	更换铰刀
		铰削余量和进给量过大	选择合适的铰削余量和进给量
		切削速度太高，铰刀温度上升而直径增大	降低切削速度
		操作者粗心（未仔细检查铰刀直径和铰孔直径）	认真工作
	孔径缩小	铰刀超过磨损标准，尺寸变小仍继续使用	更换铰刀
		铰刀磨钝后继续使用，造成孔径过度收缩	更换铰刀
		铰削钢料时加工余量太大，铰好后内孔弹性变形恢复使孔径缩小	减小铰削余量
		铰铸铁时加了煤油	选择合适切削液
	孔中心轴线不直	铰孔前的预加工孔不直，铰小孔时由于铰刀刚度差，而未能纠正原有的弯曲	加工好铰孔前的预加工孔
		铰刀切削锥角太大，使铰削时方向发生偏歪	更换或修磨铰刀
		手铰时，两手用力不均	多加练习
	孔呈多棱形	铰削余量太大和铰刀切削刃不锋利，使铰削时发生“啃刀”现象，发生振动而出现多棱形	减小铰削余量，更换铰刀
		钻孔不圆，使铰孔时铰刀发生弹跳现象	加工好铰孔前的预加工孔
		机床主轴振摆太大	调整机床
镗孔	表面粗糙度差	刀尖角或刀尖圆弧太小	更换或修磨镗刀
		进给量过大	选择合适的进给量
		刀具已磨损	更换或修磨镗刀
		切削液使用不当	选择合适切削液

续表

铣削内容	废品种类	产生原因	预防方法
镗孔	孔呈椭圆形	立铣头“零位”不正，并用工作台垂向进给	调整立铣头
	孔壁振纹	镗刀杆刚度差，刀杆悬伸太长	重新装夹刀具
		工作台进给爬行	调整工作台
		工件夹持不当	正确装夹工件
	孔壁划痕	退刀时刀尖背向操作者	正确退刀
		主轴未停稳，快速退刀	正确退刀
	孔径超差	镗刀回转半径调整不当	多加练习
		测量不准	多加练习
		镗刀偏让	修磨镗刀，减少切削余量，多次进给
	孔呈锥形	切削过程中刀具磨损	修磨镗刀
		镗刀松弛	正确装夹镗刀
	轴线歪斜（与基准面的垂直度差）	工件定位基准选择不当	正确选择定位基准
		装夹工件时，清洁工作未做好	及时清理夹具
		采用主轴进给时“零位”未校正	校正主轴“零位”
	圆柱度差	工件装夹变形所引起	正确装夹工件
		主轴回转精度不好	修整机床
		立镗时纵横工作台未紧固	正确操作机床
		刀杆刀具弹性变形，镗孔时圆柱度差	正确选择镗刀
	平行度差	不在一次装夹中镗几个平行孔	选择确定加工工艺
		在钻孔和粗镗时，孔已不平行；精镗时，镗刀杆产生弹性偏让	正确确定切削余量
		定位基准面与进给方向不平行，使镗出的孔与基准不平行	正确装夹工件

习题

1. 什么是铣削？它包括哪些内容？
2. 铣床可分为哪几类？各有何特点？
3. 以 X6132 型铣床为例，试述铣床的主要部件及作用。
4. 常用铣刀有哪几种？各有何特点？

5. 在铣床上装夹工件一般有哪几种方式？举例说明。

6. 铣刀上的标记“125×24×23”代表什么意思？

7. 铣刀的安装方法有哪几种？安装铣刀时应注意哪些问题？

8. 什么是铣削用量？它包括哪些内容？

9. 铣刀直径是 100 mm，齿数为 10，铣削速度取 30 m/min，每齿进给量为 0.1 mm/ 齿，求铣床主轴转速 n。

10. 什么是周铣、端铣？端铣有哪些优点？

11. 什么是顺铣、逆铣？各有何特点？

12. 铣垂直面时，造成平面与基准面不垂直的原因有哪些？怎样防止？

13. 什么是斜面？铣斜面有哪几种方法？各适用于什么场合？

14. 铣台阶有哪几种方法？

15. 在卧式铣床上用键槽铣刀铣键槽，用 V 形铁的 V 形槽装夹工件有什么特点？

16. 在轴上加工不通键槽的方法有哪几种？应选用什么铣刀加工？为什么？

17. 简述铣 T 形槽的步骤。

第 4 章

刨　削

刨削是用刨刀对相对工件做水平直线往复运动的切削加工方法。刨削主要用于加工平面、沟槽，也可以加工曲面。牛头刨床的加工范围如图 4–1 所示。

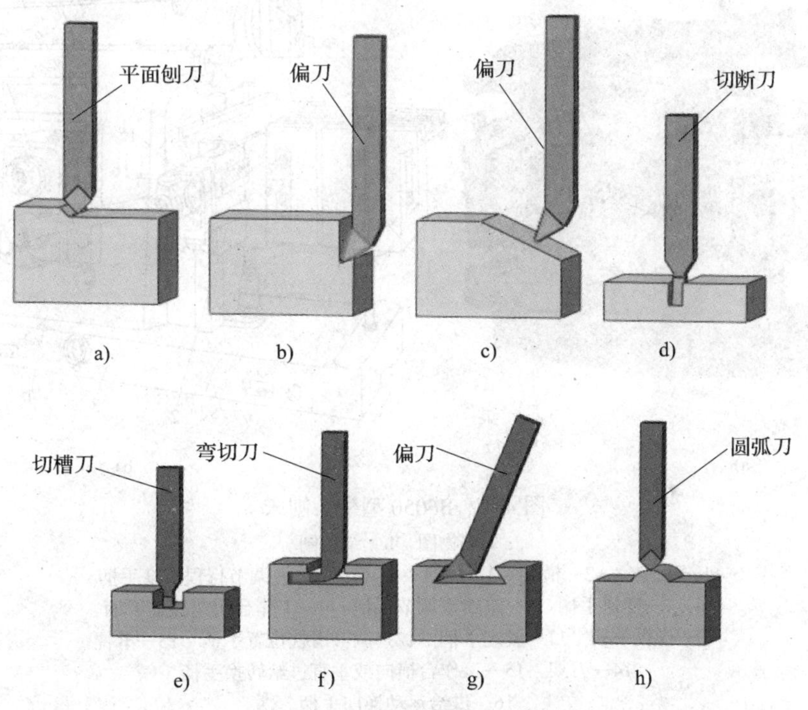

图 4–1　牛头刨床的加工范围

a）刨水平面　b）刨垂直面　c）刨斜面　d）切断　e）刨直槽
f）刨 T 形槽　g）刨燕尾槽　h）刨成形面

§4-1 刨削基本知识

一、刨床的种类与应用特点

刨床的种类很多，按其结构特征可分为牛头刨床、龙门刨床和插床等，按传动方式可分为机械传动刨床和液压传动刨床两类。

1. 牛头刨床

牛头刨床因滑枕和刀架形似“牛头”而得名，牛头刨床外形如图 4–2 所示。

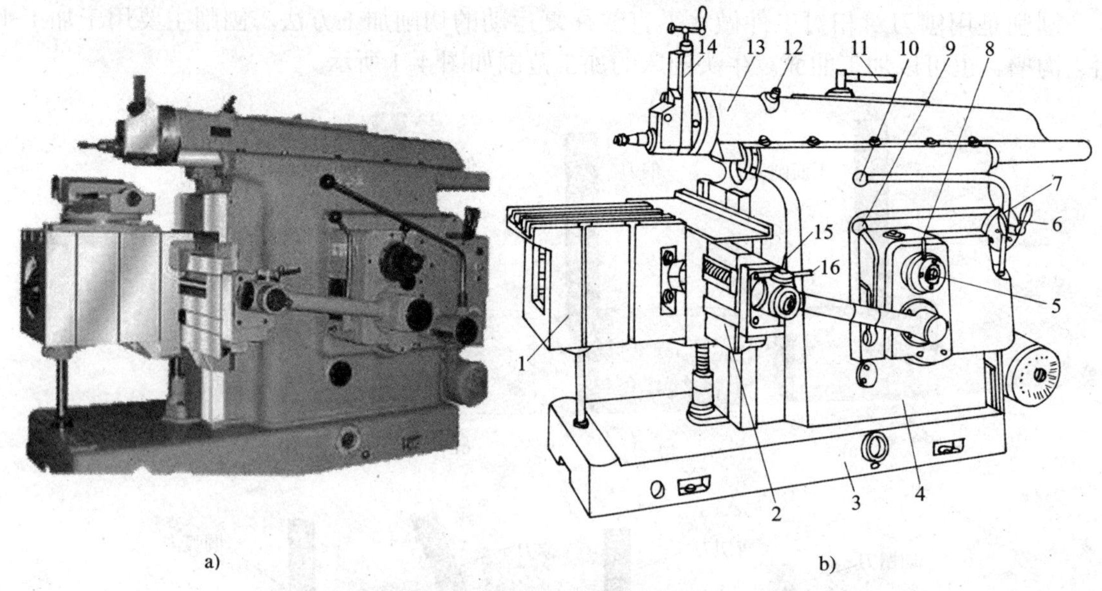

图 4–2 B6050 型牛头刨床

a）实物图 b）结构图

1—工作台 2—横梁 3—底座 4—床身 5—调节行程长度手柄 6、7—变速手柄 8—进给量调节手柄 9—工作台快速移动手柄 10—操纵手柄 11—紧定手柄 12—调节滑枕位置手柄 13—滑枕 14—刀架 15—工作台横向或垂直进给转换手柄 16—进给运动换向手柄

牛头刨床工作时，工件装夹在工作台上，刨刀装在刀架上，刀架由滑枕带动做直线往复运动，利用刨刀的直线往复运动（主运动）和工件的间歇移动（进给运动）进行刨削加工，如图 4–3 所示。

牛头刨床具有调速范围广、级数多、操纵及维护较方便等特点，适用于刨削长度不超过 1 000 mm 的中小型工件。

2. 龙门刨床

龙门刨床用来加工大型工件，或一次装夹加工多个中小型工件，能进行多刀切削。龙门刨床的结构如图 4–4 所示。龙门刨床有龙门式框架，其横梁、立柱上共装了四个刀架，每个刀架都可单独调整。工作台由液压驱动，机床刚度好，切削平稳，加工精度高。

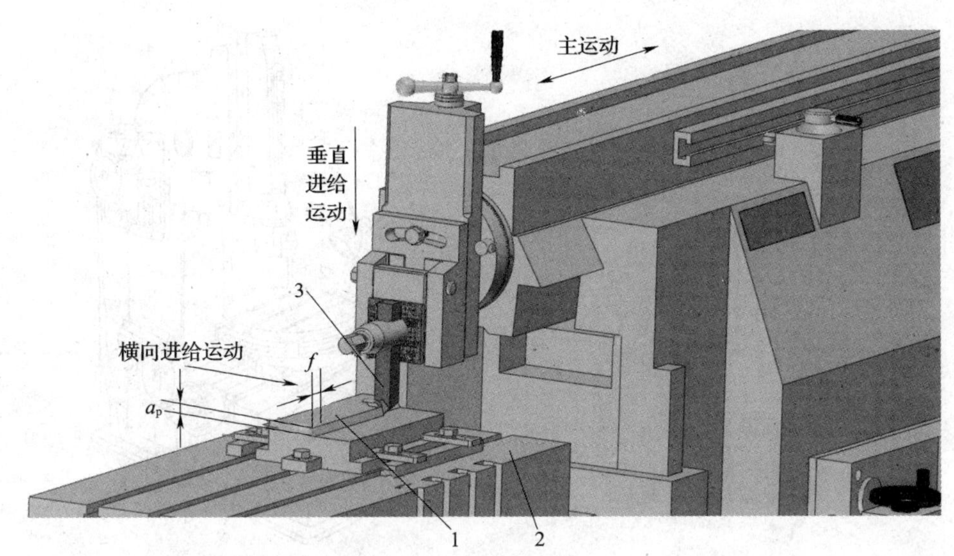

图 4–3　牛头刨床刨削加工

1—工件　2—工作台　3—刨刀

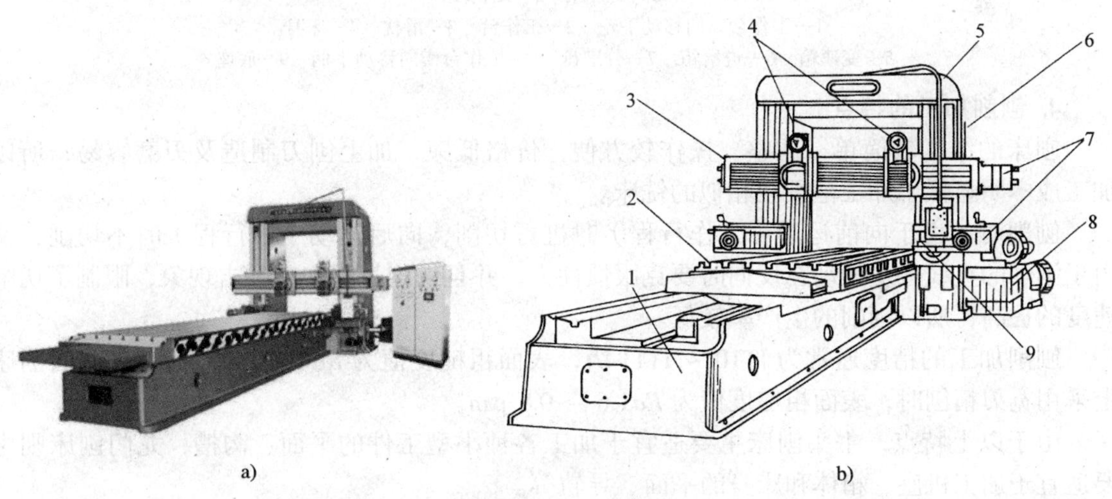

图 4–4　龙门刨床

a）实物图　b）结构图

1—床身　2—工作台　3—横梁　4—立刀架　5—顶梁
6—立柱　7—进给箱　8—液压系统　9—侧刀架

龙门刨床工作时，工件装夹在工作台上，并随床身的水平导轨做直线往复运动。两个垂直刀架在横梁上做横向进给运动，也可以做垂直进给运动。侧刀架可以在立柱上做垂直进给运动，也可以做水平进给运动。横梁还可以沿两个立柱垂直升降，以适应加工不同高度的工件。

3. 插床

插床外形如图 4–5 所示。插床的滑枕是沿垂直导轨做直线往复运动，因此，插床也称“立式刨床”。它主要用于加工工件的内部表面，如多边形的孔及孔内键槽和曲面等。工作时，工件装夹在工作台上，插刀装夹在滑枕下部的刀架上，工作台除可做纵向、横向的进给运动外，也可做回转的进给运动。

a)

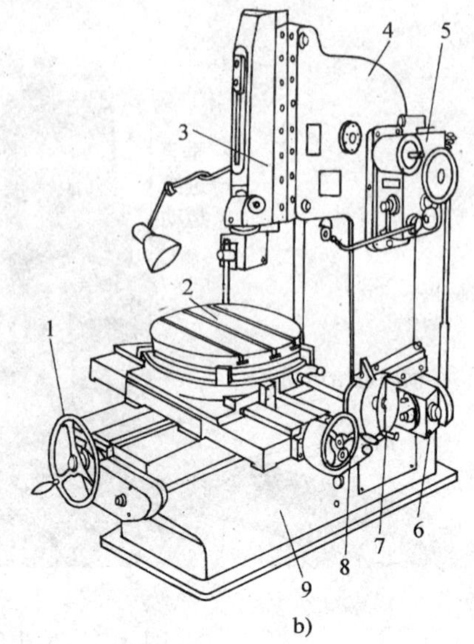

b)

图 4–5　B5032 型插床

a）实物图　b）结构图

1—工作台纵向移动手轮　2—工作台　3—滑枕　4—床身

5—变速箱　6—进给箱　7—分度盘　8—工作台横向移动手柄　9—底座

4. 刨削加工的特点

刨床的结构较简单，调整、操作较方便，价格低廉，加上刨刀制造及刃磨容易，所以加工成本明显低于加工范围较相似的铣床。

刨削时，由于向前运动（工作行程）时进行切削，向后运动（回行程）时不切削；又由于刨削的直线往复运动在反向时要克服惯性力，并且切削过程中有冲击现象，限制了切削速度的提高，所以刨削的生产率较低。

刨削加工的精度通常为 IT10 ~ IT11 级，表面粗糙度值为 Ra0.4 ~ 25 μm。在龙门刨床上采用宽刃精刨时，表面粗糙度值为 Ra1.6 ~ 0.8 μm。

由于以上特点，牛头刨床主要适宜于加工各种小型工件的平面、沟槽，龙门刨床则主要适宜于加工机座、箱体和床身的平面、导轨等。

二、牛头刨床主要结构

1. 床身

如图 4–2 所示，床身用来支撑和连接刨床的各个部件，其顶面导轨可供滑枕做往复运动，侧面导轨可供横梁和工作台升降。床身内装有齿轮变速机构和摆杆机构。

2. 滑枕

滑枕带动刨刀做直线往复运动，其前端装有刀架。

3. 刀架

如图 4–6 所示，刀架用以装夹刨刀。转动刀架手柄，滑板可沿转盘上的导轨上下移动，移动距离可在手柄的刻度盘上读出。松开转盘上的螺母，将转盘扳转一定角度，转动刀架手柄，刀架将斜向移动。滑板上装有可偏转的刀座。刨刀装夹在刀夹上，在刨削的回行程时，刨刀会由于惯性而随抬刀板绕刀座上的 A 轴自由上抬而离开工件表面，以减小刀具与工件之间的摩擦。

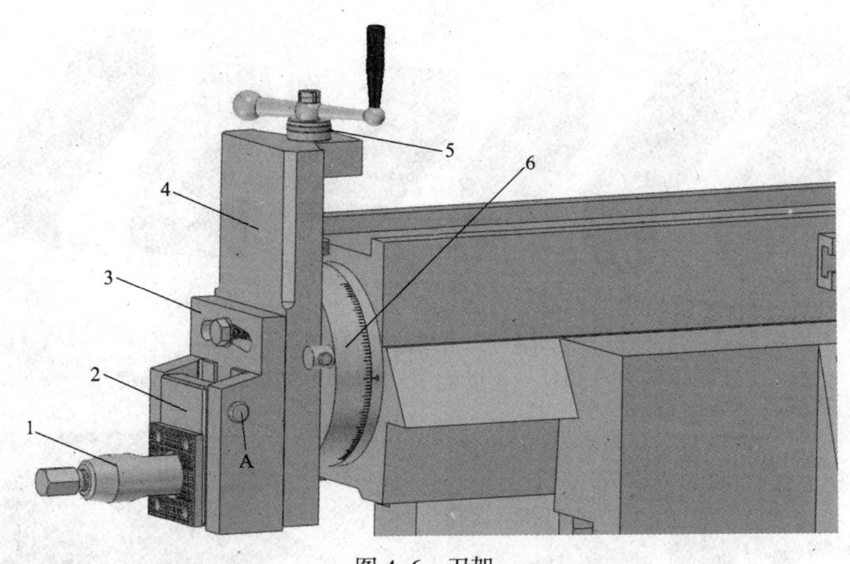

图 4–6　刀架

1—刀夹　2—抬刀板　3—刀座　4—滑板　5—刻度盘　6—转盘

4. 工作台

工作台用以安装工件，它可随横梁升降，也可在横梁空腔内的丝杠带动下，沿横梁上的导轨做横向移动。

§4–2　刨刀

一、刨刀的种类及结构特点

由于刨削的形式和内容不同，采用的刨刀类型也就不同。常用的刨刀有平面刨刀、偏刀、切刀、样板刀、弯切刀和角度刀等，如图 4–7 所示。

平面刨刀——用来刨水平面。

偏刀——用来加工垂直面、台阶面和斜面。

切刀——用来加工直角槽和切断。

样板刀——用来加工成形面。

弯切刀——用来加工 T 形槽等。

角度刀——用来加工成一定角度的表面，如燕尾槽等。

根据形状的不同，刨刀分为直头刨刀和弯头刨刀，其中弯头刨刀应用较广。这是因为刨刀受到工件的硬点作用时，会绕 *A* 点弯曲，如图 4–8 所示，弯头刨刀弯曲时，刀尖会抬离已加工表面，而直头刨刀的弯曲会使刀尖扎入工件，导致刀具及已加工表面的损坏，甚至导致刨刀的折断。

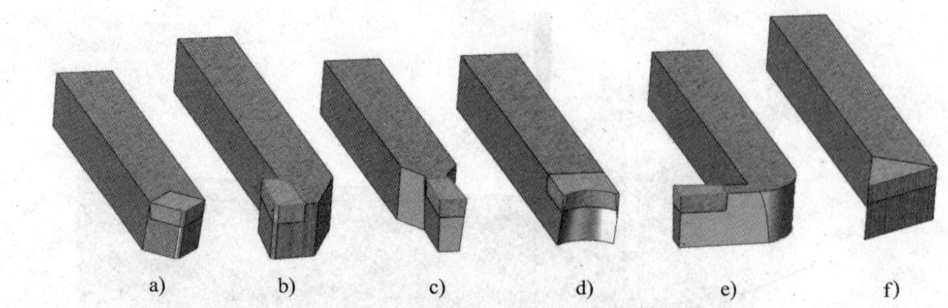

图 4–7　常用的刨刀种类

a）平面刨刀　b）偏刀　c）切刀　d）样板刀　e）弯切刀　f）角度刀

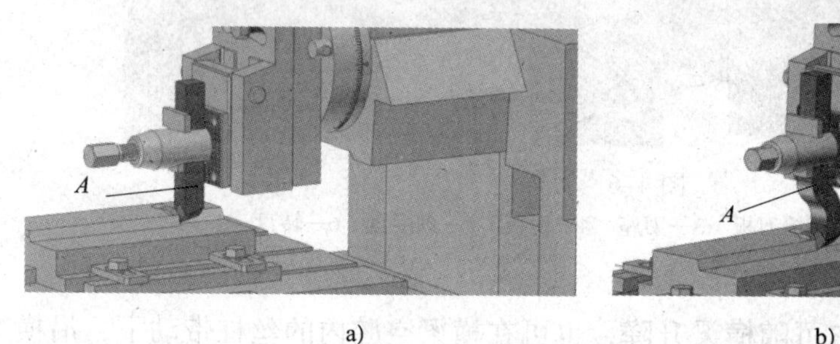

图 4–8　刨刀受力弯曲比较

a）直头刨刀　b）弯头刨刀

二、刨刀几何角度的选用

刨刀的几何角度与车刀相似。由于刨削时冲击较大，一般刨刀刀杆的横截面积要比车刀大，刨刀的前角、后角均比车刀小，取较小的或负的刃倾角，以提高刀具的强度，同时普遍采用倒棱。根据不同的使用场合，刨刀几何角度的选用有不同特点。

1. 粗刨刀

（1）为了减小切削力，刀具应具有一定的前角，一般取 γ_o=5° ~ 15°。

（2）为了增加刀头强度，后角应取小些，一般取 α_o=5° ~ 7°。

（3）主偏角应合理选择。主偏角过小，会使背向力增大，易引起振动；主偏角过大，会降低刀尖强度和刀头的散热条件。一般取 κ_r=30° ~ 75°。

（4）为了增加刀头强度，刃倾角一般取 γ_s=–5° ~ –15°。

（5）为了增加切削刃强度，主切削刃应磨有宽度为（0.5 ~ 0.8）f 的倒棱，倒棱前角一般取 γ_o=–5° ~ –20°。

（6）尽可能采用弯头刀杆。

2. 平面精刨刀

精刨平面时，要求切削刃锋利，刀具前面、主副后面平整光洁，以获得较高质量的加工表面。平面精刨刀的几何角度选择一般是：

（1）为了减小切屑变形，前角 γ_o 一般取较大值。

（2）为减小与工件表面之间的摩擦，后角一般取 α_o=6° ~ 8°。

（3）取较小的主偏角（κ_r）和较小的副偏角（κ_r'）。

（4）刃倾角一般取 λ_s=3° ~ 8°。

三、刨刀的安装

刨刀安装在刀架的刀夹上。如图 4–9 所示，安装时，把刨刀放入刀夹槽内，将锁紧螺柱旋紧，即可将刨刀压紧在抬刀板上。刨刀在夹紧之前，可与刀夹一起倾转一定的角度。刨刀与刀夹上的锁紧螺柱之间，通常加垫 T 形垫铁，以提高夹持的稳定性。安装时应注意，刀头不可伸出过长；夹紧力大小要合适（由于抬刀板上有空孔，过大的夹紧力会压断刨刀）。

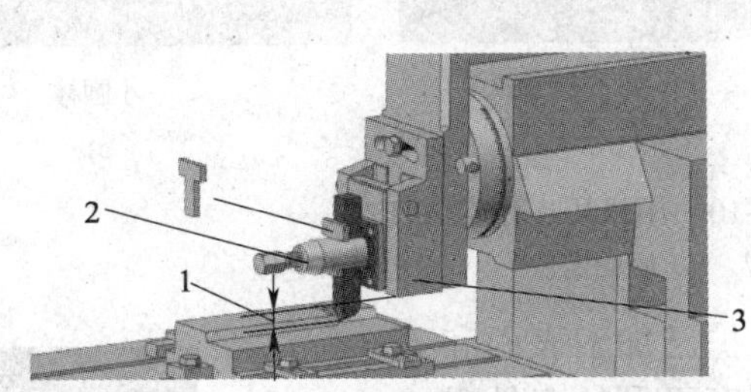

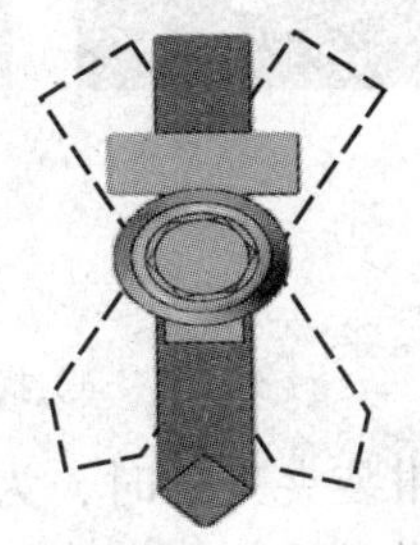

图 4–9　刨刀的安装

1—刀头伸出要短　2—刀夹　3—抬刀板

§4–3　工件装夹

一、用机用虎钳装夹工件

机用虎钳是一种通用的装夹工具，用于装夹中小型工件。在刨床上，先将机用虎钳钳口找正并固定在工作台上，然后再装夹工件。

在机用虎钳上装夹工件，工件的加工表面应高出钳口，工件太低时，可用平行垫铁将工件垫高。按定位方式，安装可分为三种方法，如图 4–10 所示。

1. 找正定位

如图 4–10a 所示，装夹前先在工件上划好加工线，再在机用虎钳上用划针对加工线进行找正，常用于工件的初次加工。

2. 底面定位

如图 4–10b 所示，利用机用虎钳固定工件的底面，对工件定位。用该方法装夹工件，刨削后可保证工件 1、3 表面的平行度。装夹时，应使工件紧贴在钳口的底面或垫铁上。操作时，可边夹紧边敲击工件的上表面，夹紧后将工件敲实，要求用手挪动垫铁不应有松动现象。敲实后，不可再加力紧夹工件，否则工件与垫铁之间又会出现空隙。

3. 固定钳口定位

如图 4–10c 所示，装夹时，在活动钳口中部与工件之间垫进一根小圆棒，可使工件表面 2 紧贴在固定钳口上。用该方法装夹工件，刨削后可保证工件 1、2 表面之间的垂直度。与底面定位法不同的是，敲实后，还应再加力夹紧工件，以保证工件贴紧在固定钳口上。

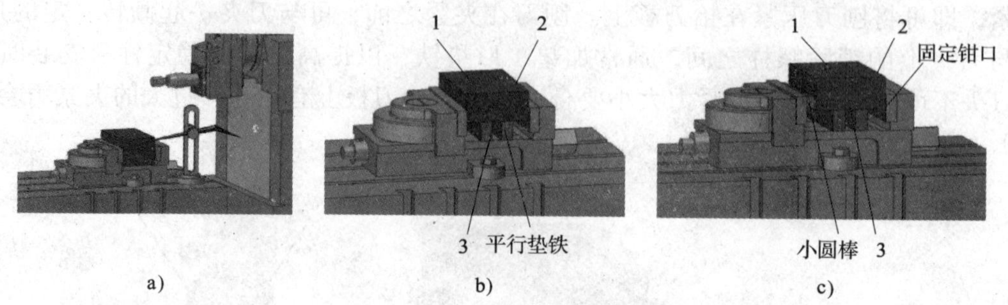

图 4–10　用机用虎钳装夹工件

a）找正定位　b）底面定位　c）固定钳口定位

用机用虎钳装夹工件时，为了保护已加工表面和钳口，通常在钳口处加垫铜皮。对刚度不足的工件需要支实，以免夹紧力使工件变形，如图 4–11 所示。

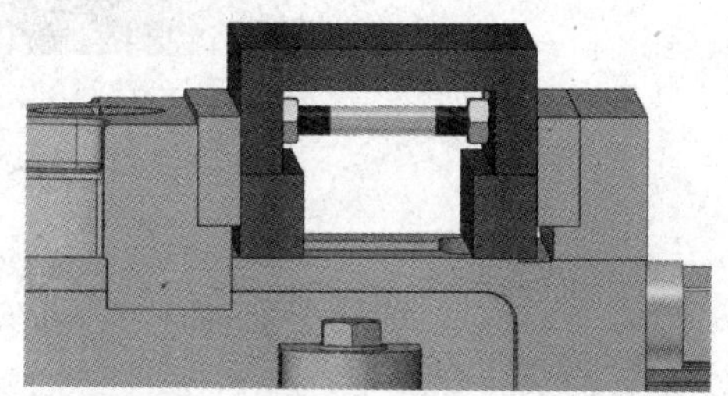

图 4–11　刚度不足工件的支实

二、用压板装夹工件

较大的工件或形状特殊的工件，可用压板直接固定在刨床的工作台上，如图 4–12 所示。为了防止工件在刨削时被推动，须在工件的前端加挡铁。压板的使用如图 4–13 所示。

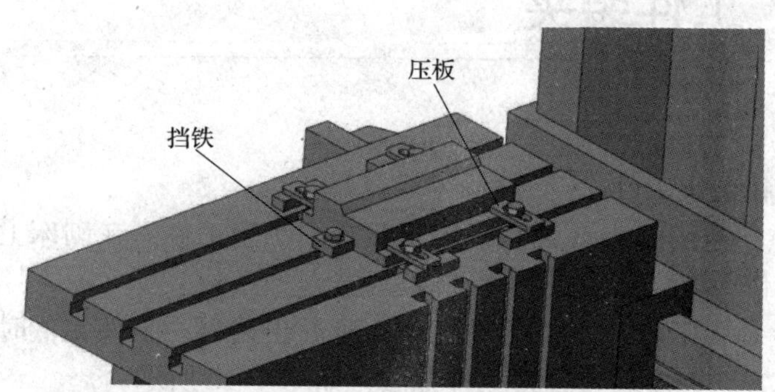

图 4–12　用压板装夹工件

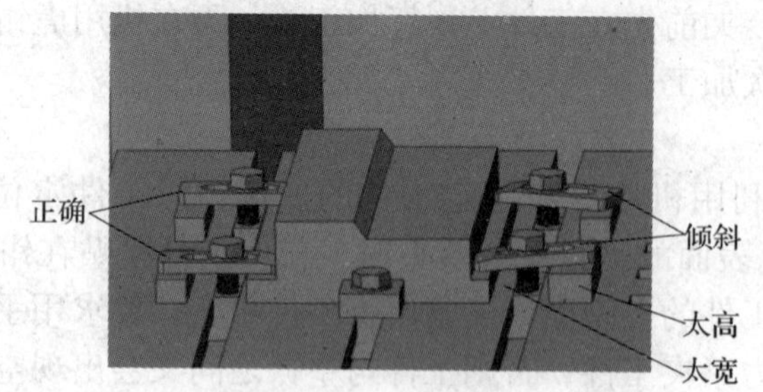

图 4–13　压板的使用

在工作台上装夹好工件后，根据工件的加工要求，可用划针、百分表对工件表面进行找正，或先划好加工线，再对加工线进行找正。

三、用专用夹具装夹工件

专用夹具是根据工件某一加工工序的具体情况而设计的，用专用夹具装夹，可以做到迅速、准确地装夹工件，而不需用太多的时间去对工件进行找正，这种装夹方法一般用于批量生产。

§4–4 刨平面

一、刨水平面

刨水平面是指利用工作台横向走刀来刨平面的加工方法。

1. 刨水平面的操作步骤

（1）装夹好工件，安装好刨刀，将滑枕与刀架连接处的转盘上的刻度对准零线，保证刀架丝杠与被加工表面垂直，否则，转动刀架手柄进刀时，刨刀将沿斜向移动，使相对于水平面的实际进刀深度与手柄的刻度读数不相符，造成进刀深度不准确。

（2）升降工作台，使工件在高度上接近刨刀。

（3）根据所需的往复速度，调整好变速手柄的位置。

（4）根据工件的长度及装夹位置，调整好刨床的行程长度和行程位置。

（5）调整棘轮、棘爪机构，调出合适的进给量和进给方向。

（6）将棘爪拉起旋转 90°，使之不会拨动棘轮，转动横向进给丝杠上的手轮，使工件移到刨刀的下方。开机对刀，慢慢转动刀架上的手柄，使刨刀与工件表面相接触，在工件表面划出一条细线。用手掀起抬刀板，转动横向手轮，向进给的反方向退出工作台，使工件的侧面退离刀尖 3 ~ 5 mm，停机。

（7）转动小刀架上的手柄，利用刻度进到所需的切深。开机，横向手动进给 0.5 ~ 1 mm 试切，停机测量尺寸，根据测量结果进一步调整切深，再按进给方向落下棘爪，自动进给进行刨削。若工件余量较大，可分多次刨削。

（8）整个加工面刨削完毕后，先拉起棘爪旋转 90°，停机，再用手掀起抬刀板，转动横向手轮，使工件退到一边。检验尺寸，尺寸合格后再卸下工件。

2. 矩形零件的刨削示例

在刨削中，常有矩形零件的刨削。刨削时，为了保证相邻表面之间的垂直度和相对表面之间的平行度，常采用如图 4–14 所示的刨削步骤。

（1）选择一个较大、较平整的平面 3 作为底面定位，刨出平面 1。平面 1 作为后继加工的精基准面。

（2）将平面 1 贴紧在固定钳口上，刨出平面 2，保证平面 1 与平面 2 之间的垂直度。

（3）把工件换向，将平面 1 贴紧在固定钳口上，刨出平面 4，保证平面 1 与平面 4 之间的垂直度。

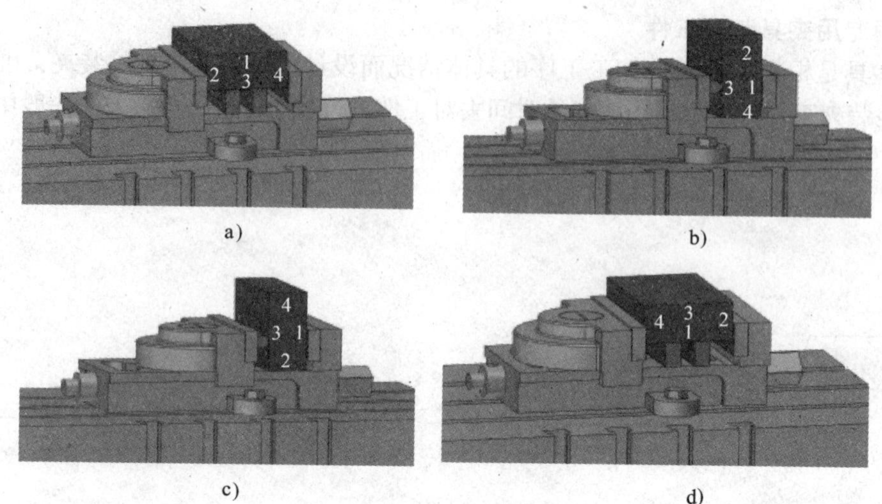

图 4–14 矩形零件刨削步骤

（4）将平面 1 贴紧在钳口的底面，刨出平面 3，保证平面 1 与平面 3 之间的平行度。

每刨出一个面后，要倒钝锐边或用锉刀锉去锐边毛刺，否则，下次装夹工件时，会因工件表面有毛刺，而影响到工件定位与夹持的可靠性。

二、刨垂直面

刨垂直面是指用刀架垂直走刀来刨平面的加工方法，这种方法一般是在工件较长不宜水平刨削或用垂直刨削比较方便的情况下使用，如图 4–15 所示的长工件的两端。

刨垂直面与刨水平面相比，有以下不同之处。

1. 工件的装夹位置。为了使刨削时刨刀不会刨到机用虎钳和工作台，一般将需加工的表面悬空或垫空，但悬伸量不宜过大，如图 4–15 所示。若悬伸量过大，工件刚度变差，刨削时容易产生“让刀”和振动现象。

图 4–15 刨垂直面时工件的装夹位置

2. 刀架的调整。刀架转盘刻度应对准零线，垂直度要求较高时，还应用直角尺校正。为了避免回行程时划伤工件已加工表面，必须将刀座按图 4–16 所示方向偏转 10° ~ 15°，这样抬刀板抬起时，刨刀会抬离工件已加工表面。

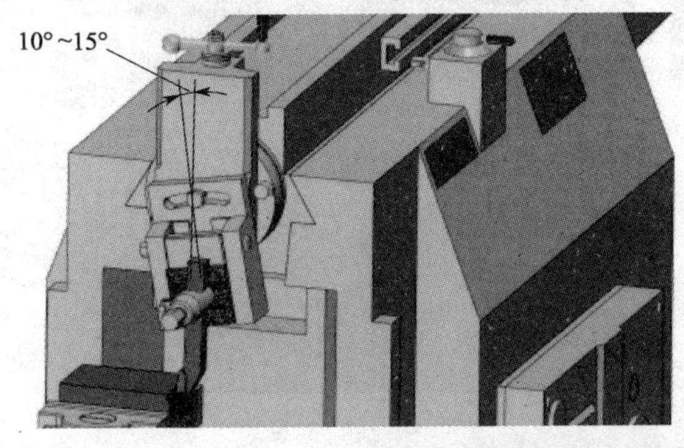

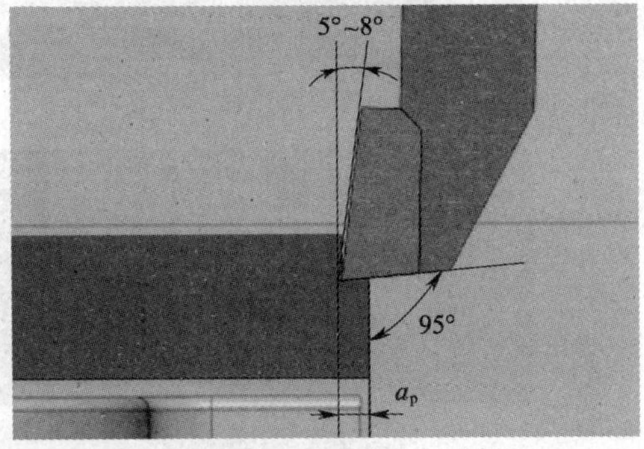

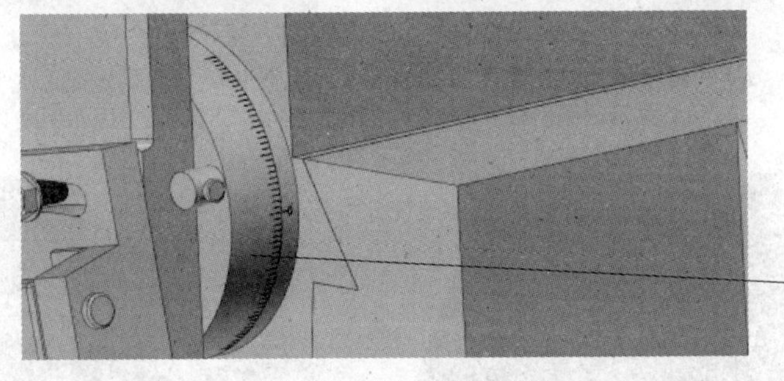

图 4–16　刨垂直面时刀架的调整

3. 刨刀采用偏刀，主偏角为 95° 左右，副偏角为 5° ~ 8°。刨刀的伸出长度应大于整个刨削面的高度。

4. 刨削时，每次滑枕退回后，用手快速将刀架手柄转动一定角度，使刨刀垂直进给，每次进给量为 0.2 ~ 0.5 mm，且每次的进给量要均匀。背吃刀量由工作台横向移动来调整。

三、刨斜面

刨斜面的方法有很多，如图 4–17 所示。最常用的方法是倾斜刀架法，如图 4–18 所示。

倾斜刀架法是把刀架倾斜一个角度，同时偏转刀座，用手转动刀架手柄，使刨刀沿斜向进给。刀架转盘刻度值反应的是刀架与垂直面方向的夹角，要注意与工件角度的转换。刨斜面操作方法与刨垂直面类似。

a)

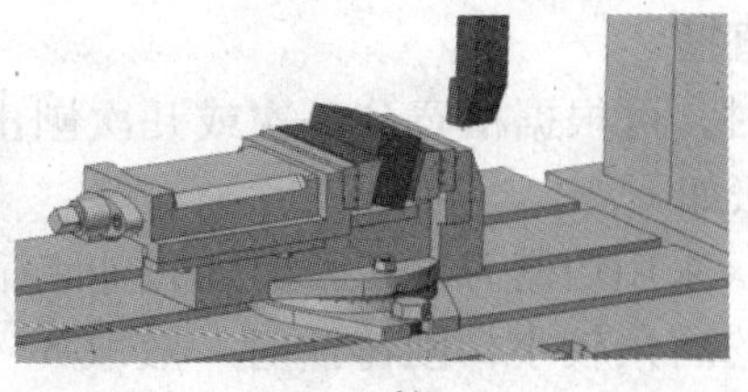

b)

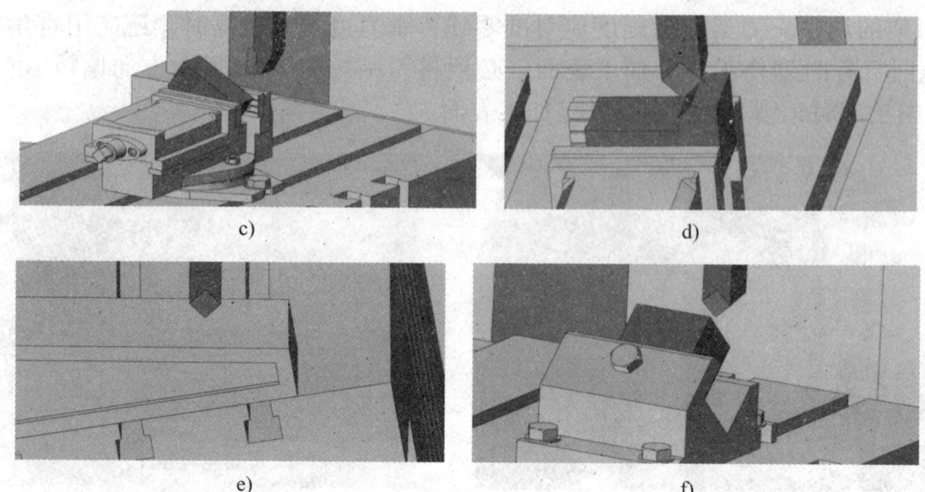

图 4–17　斜面刨削方法示例

a）钳身转角度垂直走刀　b）斜装工件水平走刀　c）划线找正水平走刀　d）宽刀法刨斜面　e）工作台转角度水平走刀　f）用专用夹具

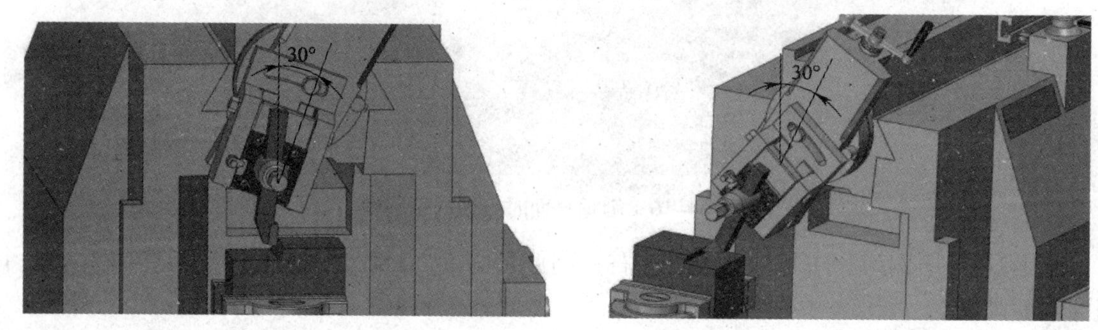

图 4–18　倾斜刀架法刨斜面

§4–5　刨沟槽

一、刨直槽

刨直槽时，可根据槽宽分一次或几次刨出，如图 4–19 所示。各种槽均应先刨出窄槽，刨窄槽的方法如下。

1. 刨刀。采用切槽刀，其形状与车削时所用的车槽刀相似，如图 4–20 所示。

切槽刀的前角较小，刨铸铁时一般取 5° ~ 10°，刨软钢时一般取 10° ~ 15°。加工窄槽时，由于切槽刀前面要将切屑导出，而不是卷屑，应在前面磨出大圆弧；后角一般取 4° ~ 8°，较小的后角起着将刨刀托住的作用，有利于防止刨削时扎刀。主切削刃与刀杆的

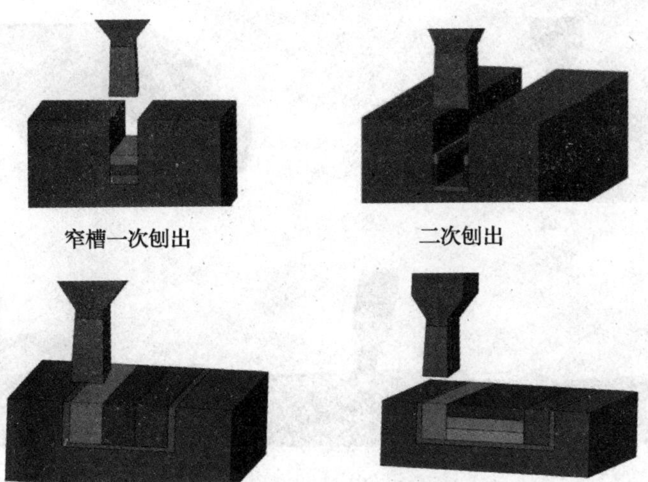

图 4–19　直槽的刨削方法

中心线相垂直，宽度 b 一般取 2 ~ 5 mm。两副切削刃关于刀杆的中心线对称，副偏角一般取 1° ~ 2°，副后角一般取 1° ~ 2°。刀头长度 L 应比槽深长 5 ~ 10 mm。安装时，刀杆中心线应垂直于水平面。

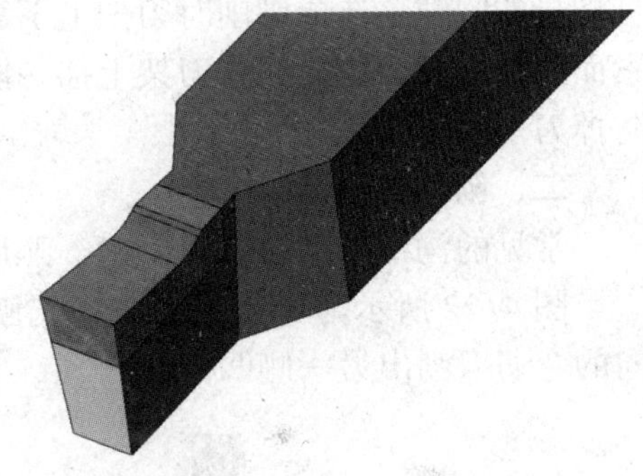
图 4–20　切槽刀的几何角度

2. 刨床调整。刨床的行程长度应比刨平面时略长，往复运动速度一般调得较低。刀架转盘刻度对准零线，使刀架垂直于工作台。横向进给机构中的棘爪应拉出，置于不会拨动棘轮的位置上。

3. 刨削操作。刨直槽的操作方法与刨垂直面时相似，用手转动刀架手柄垂直进给，每往复一次进给 0.15 ~ 0.2 mm。每刨几刀后，应不加进给量空走 1 ~ 2 次，刨去槽底因刨削时让刀而形成的高点，并可将槽内的切屑推出。在回行程时，还应用手将抬刀板掀起。

4. 刨较窄的直槽时，刨刀很容易崩断，常见的断刀原因如下。

（1）前角、后角、副偏角、副后角过大，使刀头强度减弱。

（2）前面卷屑槽圆弧半径过小或不够光滑，切屑不能顺利排出，由于卡屑造成断刀。

（3）主切削刃不垂直于刨刀中心线，造成刨削时引偏，如图 4–21a 所示。

（4）由于刃磨不正确，刨刀主切削刃与基面不平行，如图 4–21b 所示，造成刨削时刨刀刀头扭转。

（5）由于刨刀刃磨不正确，两副切削刃不与进给方向相对称，造成刨削时刀头向副偏角大的一侧引偏，如图 4–21c 所示。

（6）安装时刀头倾斜，刀头侧面将受到一个使刀头折断的抗力 F 的作用，如图 4–21d 所示。

（7）刀架转盘刻度未对准零线，使刨刀斜向进给，刀头侧面受到抗力 F 的作用，如图 4–21e 所示。

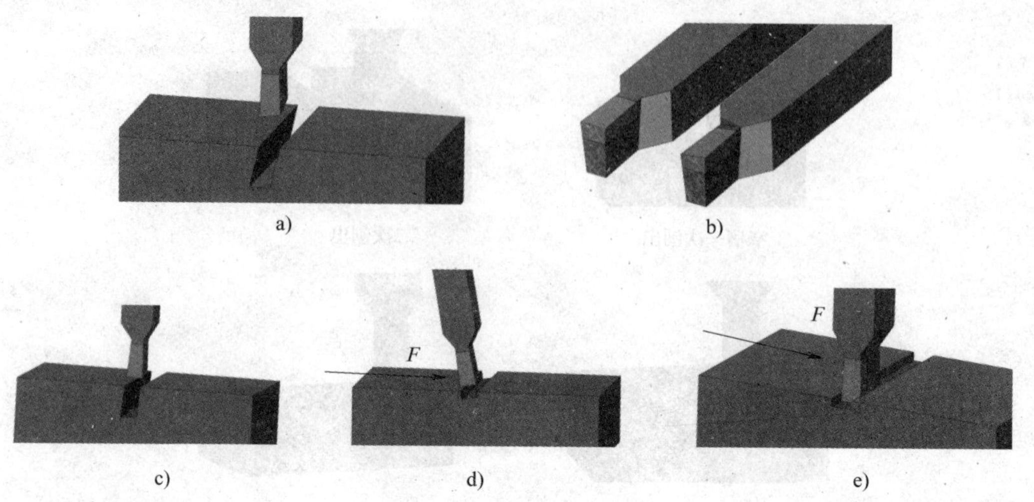

图 4–21 断刀原因分析

（8）操作时，进给不均匀，造成进给量过大；刀架滑板的锁紧螺钉过松，由于刀架丝杠螺母的间隙，造成刨削时刀架上下窜动，发生掉刀现象。刨削工作中，若发现锁紧螺钉过紧而需松动时，则应先将刀架上摇一段距离，待丝杠螺母间隙消除后，再松动锁紧螺钉，以防掉刀。

二、刨其他沟槽

常见的沟槽刨削还有 T 形槽、燕尾槽、V 形槽等。

图 4–22 所示为 T 形槽刨削，先刨出直角槽，然后用弯切刀刨出一侧凹槽，再换上反方向的弯切刀刨出另一侧凹槽。

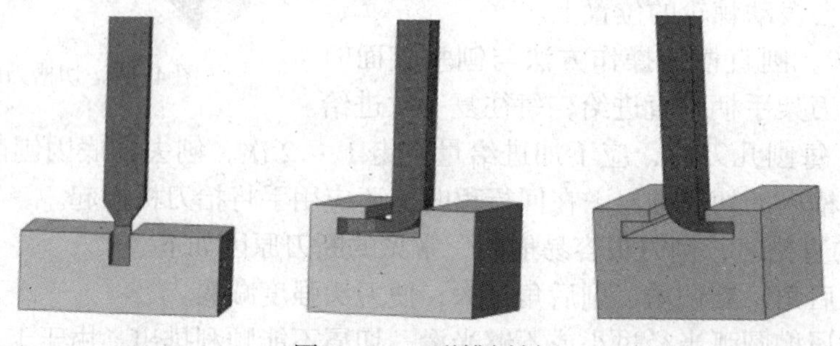

图 4–22 T 形槽刨削

图 4–23 所示为燕尾槽刨削，先刨出直角槽，然后用偏刀刨斜面的方法刨出一侧斜面，再换上反方向的偏刀刨出另一侧斜面。

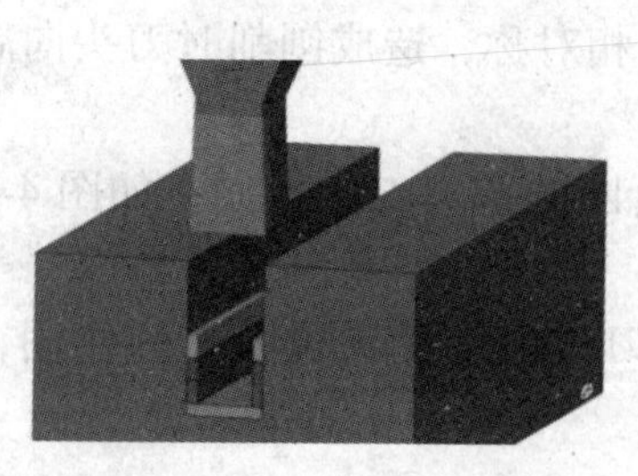

图 4–23 燕尾槽刨削

图 4–24 所示为 V 形槽刨削，先用刨平面的方法刨去 V 形槽的大部分余量，然后用切槽刀切出退刀槽，再用刨斜面的方法刨出两侧斜面。

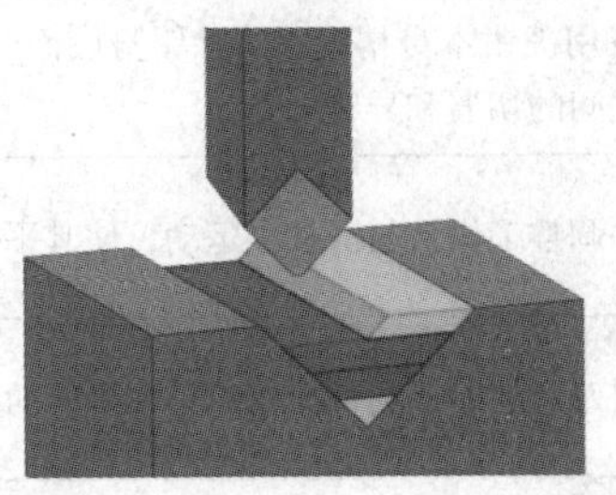
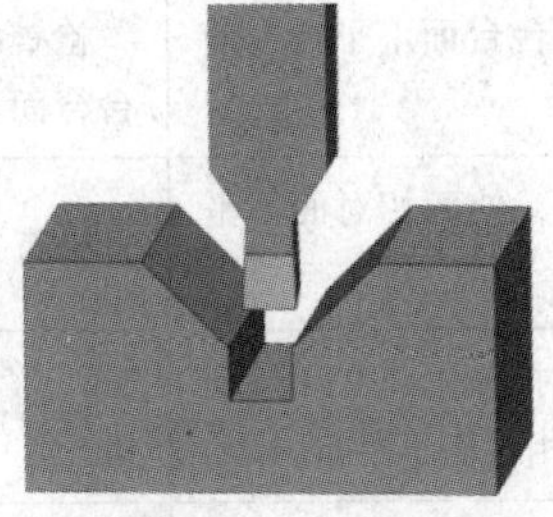

图 4–24　V 形槽刨削

§4–6　刨削质量分析

在刨平面和各种槽时，可能产生各种废品，产生废品的原因及预防方法见表 4–1。

表 4–1　产生废品的原因及预防方法

废品种类	产生原因	预防方法
毛坯刨不到规定尺寸	毛坯加工余量不够或毛坯弯曲等；工件装夹时没有找正	检查毛坯是否有足够的加工余量，毛坯弯曲应校正；装夹时应校正划线平面或基准面
尺寸精度不合格	粗心大意，看错图样或在调整背吃刀量时刻度盘使用不当	看清图样，修正背吃刀量，注意消除丝杠螺母间隙，并看清刻度
	盲目进刀，没有及时测量	根据加工余量进刀，及时测量
	量具有误差或测量方法不正确	量具使用前需进行检查，正确掌握测量方法
表面粗糙度不符合要求	切削用量选择不合理	合理选择切削用量
	刀具几何角度不合理，切削刃不锋利或刀具磨损	合理选择刨刀几何角度，刃磨或更换刨刀，保持切削刃锋利
	机床刚度不够、刀杆伸出太长，刨削时产生振动	检查机床各部分是否松动，缩短刀杆伸出长度
平面度超差	精刨时中途停车	精刨时中途不允许停车
	机床大齿轮曲柄丝杠轴向窜动，使刨削过程中有瞬时停滞不前的现象，使刨刀下沉而刨深	检查机床，拧紧曲柄销、丝杠一端的螺母
	刨削方法不当，引起刀杆弹性变形而产生“扎刀”现象，造成平面凹陷	刨削时，应分粗刨和精刨两个阶段，使精刨余量一致
	工件装夹不当，夹紧时产生弹性变形	采用合理的装夹方法，夹紧力要适当

续表

废品种类	产生原因	预防方法
位置精度超差	机用虎钳钳身滑动面与工作台台面不平行，使两相对面不平行	检查机用虎钳本身精度，清除钳身底面与工作台台面之间的切屑和异物
	工作台与滑枕主运动不平行，使两相对面不平行	检查并调整工作台与滑枕主运动，使其平行
	刨刀切削刃不锋利，切削时产生“让刀”现象，使加工平面倾斜，以致两相对面不平行	保持刨刀切削刃锋利，提高刀具和机床的刚度
	固定钳口与钳身滑动面不垂直，使两相关联面不垂直	预先测量机用虎钳固定钳口的垂直度，并修正其精度
	在龙门刨床上刨削时，横梁导轨与工作台台面不平行，使两相对面不平行	调节横梁导轨与工作台台面的平行度
	侧刀架走刀方向与工作台台面不垂直	调节侧刀架走刀方向与工作台台面的垂直度

习题

1. 刨床工作的基本内容有哪些？
2. 常用刨削类机床有哪几种？它们的应用范围有何不同？
3. 牛头刨床是由哪些主要部件和机构组成的？
4. 刨削时刀具和工件有哪些运动？与车削相比，刨削运动有何特点？
5. 滑枕的往复运动是如何实现的？为什么工作行程快、回行程慢？这样做有何实际意义？
6. 常用刨刀有哪几种？各用在何种场合？怎样正确安装刨刀？
7. 刨削工件前，刨床要做哪些调整？如何调整？
8. 刨削时，工件有哪几种装夹方法？
9. 刨垂直面时，为什么刀座要偏转一定的角度？如何偏转？
10. 加工垂直面时，用机用虎钳中装夹工件应注意些什么？
11. 弯头刨刀与直刨刀相比有何优点？
12. 对切槽刀的几何角度、刀头宽度和刀头长度有什么要求？
13. 刨平面、垂直面和切槽时，刀架转盘刻度为什么要对零？
14. 刨窄槽时应如何防止断刀？

第 5 章 磨　削

§5-1 磨削基本知识

一、概述

磨削是用磨具以较高的线速度对工件表面进行加工的方法。经过磨削的零件有很高的精度和很小的表面粗糙度值。例如，外圆柱面经超精密磨削后，圆柱度可达到 0.000 1 mm，表面粗糙度值可达到 *Ra*0.05 μm 以下。因此，在大多数情况下，磨削是机床加工的最后一道工序。磨削还可用于毛坯的清理和刀具的刃磨等。

目前，大多数机械产品主要零件的精度是通过磨削加工来达到的。随着工业生产的发展，对机器性能的要求不断提高，对零件的强度、硬度和加工精度的要求也越来越高，因此，磨削在现代机械加工技术中占有重要的地位。

根据磨削的方式不同，有轮磨、研磨、珩磨（旋磨）、抛光等，其中以轮磨最为普遍。磨削时所使用的磨具种类很多，有砂轮、油石、砂带、砂布等，其中应用最为广泛的是砂轮。

二、磨床工作的基本内容

磨床的切削工具是高速旋转的砂轮，砂轮的每一颗砂粒都相当于一个刀齿，整个砂轮可以看作是有无数个刀齿的铣刀，所以磨削过程实质上可以看作是密齿刀具的高速切削过程。磨床的工作范围很广，它可以磨外圆、平面、内圆、成形面、螺纹、齿轮、花键等，如图 5-1 所示。

三、常用磨床的种类及型号

1. 磨床的种类

磨床的种类很多，根据用途不同可分为外圆磨床、内圆磨床、平面磨床、工具磨床、螺纹磨床、凸轮磨床、曲轴磨床以及光学曲线磨床等。下面介绍几种常用的磨床。

（1）M1432A 型万能外圆磨床。M1432A 型万能外圆磨床可用来加工内外圆柱面和圆锥面以及台阶端面，加工精度可达 IT8 ~ IT7 级，表面粗糙度值可达 *Ra*0.8 ~ 0.2 μm。该机床外形如图 5-2 所示。

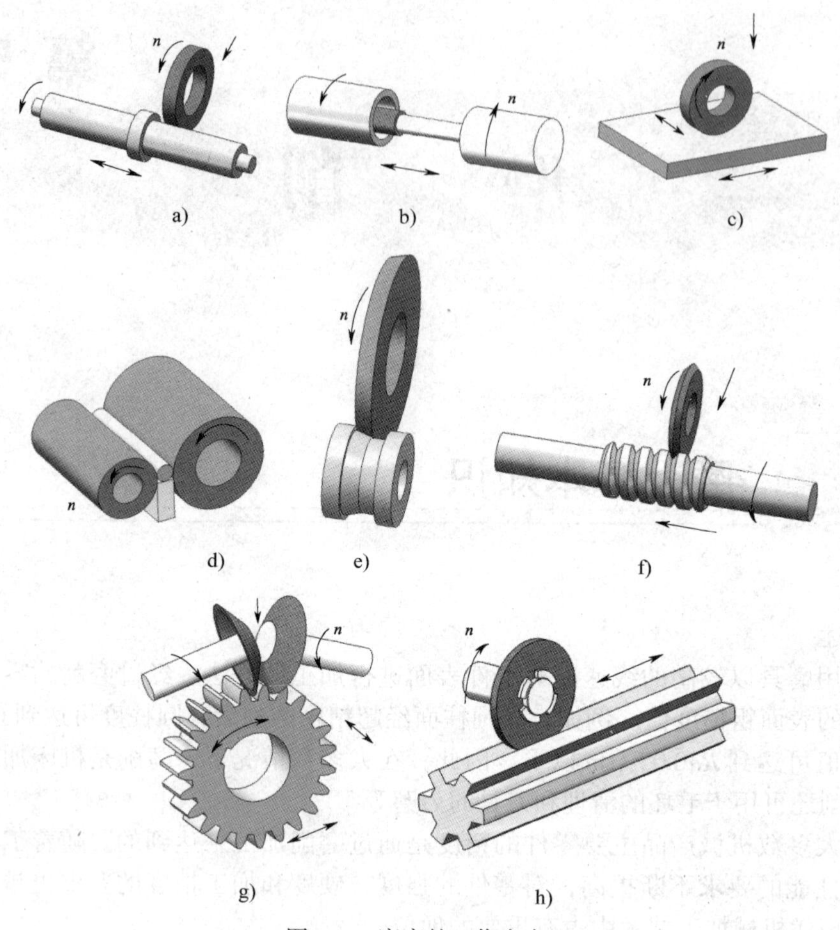

图 5-1　磨床的工作内容

a）磨外圆　b）磨内孔　c）磨平面　d）无心磨削　e）磨成形面
f）磨螺纹　g）磨齿轮　h）磨花键

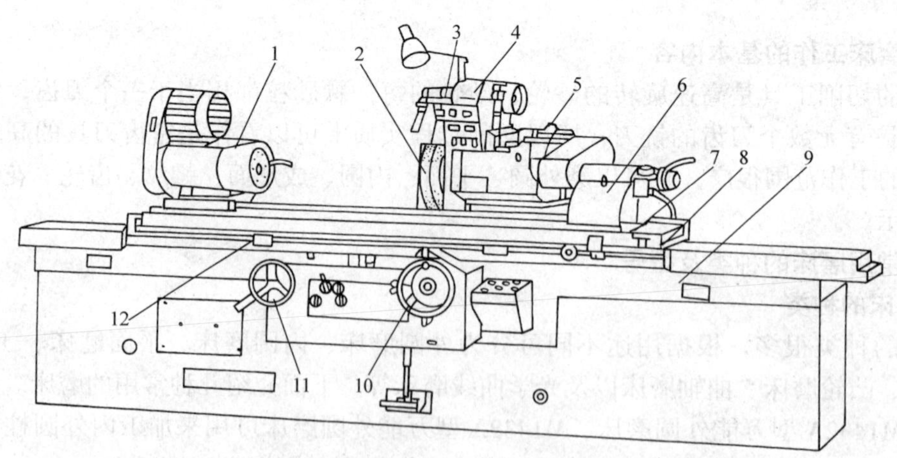

图 5-2　M1432A 型万能外圆磨床

1—头架　2—砂轮　3—内圆磨具　4—磨架　5—砂轮架　6—尾座　7—上工作台　8—下工作台
9—床身　10—横向进给手轮　11—纵向进给手轮　12—换向撞块

（2）M7120 型平面磨床。M7120 型平面磨床是一种卧轴矩台平面磨床。磨削时，根据工件尺寸大小、形状及结构不同，可将工件装夹在电磁吸盘上或用螺钉、压板将工件装夹在工作台上。其加工精度在 500 mm 长度上两平面的平行度不大于 0.01 mm，表面粗糙度值可达 *Ra*0.4 μm。该机床外形如图 5-3 所示。

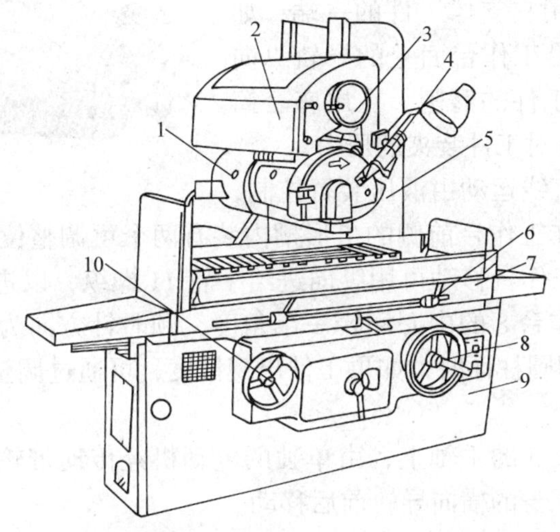

图 5-3　M7120 型平面磨床

1—磨头　2—滑板　3、8、10—手轮　4—砂轮修整器　5—立柱　6—撞块　7—工作台　9—床身

2. 常用磨床的型号

一般磨床用“M”表示；光整加工磨床，如超精加工机、抛光机等用“2M”表示；磨削轴承、叶片、活塞环等的专用磨床用“3M”表示。齿轮磨床属于齿轮加工机床，螺纹磨床属于螺纹加工机床，分别用“Y”和“S”表示其类别。磨床型号中字母及数字所表示的意义如下：

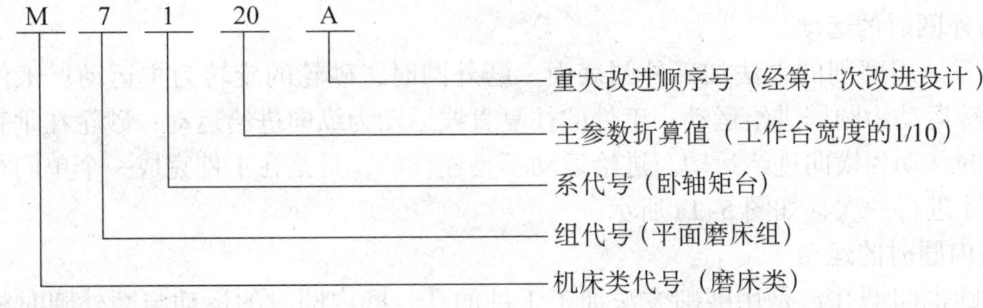

四、磨床的结构组成

常用的磨床（如外圆磨床、内圆磨床、平面磨床、万能工具磨床）通常由床身、工作台、砂轮架、头架、尾座等部件组成。下面以 M1432A 型万能外圆磨床为例，说明它的结构组成，如图 5-2 所示。

M1432A 型万能外圆磨床由床身 9、上工作台 7、下工作台 8、头架 1、尾座 6 以及砂轮架 5 等部件组成。

床身 9 用来支撑磨床的各个部件。床身上有纵向和横向两组导轨，纵向导轨上装有上、下工作台 7 和 8，横向导轨上装有砂轮架 5。床身内部装有液压传动装置、电气装置和其他传动机构。

头架 1 和尾座 6 都安装在上工作台 7 上，头架上有主轴，可用顶尖或卡盘装夹工件，并带动工件旋转，头架上的变速机构可以使工件获得六种不同的转速。尾座套筒内装有顶尖，当在两顶尖间装夹工件时，可用它支撑工件的一端，如图 5-4 所示。尾座也可沿工作台面上的导轨纵向移动，以适应不同长度工件的磨削。在尾座套筒的后端装有弹簧，以调节对工件装夹的压力。

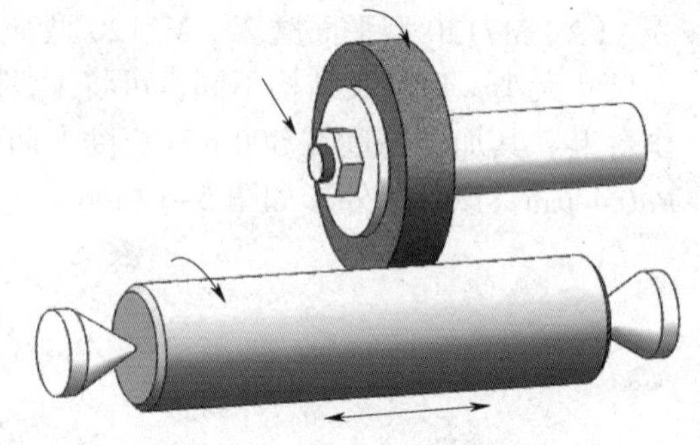
图 5-4　工件装在前后顶尖上

工作台的纵向往复直线运动由液压装置控制，使工件实现纵向进给。在工作台前侧的 T 形槽内装有两个可调整位置的换向撞块 12，以控制工作台的自动换向。工作台移动可用纵向进给手轮 11 操纵，以进行调整或手动进给。上工作台 7 可相对于下工作台 8 的中心回转一个角度，顺时针方向为 3°、逆时针方向为 9°，以便磨削圆锥面。在磨削圆柱面时，如果工件出现锥度，可通过调整上下工作台的相对位置加以消除。

砂轮 2 安装在砂轮架 5 的主轴上，由单独的电动机经传动带轮带动。摇动横向进给手轮 10，可使砂轮架沿着床身的横向导轨前后移动。

内圆磨具 3 是磨削内圆表面用的。在主轴上可装内圆砂轮，由一个电动机经传动带带动。内圆磨具装在可绕铰链回转的磨架 4 上，不用时翻向砂轮架上方，使用时翻下。

砂轮架和头架都可绕垂直轴线回转一定的角度，以磨削锥度较大的圆锥面。回转角度的大小可从刻度盘中读出。

五、磨削的基本运动

磨削时，砂轮高速旋转，工件则根据磨削方式不同做旋转运动、直线运动或其他更复杂的运动。

1. 磨外圆时的运动

磨外圆是用磨削的方法加工外圆表面。磨外圆时，砂轮的旋转为主运动；工件绕自身轴线的旋转运动为圆周进给运动；工件的往复直线运动为纵向进给运动；砂轮在垂直于工件轴线方向的移动为横向进给运动。进给运动不是连续的，只是在工件完成一个单向行程或往复行程时才进行一次，如图 5-1a 所示。

2. 磨内圆时的运动

磨内圆也叫磨孔，是用磨削方法加工工件的孔。磨内圆时的运动与磨外圆时相同，只是砂轮的旋转方向相反，如图 5-1b 所示。

3. 平面磨削时的运动

平面磨削也叫磨平面，是用磨削的方法加工工件的平面。平面磨削时，砂轮的旋转为主运动，工作台往复直线运动为纵向进给运动；砂轮沿轴向的运动为横向进给运动；砂轮在垂直于工件表面方向的运动为垂直进给运动，如图 5-1c 所示。

六、磨削的特点

磨削时，砂轮上的许多细小磨粒相当于许多刀齿。这些刀齿分布在圆周表面或端面上，随着砂轮的高速旋转与工件表面接触，工件上极薄的表层即被切除，如图 5-5 所示，形成光滑的表面。

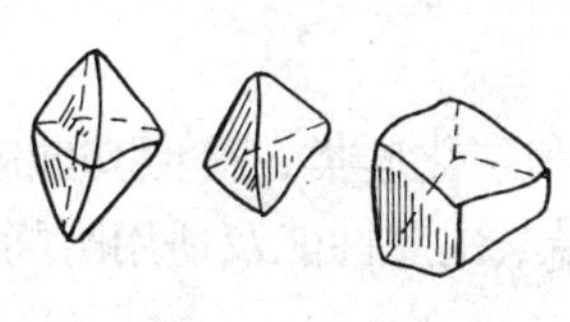

a)

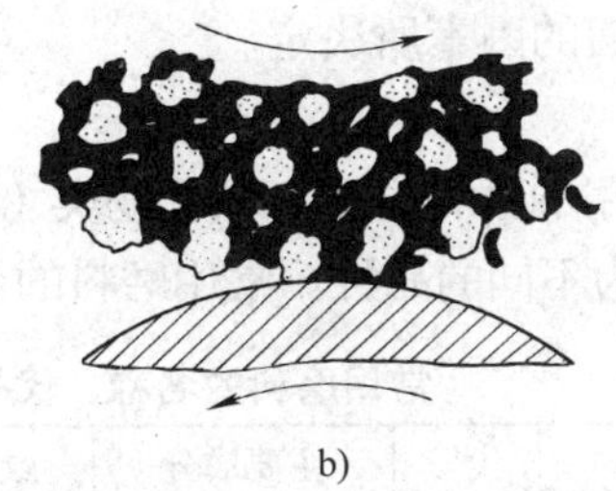

b)

图 5–5 砂轮的磨粒形状及切削情况

a）磨粒形状 b）砂轮的切削情况

与其他金属加工方法相比，磨削具有以下特点。

1. 切削刃不规则。切削刃形状、大小和分布均处于不规则的随机状态，通常切削时有较大的负前角和较小的后角。

2. 背吃刀量小，加工质量高。一般情况下，磨削时的背吃刀量较小，在一次行程中能切除的金属层较薄。磨削加工精度可达 IT6 ~ IT5 级，表面粗糙度值可达 Ra0.8 ~ 0.2 μm。

3. 磨削速度快，温度高。一般磨削速度为 35 m/s 左右，高速磨削时可达 60 m/s，目前，磨削速度已发展到 120 m/s。磨削过程中砂轮对工件有强烈的挤压和摩擦作用，产生大量的切削热，磨削区域瞬时温度可达 1 000 ℃左右。在生产实践中，降低磨削时切削温度的措施有：加注大量的切削液、减小背吃刀量、适当降低砂轮的转速及提高工件的转速等。

4. 适应性强。磨削加工不但可以加工软材料，如低碳铁、铸铁等，而且还可以加工硬度很高的材料，如淬火钢、硬质合金等。为了防止砂轮表面被堵住，一般不用砂轮对有色金属进行磨削加工。

5. 砂轮具有自锐性。在磨削过程中，砂轮的磨粒逐渐变钝，作用在磨粒上的切削抗力就会增大，致使磨钝的磨粒破碎并脱落，下层磨粒的锋利刃口继续切削，这就是砂轮的自锐性，它能使砂轮保持良好的切削性能。

6. 径向磨削分力大。磨削时由于同时参加磨削的磨粒多，磨粒又以负前角切削，所以径向磨削分力很大，一般为切向分力的 1.5 ~ 3 倍。因此，磨削轴类零件时，通常用中心架支撑，以提高工艺系统的刚度，减小因变形而引起的加工误差。在磨削加工的最后阶段，通常进行一定次数的无径向进给磨削。

§5–2 砂轮

一、砂轮的特性要素与选择

砂轮是用各种类型的结合剂把磨料结合起来，经压坯、干燥、烧制及车整而成的磨削工具，因此，砂轮由磨料、结合剂及气孔三要素组成。它的性能主要由磨料、粒度、结合剂、硬度和组织五个方面的因素所决定。

1. 磨料

普通砂轮所用的磨料主要有氧化物类（刚玉类）和碳化硅类，按照其纯度和添加元素的不同，每一类又分为不同的品种。常用磨料的名称、代号、主要性能及适用磨削范围见表 5–1。

表 5–1　常用磨料的名称、代号、主要性能及适用磨削范围

<table>
<tr><th colspan="2">材料名称</th><th>代号</th><th>主要成分</th><th>颜色</th><th>力学性能</th><th>热稳定性</th><th>适用磨削范围</th></tr>
<tr><td rowspan="2">氧化物类（刚玉类）</td><td>棕刚玉</td><td>A</td><td>$Al_2O_3$95%
$TiO_2$2% ~ 3%</td><td>褐色</td><td rowspan="4">韧性好
硬度大</td><td rowspan="2">2 100 ℃熔融</td><td>碳钢、合金钢、铸铁等</td></tr>
<tr><td>白刚玉</td><td>WA</td><td>Al_2O_3 大于 99%</td><td>白色</td><td>淬火钢、高速钢</td></tr>
<tr><td rowspan="2">碳化硅类</td><td>黑碳化硅</td><td>C</td><td>SiC 大于 95%</td><td>黑色</td><td rowspan="2">大于 1 500 ℃氧化</td><td>铸铁、黄铜、非金属材料等</td></tr>
<tr><td>绿碳化硅</td><td>GC</td><td>SiC 大于 99%</td><td>绿色</td><td>硬质合金等</td></tr>
<tr><td rowspan="2">高硬磨料类</td><td>氮化硼</td><td>CBN</td><td>立方氮化硼</td><td>黑色</td><td rowspan="2">高硬度
高强度</td><td>小于 1 300 ℃稳定</td><td>硬质合金、高速钢</td></tr>
<tr><td>金刚石</td><td>SD</td><td>碳结晶体</td><td>乳白色</td><td>大于 700 ℃石墨化</td><td>硬质合金、光学玻璃、高硬度材料等</td></tr>
</table>

2. 粒度

粒度是指砂轮中磨粒尺寸的大小。粒度有两种表示方法：对于用机械筛分法来区分的较大磨粒，以其通过的筛网上每英寸长度上的孔数来表示粒度，粒度号为 4 ~ 240，共 27 个号，粒度号越大，颗粒尺寸越小；对于用显微镜测量来确定粒度号的微细磨粒（又称微粉），以实测到的最大尺寸，并在前面冠以"W"符号来表示，其粒度号为 W63 ~ W0.5，共 14 个号，如 W7 即表示此种微粉的最大尺寸为 7 ~ 5 μm，粒度号越小，则微粉的颗粒越细。

磨粒粒度选择的原则是：

（1）粗磨时，应选用磨粒较粗大的砂轮，以提高生产效率。

（2）精磨时，应选用磨粒较细小的砂轮，以获得较小的表面粗糙度值。

（3）砂轮速度较高，或砂轮与工件接触面积较大时，选用磨粒较粗大的砂轮，以减少同时参加切削的磨粒数，避免发热过多而引起工件表面烧伤。

（4）磨削软而韧的金属时，选用磨粒较粗大的砂轮，以免砂轮过早堵塞；磨削硬而脆的金属时，选用磨粒较细小的砂轮，以增加同时参加磨削的磨粒数，提高生产效率。

常用磨粒的粒度号、尺寸及应用范围见表 5–2。

表 5–2　常用磨粒的粒度号、尺寸及应用范围

<table>
<tr><th>类别</th><th>粒度号</th><th>颗粒尺寸 / μm</th><th>应用范围</th></tr>
<tr><td rowspan="3">磨粒</td><td>12 ~ 36</td><td>2 000 ~ 1 600
500 ~ 400</td><td>荒磨
打毛刺</td></tr>
<tr><td>46 ~ 80</td><td>400 ~ 315
200 ~ 160</td><td>粗磨
半精磨、精磨</td></tr>
<tr><td>100 ~ 280</td><td>160 ~ 125
50 ~ 40</td><td>半精磨、精磨、珩磨</td></tr>
</table>

续表

类别	粒度号	颗粒尺寸 / μm	应用范围
微粉	W40 ~ W28	40 ~ 28 28 ~ 20	珩磨 研磨
	W20 ~ W14	20 ~ 14 14 ~ 10	研磨 超精磨削
	W10 ~ W5	10 ~ 7 5 ~ 3.5	研磨、超精磨削 镜面磨削

3. 结合剂

砂轮结合剂是用来将分散的磨料颗粒黏结成具有一定形状和足够强度的磨具的材料，其作用是将磨粒黏结起来，使砂轮具有一定的强度、硬度、耐腐蚀性、抗潮性等性能。常用结合剂的名称、代号、性能及适用范围见表 5–3。

表 5–3　常用结合剂的名称、代号、性能及适用范围

结合剂名称	代号	性能	适用范围
陶瓷	V	耐热、耐蚀、易保持廓形，弹性差	适合于高速磨削、切断
树脂	B	强度较 V 高，弹性好，耐热性差	适合于开槽等各类磨削加工
橡胶	R	强度较 B 高，更富弹性，耐热性差	适合于切断、开槽
金属	M	强度最高，导电性好，磨耗少，自锐性差	适合于金刚石砂轮

4. 硬度

砂轮的硬度是指磨粒在外力作用下从其表面脱落的难易程度，也反映磨粒与结合剂的黏结程度。砂轮硬表示磨粒难以脱落，砂轮软则与之相反。可见，砂轮的硬度主要由结合剂的黏结强度决定，而与磨粒的硬度无关。一般来说，砂轮组织疏松时，结合剂含量少，砂轮硬度低。此外，树脂结合剂的砂轮硬度比陶瓷结合剂的砂轮硬度低些。砂轮的硬度等级及代号见表 5–4。

表 5–4　砂轮的硬度等级及代号

大级名称	超软			软			中软				中硬			硬		
小级名称	超软 1	超软 2	超软 3	软 1	软 2	软 3	中软 1	中软 2	中 1	中 2	中硬 1	中硬 2	中硬 3	硬 1	硬 2	硬 3
代号	D	E	F	G	H	J	K	L	M	N	P	Q	R	S	T	Y

砂轮硬度的选用一般原则为工件材料越硬，应选用越软的砂轮。这是因为硬材料易使磨粒磨钝，需用较软的砂轮以使磨钝的磨粒及时脱落。工件材料越软，砂轮的硬度应越高，以使磨粒脱落慢些，发挥其磨削作用。但在磨削铜、铝、橡胶、树脂等软材料时，应用较软的砂轮，以便使堵塞的磨粒及时脱落，露出锋锐的新磨粒。

磨削过程中，砂轮与工件的接触面积较大时，磨粒易磨损，应选用较软的砂轮。磨削薄壁工件及导热性差的工件，应选用较软的砂轮。

半精磨与粗磨比，应使用较软的砂轮。但精磨和成形磨时，为了较长时间保持砂轮轮廓，应使用较硬的砂轮。

机械加工常用的砂轮硬度等级一般为 H 至 N（软 2 至中 2）。

GB/T 2484—2006 对磨具硬度由软至硬按 A、B、C、D、E、F、G、H、J、K、L、M、N、P、Q、R、S、T、Y 顺序分为 19 级。

5. 组织

砂轮的组织是指磨粒、结合剂和气孔三者体积的比例关系，用来表示砂轮结构紧密和疏密程度。砂轮的组织用组织号表示。砂轮的组织号及适用范围见表 5–5。表中的磨粒率即磨粒在磨具中占有的体积百分率。

表 5–5　砂轮的组织号及适用范围

组织号	0	1	2	3	4	5	6	7	8	9	10	11	12	13	14
磨粒率 /%	62	60	58	56	54	52	50	48	46	44	42	40	38	36	34
疏密程度	紧密				中等				疏密					大气孔	
适用范围	重负载磨削、成形磨削、精密磨削，加工脆硬材料等				外圆磨削、内圆磨削、无心磨削及工具磨削，淬硬工件磨削及刀具刃磨等				粗磨及磨削韧性大、硬度低的工件，适合磨削薄壁、细长工件或砂轮与工件接触面大时，以及平面磨削等					有色金属材料及塑料、橡胶等非金属材料	

二、砂轮的形状及用途

为了适应在不同类型的磨床上磨削各种形状工件的需要，砂轮有多种形状和尺寸。常见砂轮的形状、代号及用途见表 5–6。

表 5–6　常见砂轮的形状、代号及用途

砂轮名称	代号	截面形状	主要用途
平形砂轮	1	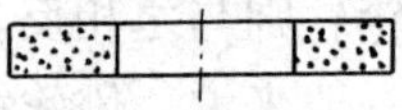	磨内孔、外圆，磨工具
薄片砂轮	41	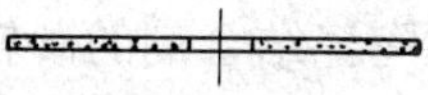	切断及切槽
筒形砂轮	2	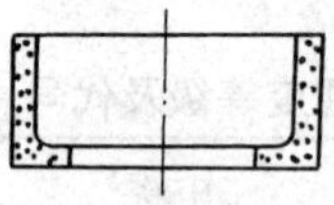	端磨平面
碗形砂轮	11	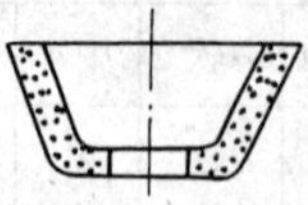	刃磨刀具，磨导轨
碟形 1 号砂轮	12*a*	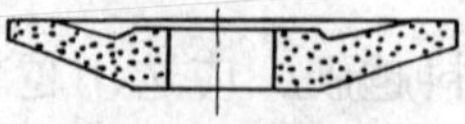	磨铣刀、铰刀，磨齿面
双斜边砂轮	4	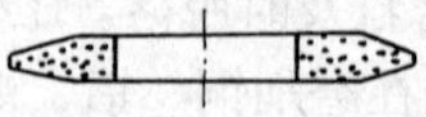	磨齿面及螺纹
杯形砂轮	6	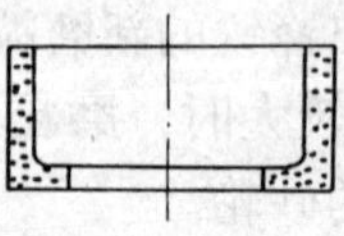	磨平面、内圆，刃磨刀具

三、砂轮的平衡与修整

1. 砂轮的静平衡

砂轮的平衡程度是磨削的主要性能指标之一。砂轮的重心如果与它的回转轴线不重合，砂轮就不平衡，转动时易振动，会降低加工精度。

引起砂轮不平衡的原因主要有以下两方面。

（1）由于砂轮的制造误差，如砂轮密度不均匀、几何形状不对称或内外圆不同轴等引起的砂轮自身不平衡。

（2）砂轮在法兰盘上安装时所产生的不平衡量。

2. 静平衡的方法

砂轮的静平衡是在平衡支架上进行的，如图 5–6 所示。

砂轮装在法兰盘上后套在平衡心轴上，如图 5–7 所示。把砂轮上的三个平衡块全部拆下来，然后将砂轮连同心轴轻轻地放在平衡支架的两根导轨上，如图 5–8 所示。导轨应先校准水平。砂轮放在两根导轨之间，平衡心轴在导轨面上慢慢转动，转动至某一位置时让砂轮来回自由摆动直至静止，此时在砂轮最高点做一记号（*H* 点）；提起砂轮，转过一个角度放回平衡支架上，使砂轮重新摆动直至静止，若砂轮是不平衡的，则记号 *H* 仍停在最高点上。此时，砂轮最下面的 *K* 点即为偏重点，砂轮的偏重即在中心线 *OK* 上。

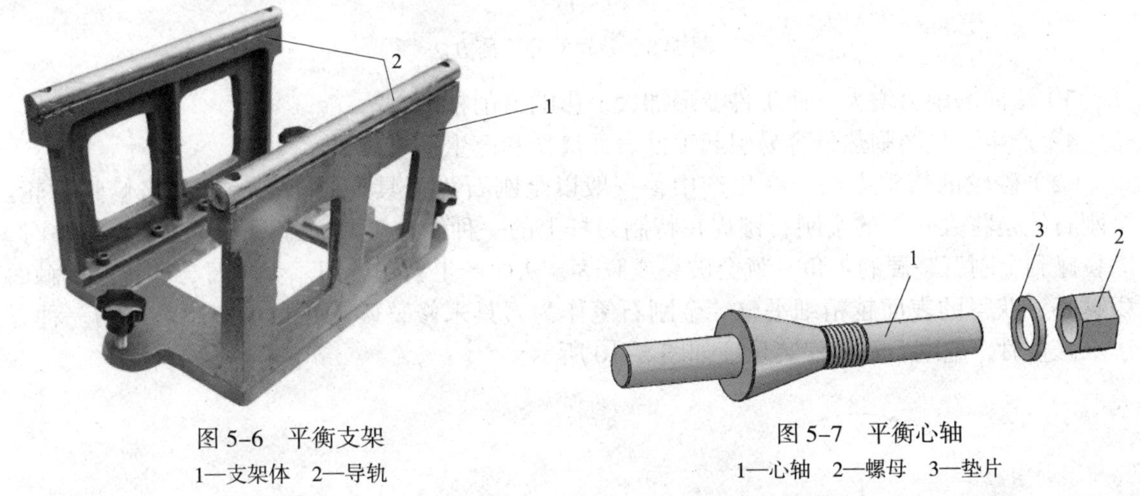

图 5–6　平衡支架

1—支架体　2—导轨

图 5–7　平衡心轴

1—心轴　2—螺母　3—垫片

由于不同砂轮的不平衡重是不一致的，故所装的平衡重也不一致。调平衡时，可在 *K* 点对面的半圆上依次装上 1 块、2 块或 3 块平衡铁进行尝试，注意装上的平衡铁应与中心线 *OK* 对称，如图 5–8 所示。装上两块以上时，还可通过两块平衡铁之间夹角的变化来平衡。当 *H* 点可随机地停留在任意位置时，砂轮才是静平衡的。

3. 砂轮的修整

砂轮在使用一段时间以后，其工作表面会因钝化而丧失磨削能力或失去原来的正确几何形状，这时应及时修整砂轮。

（1）砂轮的磨钝。砂轮磨钝以后，一般有以下几种现象发生。

1）砂轮与工件之间产生打滑，磨削效率显著下降。

2）产生振动和噪声，工件表面出现多角形或亮点等缺陷。

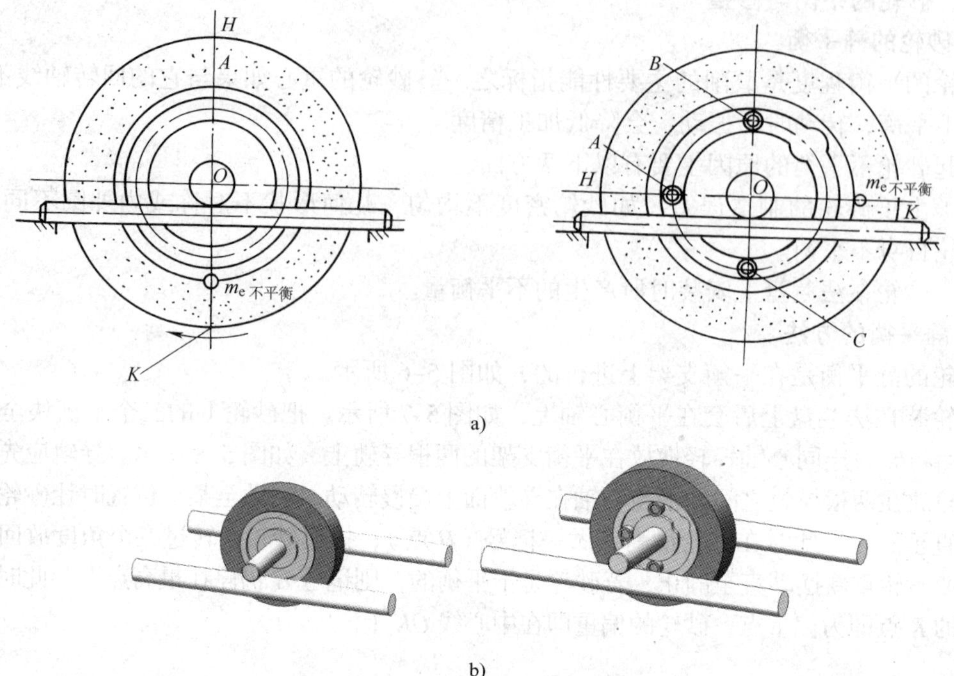

图 5-8　砂轮的静平衡方法

3）法向磨削力增大，使工件变形加大，影响磨削精度。

4）产生大量磨削热，容易引起工件表面烧伤和产生细小裂纹。

（2）砂轮的修整方法。在生产中，一般以金刚石为刀具，用车削的方法来修整砂轮。金刚石笔是将大颗粒的金刚石镶焊在特制刀杆上的一种修整工具，如图 5-9 所示。修整时，磨粒碰到金刚石坚硬的尖角，就会破裂或脱落，从而产生新的微刃。金刚石与砂轮的接触面积越小，获得的表面越精细平整。金刚石笔作为刀具来修整砂轮是目前应用最广的一种方法。修整时，金刚石笔的安装角度如图 5-10 所示。

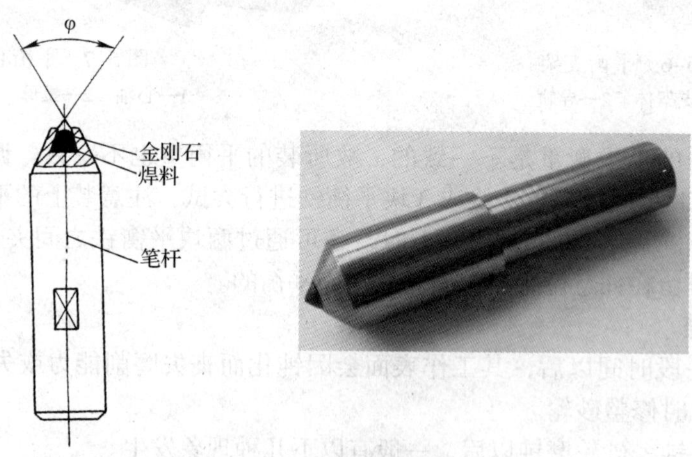

图 5-9　金刚石笔的形状

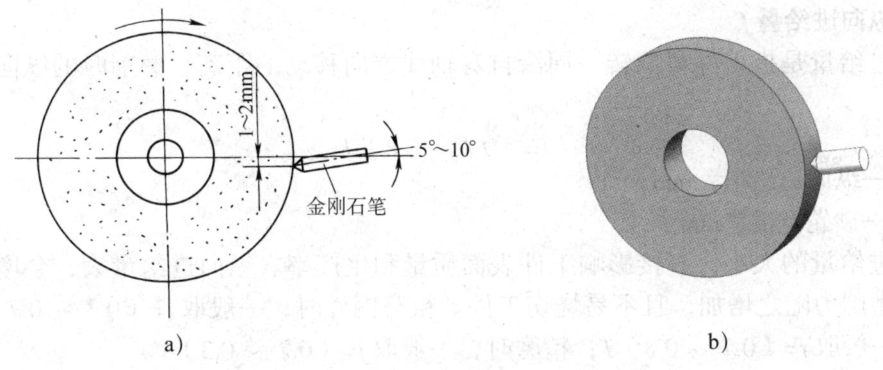

图 5-10　金刚石笔的安装角度

§5-3　磨削用量

以外圆磨削为例，磨削用量包括砂轮圆周速度 v_o、工件圆周速度 v_w、纵向进给量 f、磨削深度 a_p。

一、砂轮圆周速度 v_o

砂轮圆周速度 v_o 是指砂轮外圆表面上任意一点，在单位时间内所经过的路程，又称砂轮的线速度或磨削速度，计算公式为：

$$v_o = \frac{\pi D_o n}{1\,000 \times 60} \tag{5-1}$$

式中　v_o——砂轮圆周速度，m/s；

D_o——砂轮直径，mm；

n——砂轮转速，r/min。

磨外圆和平面时，磨削速度一般为 30 ~ 35 m/s；内圆磨削的速度较低，一般为 18 ~ 30 m/s。磨削速度的大小，不仅直接影响生产率，而且对磨削质量也有影响。当砂轮的转速不变而直径变小时，出现磨削质量下降的现象，就是由于砂轮圆周速度下降了的缘故。

二、工件圆周速度 v_w

工件圆周速度是指工件外圆表面上任意一点，在单位时间内经过的路程。

$$v_w = \frac{\pi D_w n}{1\,000 \times 60} \tag{5-2}$$

式中　v_w——工件圆周速度，m/s；

D_w——工件直径，mm；

n——工件转速，r/min。

三、纵向进给量 f

纵向进给量是指工件每旋转一周沿自身轴线方向移动的距离。磨削时的纵向进给量公式为：

$$f=(0.2 \sim 0.8)T \quad (5\text{-}3)$$

式中 f——纵向进给量，mm；

T——砂轮宽度，mm。

纵向进给量的大小，直接影响工件表面质量和生产率。纵向进给量大，会增加磨粒切削负荷，磨削力随之增加，且不易烧伤工件。粗磨钢件时，一般取 $f=(0.3 \sim 0.7)T$；粗磨铸铁时，一般取 $f=(0.7 \sim 0.8)T$；精磨时，一般取 $f=(0.2 \sim 0.3)T$。

四、磨削深度 a_p

磨削深度是指砂轮在横向进给运动方向上，每次向工件移动的距离，又称横向进给量。磨削深度可按下式计算：

$$a_p=\frac{D-d}{2} \quad (5\text{-}4)$$

式中 D——加工前工件的直径，mm；

d——一次行程后工件的直径，mm。

外圆磨削的磨削深度很小，一般取 0.04 ~ 0.05 mm，精磨时选小值，粗磨时选大值。

§5-4 磨外圆

外圆磨削是一种常用的磨削方法，在普通外圆磨床和万能外圆磨床上，对轴、套类及其他类型零件的外圆柱面及台阶端面进行磨削，是外圆精加工的主要方法。外圆磨削能加工淬火的黑色金属零件，磨削精度可达 IT6 级，表面粗糙度值可达 Ra0.8 ~ 0.2 μm。

一、砂轮的选择

1. 砂轮特性的选择

磨削外圆的砂轮一般为中等组织的平形砂轮，其尺寸须按机床规格选用。砂轮的特性选择包括磨料、粒度和硬度的选择，见表 5-7。

表 5-7　外圆磨削时砂轮特性的选择

加工材料	磨削要求	砂轮的特性			
		磨料	粒度	硬度	结合剂
未淬火的碳钢及合金钢	粗磨 精磨	A A	36 ~ 46 46 ~ 60	M ~ N M ~ Q	V V
软青铜	粗磨 精磨	C C	24 ~ 36 46 ~ 60	K K ~ M	V V

续表

加工材料	磨削要求	砂轮的特性			
		磨料	粒度	硬度	结合剂
不锈钢	粗磨 精磨	SA SA	36 60	M L	V V
铸铁	粗磨 精磨	C C	24 ~ 36 60	K ~ L K	V V
纯铜	粗磨 精磨	C WA	36 ~ 46 60	K ~ L K	V V
硬青铜	粗磨 精磨	WA PA	24 ~ 36 46 ~ 60	L ~ M L ~ P	V V
调质的合金钢	粗磨 精磨	WA PA	46 ~ 60 60 ~ 80	L ~ M M ~ P	V V
淬火的碳钢及合金钢	粗磨 精磨	WA PA	46 ~ 60 60 ~ 100	K ~ M L ~ N	V V
氮化钢（38CrMoAlA）	粗磨 精磨	PA SA	46 ~ 60 60 ~ 80	K ~ N L ~ M	V V
高速钢	粗磨 精磨	WA PA	36 ~ 40 60	K ~ L K ~ L	V V
硬质合金	粗磨 精磨	GC SD	46 100	K K	V B

2. 选择砂轮的注意事项

砂轮的选择，不但对工件的加工精度和表面质量影响很大，而且还影响砂轮的损耗、使用寿命和生产率。所以，选择砂轮时要注意以下几点。

（1）磨粒应具有较好的磨削性能。砂轮磨削时应具有合适的自锐性，砂轮不易磨钝，具有较长的使用寿命。

（2）磨削时应产生较小的切削力和较少的切削热。

（3）能达到较高的加工精度（尺寸精度、形状精度、相互位置精度）。

（4）能达到较小的表面粗糙度值。

二、砂轮及工件的装夹方法

1. 外圆磨削砂轮的装夹

装夹砂轮是一项很重要的工作。如果装夹不当，会使砂轮失去平衡而引起振动，影响加工精度，使机床精度降低，甚至可能使砂轮碎裂造成安全事故。

装夹砂轮之前，首先要仔细检查砂轮是否有裂纹，然后将（平形）砂轮安装在法兰盘上，如图 5–11 所示。安装时，砂轮的孔径与法兰盘轴颈部分应有 0.1 ~ 0.5 mm 的间隙。

2. 工件的装夹

（1）用两顶尖装夹工件。

（2）用三爪自定心卡盘或四爪单动卡盘装夹工件。

（3）用卡盘和顶尖装夹工件。

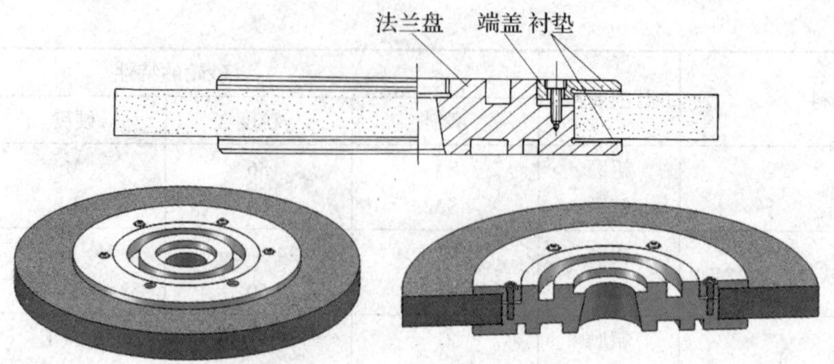

图 5-11　平形砂轮的安装

三、外圆磨削的方法及特点

1. 纵磨法

磨削外圆时，纵磨法是常用的磨削方法。采用这种方法磨削时，工作台做纵向往复进给运动，砂轮做周期性横向进给运动，工件的磨削余量在多次往复行程中磨去，如图 5-12a 所示。砂轮行程应超过工件两端，且超过部分为砂轮宽度的 1/3 ~ 1/2。如果超过太多，易使工件两端直径小于其余部分。磨削有台肩的外圆时，要严格调整工作台行程，当磨至台肩一边时须停留片刻，并做单行程的横向进给，否则会导致台肩根部的直径大于其余部分。

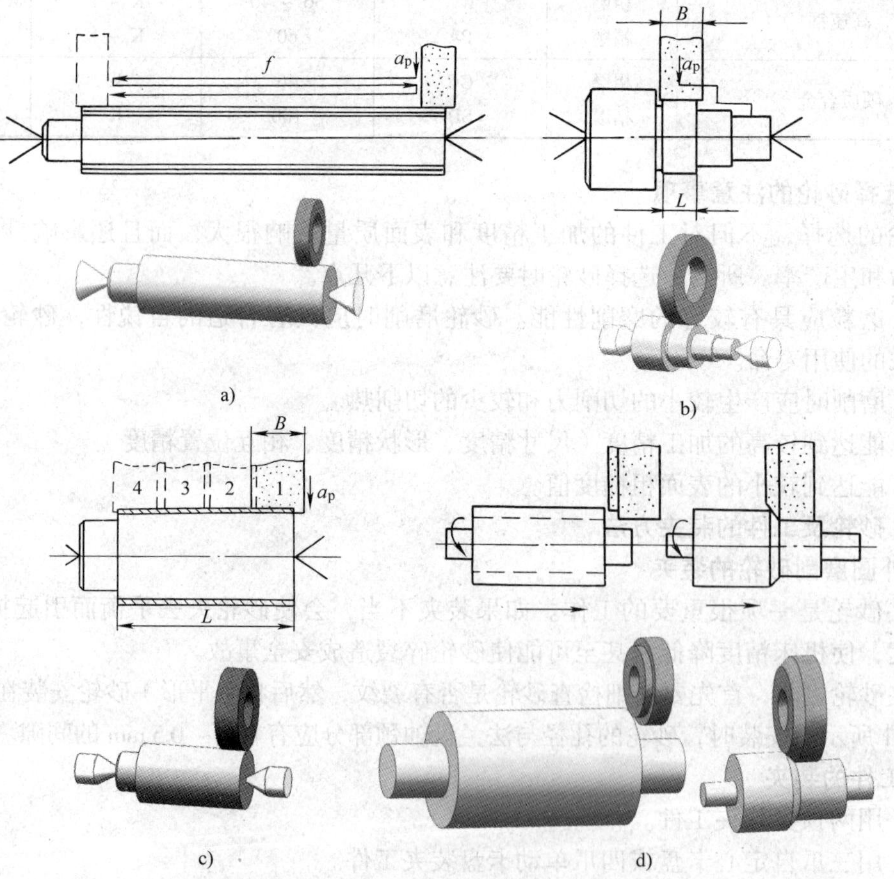

图 5-12　外圆磨削的方法

纵磨法的特点如下。

（1）在砂轮整个宽度上，磨粒的工作情况不一样。砂轮的左端面（或右端面）尖角担负主要的切削作用，工件的大部分余量均由砂轮尖角处的磨粒切除，而砂轮宽度上的大部分磨粒担负减少工件表面粗糙度的作用。另外，由于磨削力小，散热条件好，工件可获得较高的加工精度和较小的表面粗糙度值。

（2）纵磨法的切削力较小，特别适用于加工细长的工件，这样可以减小由于工件刚度低所引起的加工误差。

（3）磨削深度较小，工件的磨削余量需经多次纵向进给切除，故机动时间较长，生产效率较低。

纵磨法可以用同一个砂轮加工长度不同的各种工件，在单件、小批生产和精磨时应用较广。

2. 横磨法

横磨法又称切入磨削法。磨削时，砂轮只做连续或间断的横向进给运动，而无纵向进给运动，直到磨去全部余量为止，如图 5–12b 所示。采用横磨法时，工件外圆长度应小于砂轮宽度。粗磨时用较高的切入速度；精磨时应用较低的切入速度，以防止工件的热变形和烧伤。

横磨法的特点如下。

（1）整个砂轮宽度上磨粒的工作情况相同，能充分发挥所有磨粒的作用。同时，由于采用连续的横向进给，无纵向进给的换向时间，缩短了机动时间，故生产效率较高。

（2）径向磨削力较大，工件容易产生弯曲变形，因此，不宜磨削较细长的工件。

（3）由于工件与砂轮的接触面积大，故磨削时产生的热量大，工件容易烧伤和热变形。

（4）由于砂轮只做连续的横向进给，且工件外圆的长度小于砂轮宽度，因此砂轮中间部位磨损快，易出现中凹，影响工件的精度和表面粗糙度。为防止以上缺陷，在横磨终了时，应做微量的纵向移动。

（5）因受砂轮宽度的限制，只适用于磨削长度较短的外圆表面。

3. 分段磨削法

分段磨削法又称综合磨削法，它是横磨法与纵磨法的综合应用。即先用横磨法将工件分段进行粗磨，留 0.03 ~ 0.04 mm 余量，最后用纵磨法精磨至尺寸，如图 5–12c 所示。这种磨削方法既具有横磨法生产效率高的特点，又有纵磨法精度高的优点。

4. 深度磨削法

这是采用较大的磨削深度，并在一次纵向进给中磨去工件全部磨削余量的一种磨削方法，如图 5–12d 所示。深度磨削法磨削机动时间短，生产效率高，因此，是一种常用的磨削方法。

§5–5 磨平面

当零件上平面的平面度、表面粗糙度或平面间相互位置精度要求较高时，可用磨削来加工。特别是加工淬硬平面时，更宜用磨削加工。

磨平面主要在平面磨床上进行，也可以在万能工具磨床或砂带磨床上进行。在平面磨床上磨平面时，工件装夹在磁性吸盘上随工作台做纵向直线运动，磨头在高速旋转的同时做间歇的横向直线运动，从而磨出光洁的平面来。

一、平面磨床的形式

按磨头和工作台的结构特点，可将平面磨床分为以下几种。

1. 卧轴圆台平面磨床

机床的砂轮主轴是卧式的，工作台是圆形电磁吸盘，用砂轮的圆周面磨平面，如图 5-13a 所示。磨削时，工作台圆形电磁吸盘将工件吸住，一起做单向匀速旋转，砂轮主轴除高速旋转外，还在工作台外缘和中心之间做往复运动，以完成磨削进给。每往复一次或每次换向后，砂轮向工件垂直进给，直至使工件加工到所需要的尺寸。

2. 卧轴矩台平面磨床

机床的砂轮主轴是卧式的，工作台是矩形电磁吸盘，用砂轮的圆周面磨平面，如图 5-13b 所示。磨削时，工作台矩台电磁吸盘吸住工件做往复直线运动，砂轮主轴除高速旋转外，每当工作台往复一次或换向以后的瞬间，都要横向移动一小段距离，这段距离小于砂轮宽度。当砂轮横向间断地移动到超出工件宽度时，砂轮反向移动，同时在垂直方向上对工件进给，直至将工件磨到所需要的尺寸。

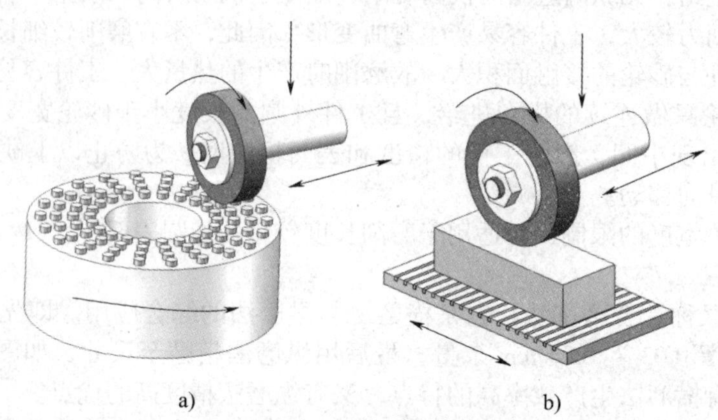

图 5-13　在卧轴平面磨床上磨削

a）在卧轴圆台平面磨床上磨削　b）在卧轴矩台平面磨床上磨削

3. 立轴圆台平面磨床

机床的砂轮主轴是立式的，工作台是圆形电磁吸盘，用砂轮的端面磨平面。磨削时，圆形工作台匀速转动，砂轮主轴除高速旋转外，还定时进行一定量的垂直进给，直至将工件磨到所需要的尺寸，如图 5-14a 所示。

4. 立轴矩台平面磨床

机床的砂轮主轴是立式的，工作台是矩形电磁吸盘，用砂轮的端面磨平面。磨削时，矩形电磁吸盘做往复直线运动，砂轮主轴除高速旋转外，还定时进行一定量的垂直进给，直至将工件磨到所需要的尺寸，如图 5-14b 所示。

立轴式平面磨床是用砂轮的端面磨平面，其砂轮直径大于加工面的宽度，不需横向进给。

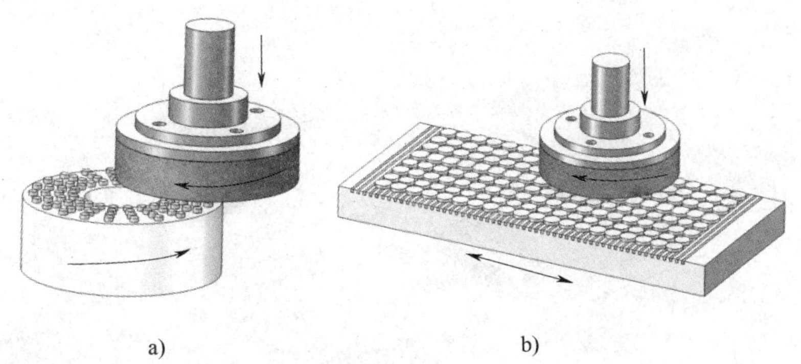

图 5-14　在立轴平面磨床上磨削

a）在立轴圆台平面磨床上磨削　b）在立轴矩台平面磨床上磨削

除上述平面磨床外，还有专用平面磨床，如双端面磨床、卧式端面磨床等。

二、平面磨削方式

由于平面磨床有立轴式和卧轴式之分，所以平面磨削方式也分为圆周磨削和端面磨削两种。由于砂轮工作表面不同，因此加工后平面的质量、工作效率也不同，具体分析如下。

1. 圆周磨削

用砂轮圆周面磨平面时，砂轮与工件的接触面积小，摩擦发热少，排屑和冷却条件好，所以加工时不易产生变形，工件加工质量高，这种磨削方式适用于精磨工序。但磨削时要用间断的横向进给来完成整个工件表面的磨削，生产效率低。

2. 端面磨削

用砂轮的端面磨平面时，砂轮主轴主要承受轴向力，弯曲变形小，刚度好，可以采用较大的磨削用量。此外，砂轮与工件的接触面积大，同时参加磨削的磨粒多，因此端面磨削的生产效率高。但由于磨削过程中发热量大，冷却条件差（切削液直接浇注到磨削区），排屑较困难，所以工件的热变形大，加工质量比圆周磨削要差一些。因此，在端面磨削中常采用以下方法来提高工件表面加工质量。

（1）选用粒度较粗、硬度较低，组织疏松的砂轮。

（2）供应充分的切削液，并经常保持切削液的清洁。

（3）如图 5-15 所示，采用镶块砂轮，改善磨削条件。

三、平面磨削方法

1. 横向磨削法

当工作台纵向行程终了时，砂轮主轴或工作台做一次横向进给，这时砂轮所磨削的金属层厚度就是实际磨削深度，磨削宽度就是横向进给量。待工件上第一层金属磨去后，砂轮重新做一次垂直进给，再照上述方法磨第二层金属，一直把全部磨削量磨去。这种磨削方法称为横向磨削法，如图 5-16a 所示。

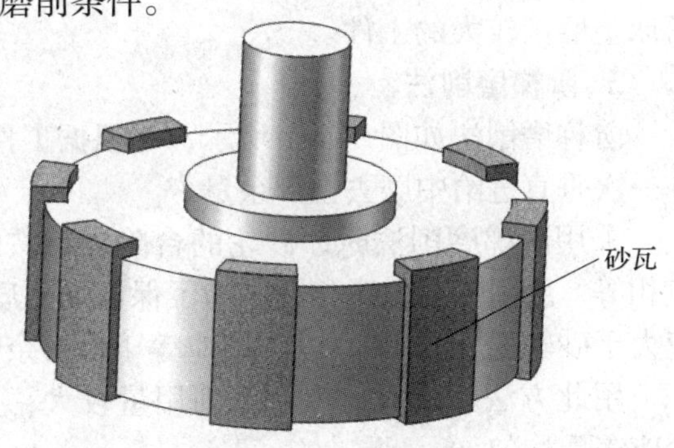

图 5-15　镶块砂轮

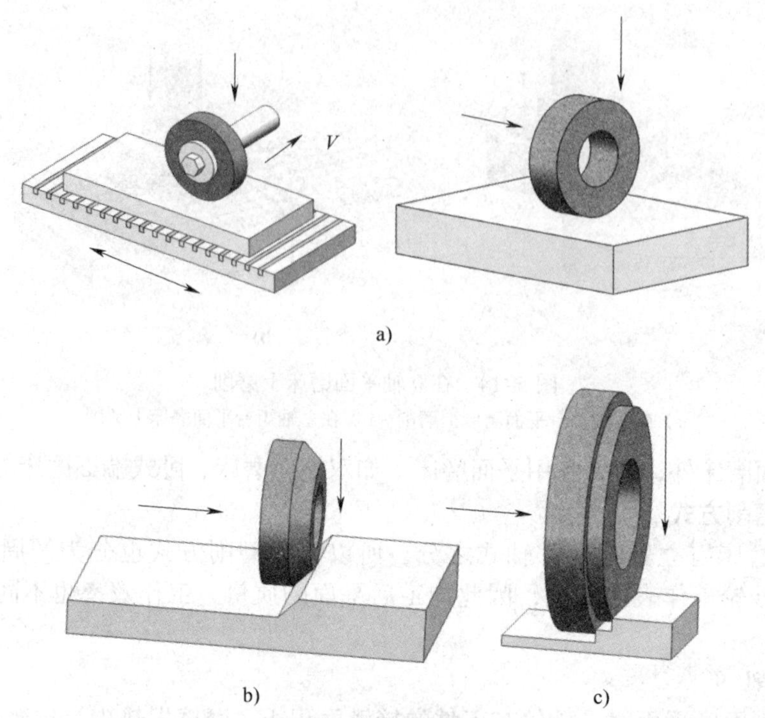

图 5-16　平面磨削方法

粗磨时，垂直进给和横向进给量可大些；精磨时，垂直进给和横向进给量应小些。

横向磨削法是平面磨削中应用最广泛的一种方法，它适用于精磨长而宽的平面。由于磨削主要是由砂轮圆周的一个棱边担任，接触面积小，工件变形小，排屑、冷却条件好，因此容易保证工件的加工质量，但生产效率低，砂轮的磨损不均匀。

2. 深度磨削法

深度磨削法如图 5-16b 所示，其磨削过程与横向磨削法基本相同，所不同的是，它的纵向进给速度低，且砂轮只做两次垂直进给，第一次垂直进给量等于粗磨的全部余量。当工作台纵向行程终了时，将砂轮或工件沿砂轮轴线方向移动砂轮宽度的 3/4 ~ 4/5，直至工件整个表面的粗磨余量全部磨去为止。第二次垂直进给量等于精磨余量。

这种磨削方法，既能提高生产效率，又能保证磨削质量，适用于在功率大且刚度好的磨床上磨削较大的工件。

3. 阶梯磨削法

阶梯磨削法如图 5-16c 所示，是根据工件磨削余量的大小，将砂轮修整成阶梯形，使其在一次垂直进给中磨去全部余量。

采用阶梯磨削法时，砂轮的台阶数目按磨削余量的大小确定，用于粗磨的各台阶宽度应相等，磨削深度也应相同。为了保证加工质量，砂轮的精磨台阶（即最后一个台阶）宽度应大于砂轮宽度的 1/2，其深度应等于精磨余量（0.02 ~ 0.04 mm）。

用此方法磨削时，由于磨削用量较大，为保证工件质量和提高砂轮的耐用度，横向进给应缓慢均匀。

阶梯磨削法的优点是由于磨削余量分配在砂轮的各台阶上，故砂轮表面受力均匀，磨损也均匀，能充分发挥砂轮的磨削性能，生产效率高。

四、平行面的磨削方法

磨削时，应选择较大而且平整的表面作为第一次磨削的定位基准。装夹工件前，如果定位基准的表面有毛刺和热处理氧化层等，应用锉刀、砂纸清除。粗磨时，要注意使工件两面磨去的余量均匀；精磨时，可在垂直进给停止后做几次磨削，以减小表面粗糙度值。为获得较高的平行度，可将工件上下翻动，反复磨削，这样可以把工件两个面上的残留误差逐步减小。平行面常用的磨削方法有横向磨削法、深度磨削法和台阶磨削法。

在磨削平行面时，还应注意以下的工艺问题。

1. 正确选择定位基准面。一般应选择面积较大、平整、表面光洁的一个平面作为第一次磨削定位基准面。但如果磨削的平面与其他表面有位置及尺寸精度要求，那就必须根据零件技术要求及前道工序的加工方法来确定第一次磨削定位基准面。

2. 必须注意装夹稳固可靠。

3. 注意两面磨削余量的分配，要使两面都有足够的磨削余量。

4. 划分粗磨和精磨。

5. 注意减少磨削热。

6. 注意机床精度。磨头导轨平行于工作台，横向进给量均匀，床身导轨须有良好的润滑，电磁吸盘的台面要平整光洁。

五、垂直面的磨削方法

1. 用精密机用虎钳装夹磨削垂直面

如图 5-17 所示，将工件装夹在精密机用虎钳上，先磨好一个面，再将机用虎钳翻转 90° 磨另一个平面。

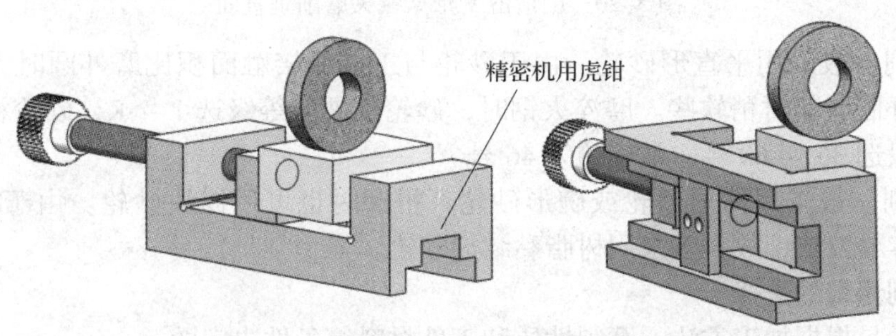

图 5-17　用精密机用虎钳装夹磨削垂直面

2. 用精密角铁装夹磨削垂直面

如图 5-18 所示，工件以精加工过的定位基准面贴紧在角铁的垂直面上，用百分表找正后，用压板螺钉夹紧，然后进行磨削。

3. 用导磁直角铁装夹磨削垂直面

如图 5-19 所示，工件以精加工过的定位基准面吸在导磁直角铁的垂直面上进行磨削，主要用于磨削比较窄长的工件。

4. 用精密 V 形架装夹磨削垂直面

如图 5-20 所示，用于磨削圆柱形的端面及相互垂直的平面。

六、平面磨削时砂轮的选择

平面磨削时所用的砂轮应根据磨削方式、工件材料、加工要求等来选择。

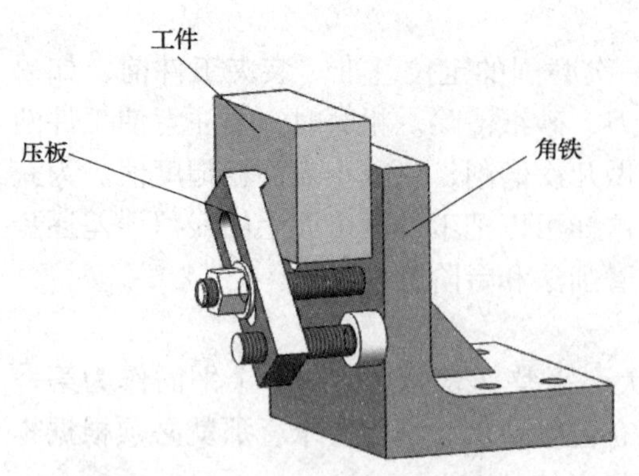

图 5-18　用精密角铁装夹磨削垂直面

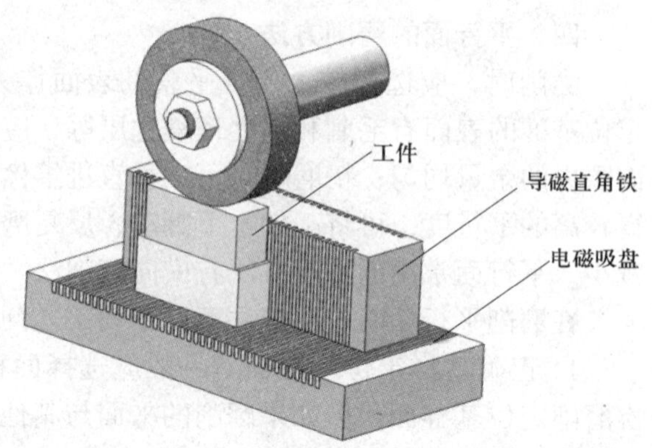

图 5-19　用导磁直角铁装夹磨削垂直面

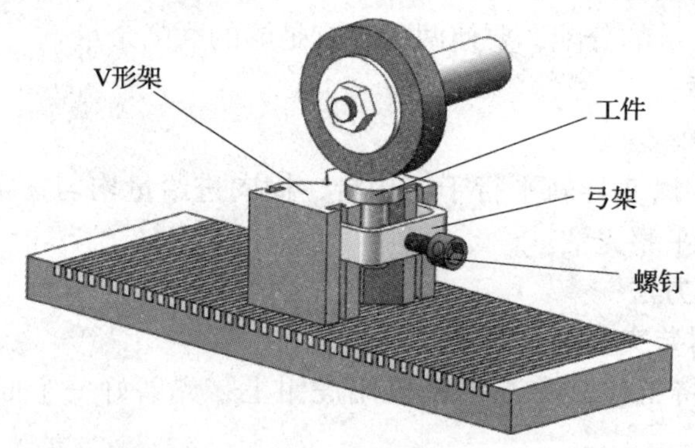

图 5-20　用精密 V 形架装夹磨削垂直面

圆周磨削一般采用平直形砂轮。由于砂轮与工件的接触面积比磨外圆时大，所以砂轮的硬度应比外圆磨削时稍软些。磨淬火钢时，砂轮的硬度等级选 J ~ K，砂轮粒度也应比磨外圆粗，一般选 36 ~ 60 号，常用的为 46 号。

端面磨削一般采用筒形砂轮或碗形砂轮，粗磨时也可用镶块砂轮。由于接触面积大、排屑困难、容易发热，故大多采用树脂黏结剂砂轮。

七、磨削用量的选择

磨削用量是根据加工方法、磨削性质和工件材料等条件决定的。

1. 砂轮的圆周速度

较高的圆周速度，对提高磨削效率和工件表面质量均有利，但磨削热会增加，因此圆周速度不宜过高或过低，过高会引起砂轮受力增大而破裂，过低会影响加工质量。砂轮圆周速度的选择范围见表 5-8。

表 5-8　**砂轮的圆周速度**　单位：m/s

磨削形式	工件材料	粗磨	精磨
圆周磨削	灰铸铁	20 ~ 22	22 ~ 25
	钢	22 ~ 25	25 ~ 30
端面磨削	灰铸铁	15 ~ 18	18 ~ 20
	钢	18 ~ 20	20 ~ 25

2. 工作台纵向进给速度

当工作台为矩形时，其纵向进给速度为 1 ～ 12 m/min；当工作台为圆形时，其纵向进给速度为 7 ～ 30 m/min。当磨削宽度大、精度要求高和横向进给量大时，工作台纵向进给速度应选小些。

3. 砂轮的垂直进给量

砂轮的垂直进给量是根据横向进给量的大小确定的。横向进给量大时，垂直进给量应小，以免影响砂轮和机床的寿命及工件的精度；横向进给量小时，则垂直进给量应大。一般粗磨时垂直进给量为 0.015 ～ 0.03 mm，精磨时垂直进给量为 0.005 ～ 0.01 mm。

§5–6 磨削质量分析

一、外圆磨削中常见缺陷产生的原因及预防方法（表 5–9）

表 5–9　外圆磨削中常见缺陷产生的原因及预防方法

工件缺陷	产生原因	预防方法
工件表面出现直波形振痕	砂轮不平衡	注意保持砂轮平衡
	砂轮硬度太高	根据工件材料性质选择合适的砂轮硬度
	砂轮钝化后没有及时修整	及时修整砂轮
	砂轮修得过细或金刚石顶角已磨平，修出的砂轮不锋利	合理选择修整用量或对金刚石修尖
	工件圆周速度过大，工件中心孔有多角形	适当降低工件转速，修磨中心孔
	工件直径、质量过大，不符合机床规格	选用合适的磨床加工
	砂轮主轴轴承磨损，配合间隙过大产生径向跳动	调整轴承间隙或更换轴承
	头架主轴轴承松动	调整头架主轴轴承间隙
工件表面有螺旋形痕迹	砂轮硬度高，修得过细，而磨削深度过大	合理选择砂轮硬度和修整用量，适当减小磨削深度
	纵向进给量太大	适当降低纵向进给量
	砂轮磨损，母线不直	修整砂轮
	金刚石在修整器中未夹紧，或金刚石在刀杆上焊接不牢，使砂轮表面凹凸不平	把金刚石装夹牢固或重新焊接
	切削液太少或太淡	加大或加浓切削液

续表

工件缺陷	产生原因	预防方法
工件表面有螺旋形痕迹	工作台导轨润滑油浮力过大使工作台漂起，在运行中摆动	调整导轨润滑油的压力
	工作台运行时有爬行现象	排除液压系统中的空气，检修机床
	砂轮主轴有轴向窜动	检修机床
工件表面有烧伤现象	砂轮太硬或磨粒太细	合理选择砂轮
	砂轮修得过细，不锋利	合理选择修整用量
	砂轮太钝	修整砂轮
	工件的圆周速度过低或磨削深度和纵向进给量过大	增大工件转速，适当减小磨削深度和纵向进给量
	切削液不充足	提供充足的切削液
工件有锥度	工作台未调整好	仔细找正工作台
	工件和机床的弹性变形发生变化	仔细找正工作台，保持砂轮锋利，精磨时砂轮的锋利程度、磨削用量应与找正工作台时基本保持一致
	工作台导轨润滑油浮力过大，运行中产生摆动	调整导轨润滑油压力
	头架和尾座的中心线不重合	擦净工作台和尾座的接触面，调整尾座，使前后顶尖中心线重合
工件有圆度误差	中心孔形状不正确或中心孔内有杂物	重新修正中心孔，清除中心孔中杂物
	中心孔或顶尖因润滑不良而磨损	注意润滑，修正中心孔或修磨顶尖
	工件顶得过松或过紧	调整尾座顶尖压力
	切削液不充分或供应不及时	提供充足的切削液
	顶尖在主轴或尾座套筒锥孔内贴合不紧密	擦净顶尖或套筒锥孔（或主轴锥孔）中的杂物
	砂轮过钝	修整砂轮
	毛坯形状误差较大且工件刚度较差，磨削时因余量不均匀，而引起磨削深度发生变化，使磨削后部分保留毛坯形状误差	减小磨削深度，多做几次“光磨”行程
	工件有不平衡量	校正平衡
	砂轮主轴轴承间隙过大	调整主轴轴承间隙
	用卡盘装夹磨外圆时，头架主轴径向跳动过大	调整头架主轴轴承间隙
工件有鼓形	工件刚度差，磨削时产生弯曲变形	减小磨削深度，及时修整砂轮，经常保持良好的切削性能，增大工件的刚度，减小或消除工件的弹性变形
	中心架调整不适当	正确调整中心架

续表

工件缺陷	产生原因	预防方法
工件弯曲	磨削用量太大	适当减小磨削深度
	切削液不充分或供应不及时	保持充足的切削液
工件两端尺寸较小（或较大）	砂轮越出工件端面太多（或太少）	正确调整工作台上换向撞块位置，使砂轮越出工件端面为砂轮宽度的 1/3 ~ 1/2
	工作台换向停留时间太长（或太短）	正确调整换向停留时间
轴肩端面有跳动	进给量过大，退刀过快	进给时纵向摇动工作台要慢而均匀，“光磨”时间要充分
	切削液不充分	加足切削液
	工件顶得过紧或过松	调节尾座顶尖压力
	砂轮主轴有轴向窜动	检修机床
	头架主轴止推轴承间隙过大	调整止推轴承间隙
	用卡盘装夹磨削端面时，头架主轴轴向窜动过大	调整主轴轴承间隙
台肩端面内部凸起	进刀太快，“光磨”时间不够	进刀要慢而均匀，并“光磨”至没有火花为止
	砂轮与工件接触面积大，磨削压力大	把砂轮端面修成内凹形，使工作面尽量减小
	砂轮主轴中心线与工作台运动方向不平行	调整砂轮架位置

二、平面磨削中常见缺陷产生的原因及预防方法（表 5–10）

表 5–10　平面磨削中常见缺陷产生的原因及预防方法

工件缺陷	产生原因	预防方法
尺寸超差	测量不准确	正确测量、校正量具误差
	工件受热膨胀	降低温度
	由于刻度不准而造成尺寸超差	核准刻度
表面烧伤	砂轮与工件接触面积大，产生热量大	合理选择切削用量，尤其是磨削深度不宜过大
		选用硬度较软、粒度粗的砂轮
		供应充足的切削液
平面度超差	磨削时的热变形	浇注充足的切削液
	电磁力使工件变形	正确放置工件
	切削用量选择不当	正确选择切削用量
	机床几何精度超差	检修机床

续表

工件缺陷	产生原因	预防方法
平行度超差	工件的基准平面不清洁	清除基准平面或工作台上的脏物
	砂轮选得太软，磨损太快	选择硬度合适的砂轮
表面产生波纹	砂轮或磨头电动机不平衡（卧轴矩台平面磨床）	调整砂轮或磨头电动机平衡
	砂轮主轴轴承太松	调整砂轮主轴轴承间隙
	砂轮选择不当	正确选择砂轮
	砂轮磨钝后继续磨削	及时修整砂轮

习题

1. M1432A 型万能外圆磨床由哪几个部件组成？各部件的作用是什么？
2. 试述磨削加工的特点。
3. 磨削的基本运动有哪几个？
4. 砂轮的特性由哪几个要素组成？
5. 什么叫砂轮的“自锐性”？
6. 砂轮的粒度号是怎样规定的？
7. 砂轮的结合剂有哪几种？试述陶瓷、橡胶、树脂结合剂的特点、应用和代号。
8. 砂轮的硬度指什么？它与磨料的硬度有何区别？
9. 磨削前为什么必须对砂轮进行静平衡？
10. 什么叫砂轮的静平衡？试述砂轮静平衡的方法。
11. 什么叫砂轮的磨钝？砂轮磨钝以后会有什么不良现象？
12. 什么叫磨削用量？磨削用量包括哪些要素？
13. 在外圆磨床上磨削直径为 30 mm 的工件，工件的转速为 125 r/min，试求工件的圆周速度。
14. 已知普通外圆磨床砂轮主轴的转速为 1 800 r/min，砂轮直径为 400 mm，求该砂轮的线速度是否符合要求？
15. 平面磨床的形式有哪几种？它们各有什么特点？
16. 平面磨削的方式有哪几种？它们各有什么特点？
17. 采用砂轮端面磨平面时，如何减小热变形？
18. 平面磨削的方法有哪几种？各适用于什么场合？
19. 外圆磨削时，装夹工件的方法有哪几种？
20. 平面磨削时，应如何选择砂轮？
21. 平面磨削应如何选择磨削用量？
22. 外圆磨削时应如何选择砂轮？装夹砂轮应注意什么？
23. 纵磨法磨外圆的特点是什么？
24. 横磨法磨外圆的特点是什么？

第6章 数控加工

§6-1 数控加工基本知识

一、数控机床的产生

1947年，美国帕森斯（Parsons）公司在生产直升机机翼检验样板时，提出了数控机床的初始设想，这一设想迎合了美国空军为开发航天及导弹产品的需要，于是在1949年与麻省理工学院（MIT）合作，开始了三坐标铣床的数控化工作，到1952年3月宣布了世界上第一台数控机床的试制成功，取名为“Numerical Control”。自此，世界上其他一些国家，如德国、日本、英国等也都开始研制数控机床。当今著名的数控系统厂商有德国的西门子（SIEMENS）、日本的发那科（FANUC）等公司。1959年，美国Keaney & Treckre公司研制出具有刀库、换刀装置和回转工作台的数控机床——加工中心（Machining Center），并成为数控机床的主力。

二、数控技术的基本概念

数字控制（Numerical Control），简称NC，是用数字化信息实现机床控制的一种方法。数字控制机床（Numerically Controlled Machine Tool）是采用了数字控制技术的机床，也称数控机床。这种NC机床是由硬件来实现数控功能的。计算机数控（Computer Numerical Control），简称CNC，是采用微处理器或专用微机的数控系统，由事先存入存储器中的系统程序来控制，从而实现部分或全部数控功能，这样的机床一般称为CNC机床。

三、数控机床的组成

现代数控机床一般由控制介质、数控装置、伺服系统、测量反馈装置和机床主体组成，如图6-1所示。

1. 控制介质

控制介质是存储数控加工所需程序的介质。早期常用的控制介质是8单位标准穿孔带。目前，常用的控制介质是U盘和网络等。

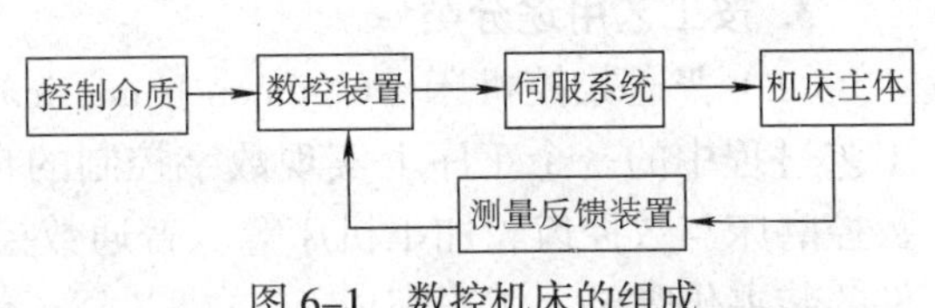

图6-1 数控机床的组成

2. 数控装置

数控装置是数控机床的核心，它能够完成

信息的输入、存储、变换、插补运算，以及实现各种控制功能。

3. 伺服系统

伺服系统接收数控装置的指令，是数控系统的执行部分。它包括伺服驱动电动机、各种伺服驱动元件和执行机构。每个进给运动的执行部件都有相应的伺服驱动系统，而整个机床的性能主要取决于伺服系统。常用的伺服系统有交流伺服系统和直流伺服系统。

4. 测量反馈装置

测量反馈装置用来检测速度和位移以及加工状态，并将检测到的信息转化为电信号反馈给数控装置，通过比较，计算出偏差，并发出纠正误差指令。根据测量反馈装置安放的部位不同可分为半闭环和闭环两种。

5. 机床主体

机床主体是数控机床的本体，主要包括床身、主轴、进给机构等机械部件，还有冷却、润滑、转位部件（如换刀装置）、夹紧装置等辅助装置。

四、数控机床的分类

1. 按控制系统的特点分类

（1）点位控制（Positioning Control）数控机床。这类机床只控制刀具从一个坐标点到另一个坐标点的位置，而不控制刀具运动的轨迹，因为在移动的过程中不进行任何切削加工。如数控钻床、数控坐标镗铣床和数控冲床等。

（2）直线控制（Straight-line Control）数控机床。这类机床不仅要求控制刀具从一点到另一点的位置，保证两点间的移动轨迹为一直线且对移动速度也要有控制，而且还要具有准确的定位功能，也称点位直线控制系统。这类机床有数控车床、数控镗铣床等。

（3）轮廓控制（Contour Control）数控机床。轮廓控制系统是对两个或两个以上的坐标轴同时进行控制，具有插补功能，其运动轨迹可以是任意斜率的直线、圆弧、螺旋线等。

2. 按伺服系统的类型分类

（1）开环控制（Open Loop Control）数控机床。开环控制系统没有检测反馈装置，即系统没有位置反馈元件，通常用步进电动机作为执行机构。这类数控机床的精度主要取决于伺服系统的性能，优点是比较稳定，调试方便。

（2）闭环控制（Closed Loop Control）数控机床。这类机床是在机床移动部件（工作台）上直接装有位置检测装置，将测量的结果直接反馈到数控装置中，并与输入的指令进行比较，根据差值不断控制运动，进行误差补偿，最终实现精确定位。闭环控制数控机床主要是一些精度要求很高的加工中心、数控镗铣床、超精磨床等。

（3）半闭环控制（Semi-closed Loop Control）数控机床。半闭环控制系统在开环控制系统的丝杠或电动机上装有检测元件。这类机床具有稳定的控制特性，由于采用了高分辨率的测量元件，又可以获得比较满意的精度与速度，调试比较方便，因此，大多数数控机床采用这种半闭环控制系统。

3. 按工艺用途分类

（1）普通数控机床（Common Numerical Control Machines）。普通数控机床一般是指加工工艺过程中的一个工序上实现数字控制的自动化机床，如数控铣床、数控车床、数控钻床、数控磨床与数控齿轮加工机床等。普通数控机床在自动化程度上还需完善，刀具的更换与零件的装夹仍需要人工来完成。

（2）加工中心（Machining Center）。加工中心是带有刀库和自动换刀装置的数控机床，它将数控铣床、数控镗床、数控钻床的功能组合在一起，零件在一次装夹后，可以将其大部分加工面进行铣削。

五、数控机床的特点

数控机床与普通机床相比较，具有以下特点。

1. 适应范围广。在数控机床上加工零件是按照事先编制好的程序来实现自动化加工的，当加工对象改变时，只需重新编制加工程序输入到数控系统中，即可加工各种不同类型的零件。

2. 加工精度高。由于数控机床在进给装置中采用了滚珠丝杠传动机构，增加了消除丝杠螺母间隙装置，因此加工精度一般可达到 0.005 mm，同时也保证了传动精度的稳定性。

3. 生产率高。数控机床能有效地减少零件加工时间和加工过程的辅助时间，同时在结构上也采用了有针对性的设计，使主轴转速和进给量等参数得到了相应增加，切削用量是普通机床的十几倍，再加上采用自动换刀装置等辅助措施，使得数控机床的生产率远高于普通机床。

4. 加工质量稳定、可靠。在同一台数控机床中，使用相同刀具加工同一类零件时，其走刀轨迹完全一致，因此加工出来的零件质量相对比较稳定、可靠。

5. 改善劳动条件。由于数控机床能够实现自动化或半自动化，在加工中，操作者的主要任务是程序的编辑、输入、工件的装夹、刀具的准备、加工状态的观察等，其劳动量有了明显的降低。

6. 利于生产管理现代化。在数控机床上加工时，可预先精确估计加工时间，所使用的刀具、夹具可进行规范化、现代化管理。数控机床使用数字信号与标准代码为控制信息，易于实现加工信息的标准化。目前，数控加工机床已与计算机辅助设计与制造（CAD/CAM）有机地结合起来，成为现代集成制造技术的基础。

§6–2 数控车削

一、数控车床的一般知识

1. 数控车床编程的概念

在数控车床上加工零件，首先需要根据零件图样分析零件的加工工艺过程、工艺参数等内容，用规定的数控编程代码和程序格式编制出合适的数控加工程序，这个过程称为数控编程。数控编程可分为手工编程和自动编程两大类。

2. 数控车床编程的步骤

数控车削是指根据被加工零件图样和工艺要求，编制成以数码表示的程序输入到机床的控制装置或计算机中，以控制工件和刀具的相对运动，使之加工出合格的零件。

数控车削加工过程如图 6–2 所示。编程人员在拿到零件图样后，首先应准确地识读零件图样表述的各种信息，主要包括零件几何图样的识读，零件的尺寸精度、几何精度、表面精度的分析；然后根据图样分析的结果制定工艺流程，包括加工设备的选择、工艺路线的确定、工夹量辅具的选择、切削用量的选择等内容；最后是数控编程阶段，主要包括相关数值的计算、程序编制、程序校验、首件试切削等内容。

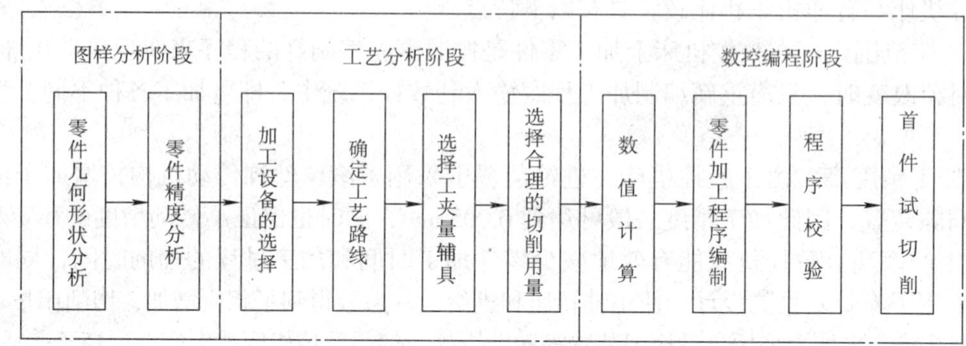

图 6–2　数控车削加工过程

二、数控车床的功能与分类

数控车床与普通车床一样，主要用来加工轴类或盘类回转体零件，例如车圆柱、圆锥、圆弧和各种螺纹等。与普通车床相比，数控车床的加工精度高、加工质量稳定、效率高、适应性强、操作劳动强度低。数控车床尤其适合加工形状复杂的轴类或盘类零件，目前是使用较为广泛的一种数控机床，如图 6–3 所示。

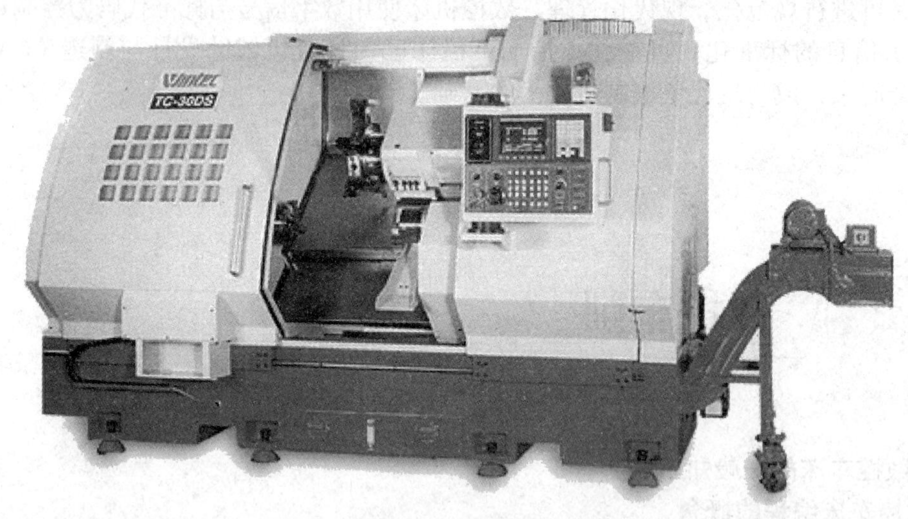

图 6–3　数控车床

随着数控车床制造技术的不断发展，形成了产品繁多、规格不一的局面。对数控车床的分类可以采用以下几种方法。

1. 按数控系统的功能分类

（1）经济型数控车床。经济型数控车床一般是在普通车床基础上进行改进设计而成的。

（2）全功能型数控车床。全功能型数控车床一般采用闭环或半闭环控制系统，具有高刚度、高精度和高效率等特点。

（3）车削中心。车削中心是在全功能型数控车床的基础上进一步提升性能。车削中心配有动力刀架、C 轴功能，并且具有刀架容量大等特点，部分车削中心还带有刀库和自动换刀装置。

2. 按主轴的配置形式分类

（1）卧式数控车床。主轴轴线处于水平位置的数控车床。

（2）立式数控车床。主轴轴线处于垂直位置的数控车床。

具有两种主轴的车床，称为双轴卧式数控车床或双轴立式数控车床。

3. 按加工零件的基本类型分类

（1）卡盘式数控车床。这类车床未设置尾座，适合车盘类零件。其夹紧方式多为电动或液压控制，卡盘结构多数具有卡爪。

（2）顶尖式数控车床。这类车床设置有普通尾座或数控尾座，适合车较长的轴类零件及直径不太大的盘、套类零件。

4. 其他分类方法

按数控系统的不同控制方式等指标，数控车床可分为直线控制数控车床、轮廓控制数控车床等；按特殊或专门的工艺性能，又可分为螺纹数控车床、活塞数控车床、曲轴数控车床等。

对于车削中心或柔性制造单元，还需增加其他的附加坐标轴来满足机床的功能。目前我国使用较多的是中小规格的两坐标连续控制的数控车床。

三、数控车床的相关设定

1. 数控车床的坐标轴确定

Z 轴：Z 轴的判定由“传递切削动力”的主轴规定。对于车床而言，工件由主轴带动作为主运动，Z 轴与主轴旋转中心重合，平行于机床导轨。

X 轴：X 轴在工件的径向上，且平行于车床的横导轨。

坐标轴的方向：假定工件位置相对不变，则刀具远离工件的方向为正。

数控车床的坐标轴方向如图 6–4、图 6–5 所示。

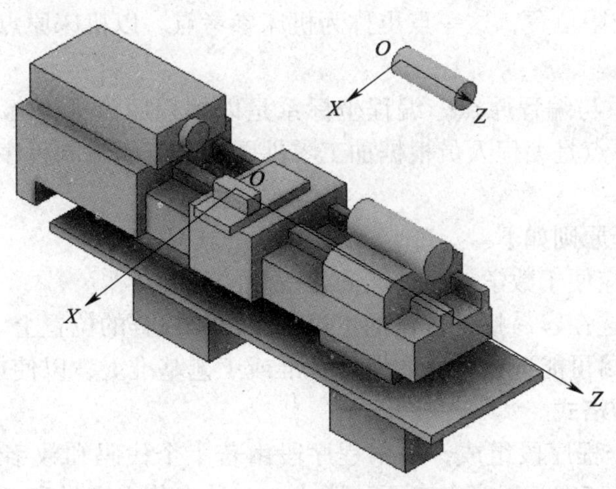

图 6–4　经济型数控车床的坐标轴方向

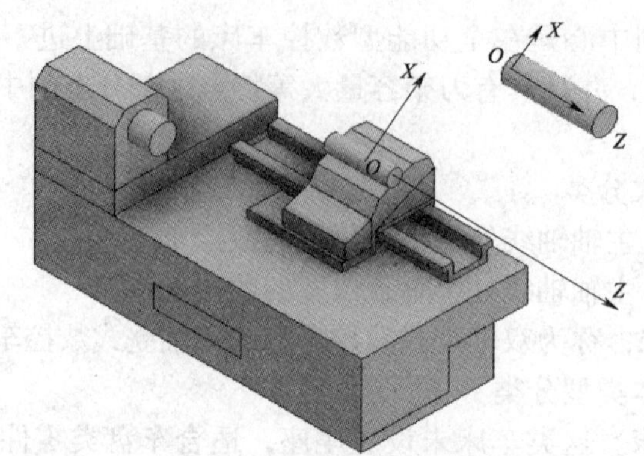

图 6–5　全功能型数控车床的坐标轴方向

2. 机床坐标系和编程坐标系

机床坐标系 O 和编程坐标系 O_p，如图 6–6 所示。

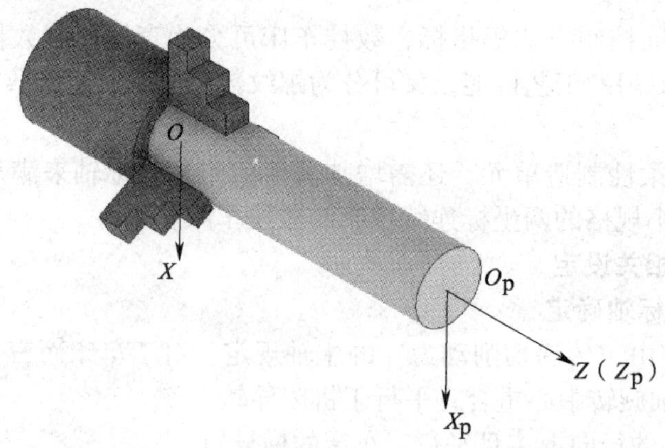

图 6–6　数控车床的机床坐标系与编程坐标系

（1）机床坐标系与机床原点。机床原点是由机床厂家确定的固定坐标系原点，也是机床零点。机床原点一般位于卡盘端面与主轴中心线的交点处；也有些机床位于机床移动部件沿其坐标轴正向的极限位置，这一点也称为机床参考点。以机床原点为零点的坐标系称为机床坐标系。

（2）编程坐标系与编程原点。编程坐标系是以编程原点为坐标原点的坐标系，也称为工件坐标系。编程原点是编程人员根据加工零件图样选定的编制程序的坐标原点，也称编程零点或程序零点。

编程原点的选择原则如下。

1）所选的原点应便于数学计算，能简化程序的编制。

2）编程原点应选在容易找正、在加工过程中便于检查的位置上。

3）编程原点应尽可能选在零件的设计基准或工艺基准上，以使加工引起的误差最小。

四、加工程序的格式

数控程序由多个程序段组成，每个程序段由若干个代码和数字组成，而字母、数字和符号又统称为字符。其中，程序名有两种形式：一种由英文字母和 4 位数字组成；另一种由英文字母开头，字母和数字混合组成。程序名一般要求单列一行。例如：

程序	注释
O0001;	字母 O 后程序名为 0001
N10 M03 S500;	N10 为程序段号，程序段之间可以插入新的程序段号，如：N11
N20 T0101;	刀具选用
……	
N90 G00 X100. Z100.;	移动刀具至（100，100）
N100 M05;	主轴停止
N110 M30;	程序结束，光标返回起始位置

从上例可以看出：该程序由若干个程序段组成，每个程序段以“N”开头，用“；”结尾。程序中每个程序段表示一个完整的加工工步，每一个代码都有确定的含义，如 M05 表示主轴停止。这些程序都是按照标准代码编制出来的。数控机床的单位代码标准有两种：美国电子工业协会（EIA）标准和国际标准化组织（ISO）标准。目前国内外各种数控机床所使用的标准尚未完全统一，有关指令代码及其含义不完全相同，编程时必务遵守具体机床使用说明书中的规定。

从上面的例子可知，程序段由下列功能字组成：

N	G	X Y Z	F	S	T	M
程序段号	准备功能	坐标值	进给速度	主轴转速	刀具功能	辅助功能

1. 准备功能 G 代码

G 代码有 100 个，从 G00 至 G99。G 代码用来规定刀具和工件的相对运动轨迹、机床坐标系、刀具补偿等多种加工操作。FANUC 0i 数控系统常用 G 代码见表 6–1。

表 6–1　FANUC 0i 数控系统常用 G 代码

代码	组别	功能	代码	组别	功能
G00	01	快速定位	G30	00	第 2、3、4 参考点返回
G01		直线插补	G32	01	螺纹切削，等螺距
G02		顺时针圆弧插补	G34		螺纹切削，变螺距
G03		逆时针圆弧插补	G40	07	取消刀具半径补偿
G04	00	暂停	G41		刀具半径左补偿
G10		可编程数据输入	G42		刀具半径右补偿
G20	06	英制单位输入	G50	00	坐标系设定或主轴最大速度
G21		公制单位输入	G52		局部坐标系设定
G22	04	存储行程检查接通	G53		机床坐标系设定
G23		存储行程检查断开	G54	14	工件坐标系选择 1
G25	08	主轴速度波动检断开	G55		工件坐标系选择 2
G26		主轴速度波动检接通	G56		工件坐标系选择 3
G27	00	自动返回参考点确认	G57		工件坐标系选择 4
G28		返回参考位置	G58		工件坐标系选择 5

续表

代码	组别	功能	代码	组别	功能
G59	14	工件坐标系选择 6	G75	00	径向切槽循环
G65	00	调用宏指令	G76		多重螺纹切削循环
G66	12	模态宏调用	G90	01	外圆切削循环
G67		模态宏调用取消	G92		螺纹切削循环
G70	00	精车固定循环	G94		端面切削循环
G71		外径粗车循环	G96	05	恒线速度控制有效
G72		端面粗车循环	G97		恒线速度控制取消
G73		固定形状粗车循环	G98	02	进给速度按每分钟进给量
G74		*Z* 向啄式钻孔及端面切槽循环	G99		进给速度按主轴每转进给量

G 代码根据分组不同，有以下两种形式。

（1）模态代码。该组代码一旦被执行，则一直到同一组的代码出现或被取消为止都有效。表中标有“01”所对应的 G 代码均为模态代码。

（2）非模态代码。只在所在的程序段中有效。表中标有“00”所对应的 G 代码均为非模态代码。

2. M 指令说明

FANUC 0i 数控系统中的 M 代码和功能之间的关系是由机床制造商所决定的，一般按 ISO 标准，其中有：M00（程序停止）、M01（程序有条件停止）、M03（主轴正转）、M04（主轴反转）、M05（主轴停止）、M08（切削液开）、M09（切削液关）、M30（程序结束，且加工程序段跳转到程序首）、M98（子程序调用）、M99（子程序结束返回主程序）。

3. S 代码

S 代码主要用来指定主轴转速，单位为 r/min，以“S”为首，后跟表示主轴转速的一列数字。如 S500 表示主轴的转速为 500 r/min。

4. T 代码

当系统具有换刀功能时，T 代码用来指定所需使用的刀具号，以“T”为首，后跟 4 位数字。如 T0101 表示 1 号刀具，调用刀具偏置 1 中的刀具补偿值。

五、指令应用

1. 常用 G 指令

（1）G00　快速定位

格式：G00 X（U）_ Z（W）_ ；

功能：使刀具从当前位置快速移动到程序段指定的位置。

示例：如图 6–7 中 *A* 为刀位点，要使刀位点从 *A* 点快速移动到 *B* 点，那么程序段为 G00 X30 Z0 [（30，0）即为 *B* 点的坐标]。

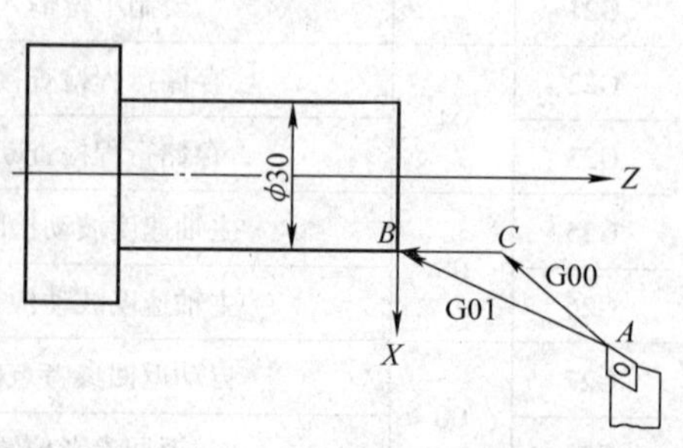

图 6–7　G00、G01 走刀轨迹

注意: X、Z 表示绝对值编程，U、W 表示增量值编程。绝对值是以“工件零点”为基准来表示坐标位置的；增量值是以“前一点”位置坐标尺寸的增量来表示坐标位置的。在编制程序时，绝对坐标和增量坐标可以单独使用，也可以在同一程序段中混合使用。G00 的进给速度在数控系统参数中设定。G00 的走刀路径是先以 45° 方向运动，其余部分单轴运动，且 G00 进给速度较快，因此编程时应留有一定的安全余量，避免出现碰刀事故。

（2）G01　直线插补

格式: G01 X__Z__F__；

示例：如图 6–7 中 *A* 为刀位点，要使刀位点从 *A* 点沿直线移动到 *B* 点，那么程序段为 G01 X30 Z0 F50［(30，0) 即为 *B* 点的坐标］。进给速度 F 的单位可以用 G98 设置为 mm/min，或用 G99 设置为 mm/r。

注意：首次使用 G01 直线插补指令时需要指定进给量。若不指定，则系统会按缺省速度运动。

（3）G02（G03） 顺（逆）时针圆弧插补

格式: G02（G03）X（U）__Z（W）__R__F__；

G02（G03）X__Z__I__K__F__；

说明: X、Z 表示圆弧终点坐标，R 表示圆弧半径。圆弧的圆心角不大于 180° 时，R 为正值；大于 180° 时，R 为负值。数控车床中通常 R 为正值。I、K 表示圆心相对于圆弧起点的增量坐标。但对于数控车床，因为圆心角不会超过 180°，所以编程时优先选用 R 指令，避免使用 I、K 指令，从而避免了计算上的麻烦。

注意：由于机床的刀架位置不同，圆弧顺逆的判断十分重要。可在右手定则确定的坐标系中，由确定圆弧所在平面的两根坐标轴之外的第三根坐标轴的正向向负向看，顺时针为 G02，逆时针为 G03，如图 6–8 所示。

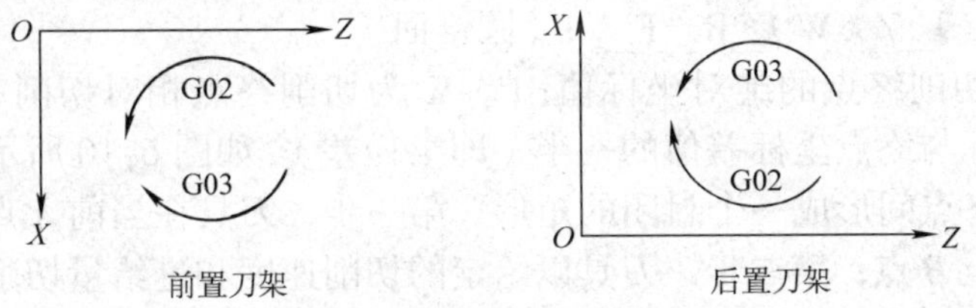

图 6–8　G02、G03 的判断

例 6–1　如图 6–9 所示，编写出精加工程序。

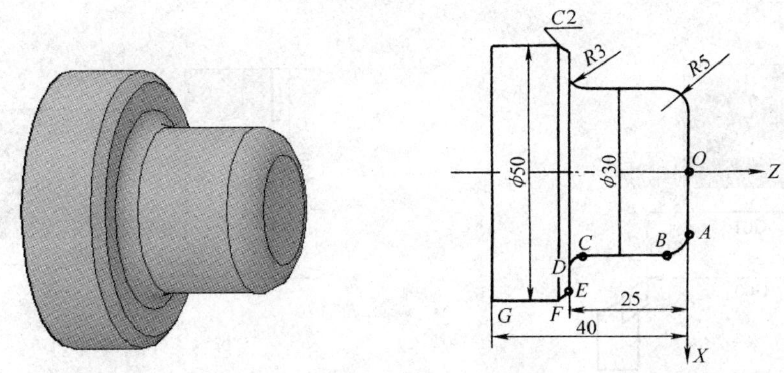

图 6–9　外圆加工

O0001;	程序名为 0001
N10 M03 S500;	主轴正转，转速为 500 r/min
N20 T0101;	1 号刀具，调用 1 号刀具补偿
N30 G00 X50.Z0;	快速走刀至起刀点（X50. Z0）
N40 G01 X0 F100;	以 100 mm/min 的速度沿直线切削到 *O* 点
N50 X20.;	以 G01 方式切削到 *A* 点，进给速度省略，与上一程序段相同
N60 G03 X30.Z–5.R5.;	顺时针走圆弧切削至 *B* 点
N70 G01 Z–22.;	以 G01 方式切削至 *C* 点，*C* 点距原点长度为 –22 mm
N80 G02 X36.Z–25.R3.;	逆时针走圆弧切削至 *D* 点
N90 G01 X46.;	以 G01 方式切削至 *E* 点，直径为 46 mm
N100 X50.Z–27.;	以 G01 方式切削至 *F* 点，直径为 50 mm，*F* 点距原点长度为 –27 mm
N110 Z–40.;	以 G01 方式切削至 *G* 点，*G* 点距原点长度为 –40 mm
N120 G00 X100. Z100.;	快速退刀
N130 M05;	主轴停止
N140 M30;	程序结束，且加工程序段跳转到程序首

（4）G04 延时暂停

格式：G04 P__ ;

说明：G04 指令是使程序在指定的时间内暂停进给动作，如刀具在切槽时在槽底的停留动作。需注意 P 在不同的数控系统中有不同的规定。

（5）G90 单一固定形状循环加工圆柱面及圆锥面

格式：G90 X（U）_Z（W）_F__ ;（圆柱面）

G90 X（U）_Z（W）_R__F__ ;（圆锥面）

说明：X，Z 为切削终点的绝对坐标值；U，W 为切削终点相对切削起点的增量值；R 为圆锥切削的起点坐标与终点坐标差值的一半（即半径差）。如图 6–10 所示，用 G90 加工时刀具的起点与指定的终点间形成一个封闭的矩形。第一步，刀具在当前 *A* 点以机床系统内最快的速度沿 *X* 向运动至 *B* 点；第二步，刀具以给定的切削速度和进给量切削工件至 *C* 点；第三步，刀具以给定的进给速度退刀至 *D* 点；第四步，刀具以 G00 方式由 *D* 点快速退至 *A* 点。

注意：G90 进给时第一刀为快速走刀，因此要注意起刀点的位置，以免发生碰撞。

例 6–2 利用 G90 编写出如图 6–11 所示零件的加工程序。

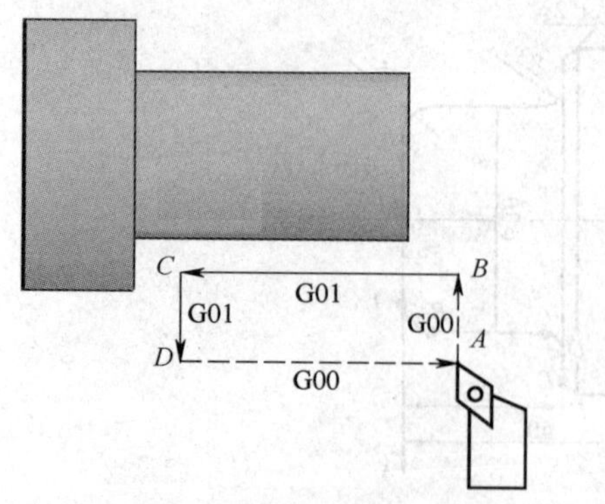

图 6–10 G90 外圆切削过程

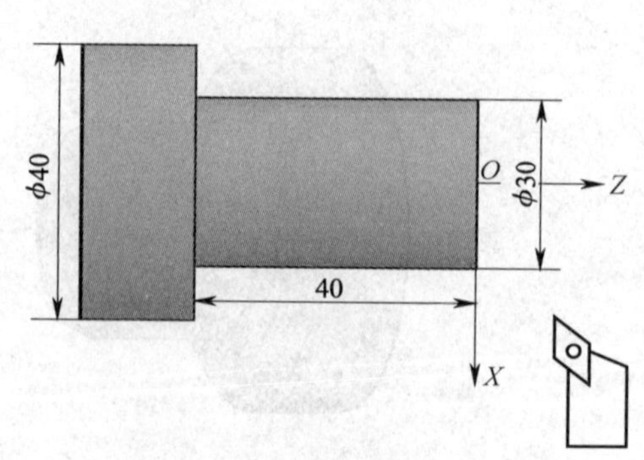

图 6–11 G90 外圆加工

O0002;　　　　　　　　　　　　　　程序名为 0002
N10 M03 S500;
N20 T0101;
N30 G00 X41. Z2.;　　　　　　　　　快速走刀至起刀点
N40 G90 X37. Z-39.5 F100;
N50 X34.;　　　　　　　进给速度为 100 mm/min，每刀 X 向进刀 3 mm，共分 3 次
N60 X31.;
N70 X30. Z-40. F50 S800;　　精加工时 S800，F50
N80 G00 X100.　Z100.;
N90 M05;
N100 M30;

（6）G92　单一固定循环螺纹加工

格式：G92 X（U）__Z（W）__F__；（圆柱螺纹）

　　　G92 X（U）__Z（W）__R__F__；（锥螺纹）

说明：G92 用于单一循环切削螺纹，其中 X（U）、Z（W）坐标指螺纹终点坐标，F 指令表示导程。对于锥螺纹，其格式中加 R。R 表示螺纹起点半径与终点半径之差，有正负号，单边锥度差值 R 为零时即为圆柱螺纹，R 可以省略不写。G92 轨迹与 G90 直线车削循环类似。

例 6-3　利用 G92 指令完成图 6-12 中的螺纹加工。

O0102;　　　　　　　　　　程序名为 0102
N10 M03 S500 T0303;　　　（螺纹车刀）
N20 G00 X38. Z5.;　　　　　快速走刀至起刀点
N30 G92 X29.4 Z-23.　F1.5;
N40 X29.;
N50 X28.6;
N60 X28.2;　　　　　　　　螺距为 1.5 mm，分 6 次切削
N70 X28.;
N80 X27.8;
……

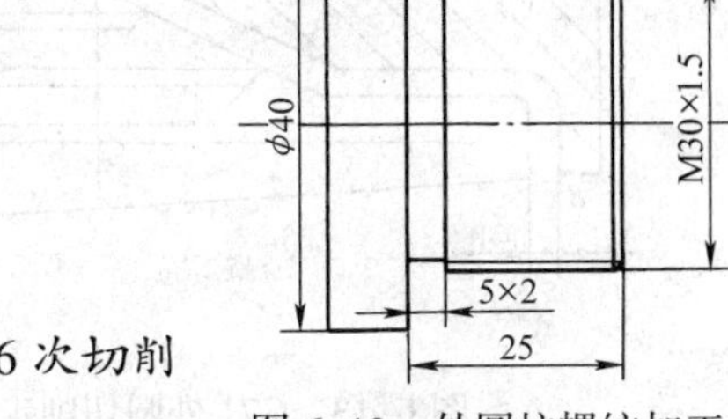

图 6-12　外圆柱螺纹加工

2. 复合循环指令

（1）G71　外径粗车循环

格式：G71 U（Δd）R（e）;

　　　G71 P（ns）Q（nf）U（Δu）W（Δw）F__S__T__ ;

式中　Δd——每次循环的背吃刀量，沿 Z 向；

　　e——每次切削退刀量；

　　ns——精加工循环程序段的第一个程序段号；

　　nf——精加工循环程序段的最后一个程序段号；

　　Δu——X 向精车时预留量（直径值）；

　　Δw——Z 向精车时预留量。

注意：粗加工时 G71 中编制的 F、S、T 有效，而精加工时处于 ns 到 nf 程序段之间的

F、S、T 有效。

说明：G71 指令主要适用于毛坯料粗车外径和粗车内径，该指令在精加工时第一刀必须是 *X* 向进给。在 G71 指令描述零件的精加工轮廓时，CNC 系统会根据加工程序所描述的轮廓形状和 G71 指令中所设的参数自动生成加工路径，将粗加工待切除余量切削完成。其走刀轨迹如图 6–13 所示。

（2）G72　端面粗车循环

格式：G72 W（Δd）R（e）;

G72 P（ns）Q（nf）U（Δu）W（Δw）F__S__T__；

式中　Δd——每次循环的背吃刀量，沿 *Z* 向；

e——每次切削退刀量；

ns——精加工循环程序段的第一个程序段号；

nf——精加工循环程序段的最后一个程序段号；

Δu——*X* 向精车时预留量（直径值）；

Δw——*Z* 向精车时预留量。

说明：G72 加工的刀具轨迹必须沿 *X* 向或 *Z* 向都是单调变化。外圆切削时走刀轨迹如图 6–14 所示。*X* 向和 *Z* 向精车预留量 Δu、Δw 的符号取决于 ns 至 nf 程序段所描述的轮廓形状。G72 不能用于加工端面内凹的形状，精加工时第一刀须是 *Z* 向进给。

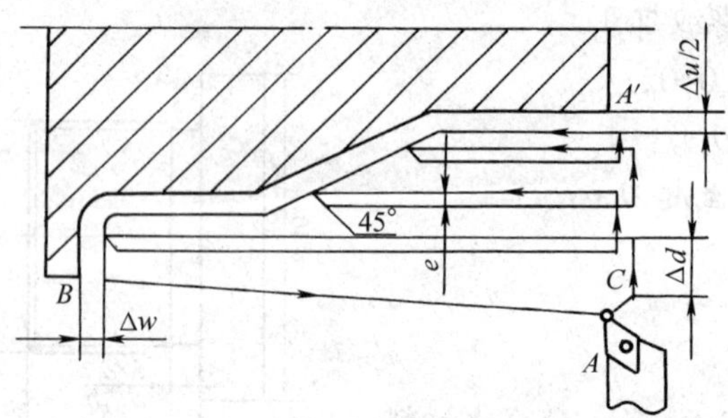

图 6–13　G71 外圆切削走刀轨迹

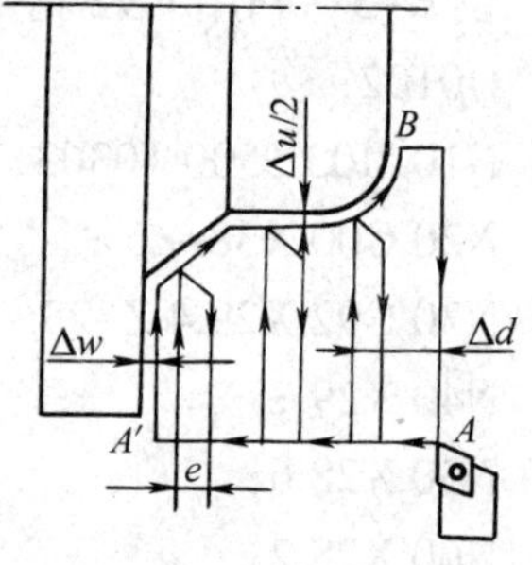

图 6–14　G72 外圆切削走刀轨迹

（3）G73　成形加工复合循环

格式：G73 U（d）W（k）R（e）;

G73 P（ns）Q（nf）U（Δu）W（Δw）F__S__T__；

式中　d——*X* 向毛坯切除余量，为半径值（正值）；

k——*Z* 向毛坯切除余量（正值）；

e——粗切循环的次数；

ns——精加工循环程序段的第一个程序段号；

nf——精加工循环程序段的最后一个程序段号；

Δu——*X* 向精车时预留量（直径值）；

Δw——*Z* 向精车时预留量。

说明：G73 指令适用于加工铸、锻件毛坯零件，其形状已经基本成形，只是外径、长度较成品大一些。当然，G73 方式也可用于加工普通未切除余料的毛坯。G73 指令描述精加工走刀路径时应封闭。

（4）G70　精车固定循环

格式：G70 P（*ns*）Q（*nf*）；

式中　*ns*——精加工固定循环程序段的第一个程序段号；

　　nf——精加工固定循环程序段的最后一个程序段号。

说明：G70 指令主要用在 G71、G72、G73 指令粗车后的精车循环。在 G70 的状态下，在指定的精车描述程序段中的 F、S、T 有效；若不指定时，则按原粗加工时的 F、S、T 值。

注意：在 G70 到 G73 中的 *ns* 到 *nf* 循环程序段中不能调用子程序；当 G70 循环结束时，刀具返回到起点，并读入下一程序段。

例 6–4　用 G71、G70 指令加工如图 6–15 所示的零件。

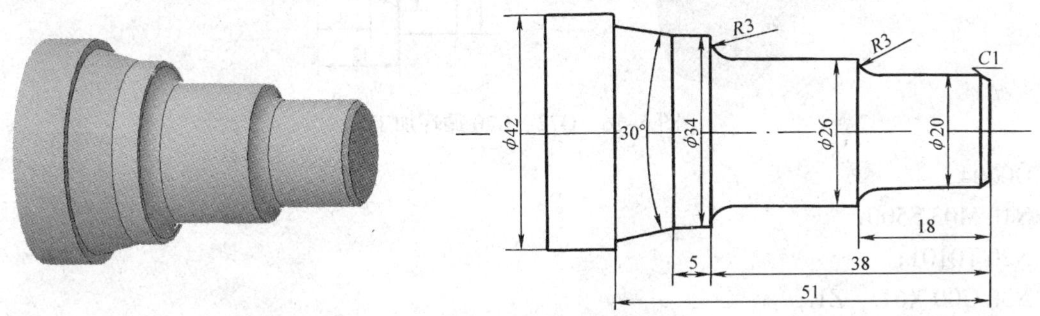

图 6–15　G71、G70 外圆循环加工

O0003；	
N10 M03 S500；	
N20 T0202；	2 号刀具，调用 2 号刀具补偿
N30 G00 X44. Z2.；	
N40 G71 U2. R0.5；	每层背吃刀量 2 mm，退刀 0.5 mm
N50 G71 P60 Q170 U0.3 W0.1 F100；	*X* 向单边精加工余量 0.3 mm，*Z* 向 0.1 mm。粗加工时进给速度为 100 mm/min
N60 G00 X0；	将刀具先沿 *X* 向移动
N70 G01 Z0 F50；	精加工时进给速度为 50 mm/min
N80 X18.；	
N90 X20. Z–1.；	
N100 Z–15.；	
N110 G02 X26. Z–18. R3.；	
N120 G01 Z–35.；	
N130 G02 X32. Z–38. R3.；	
N140 G01 X34.；	
N150 W–5.；	
N160 X38.29 Z–51.；	
N170 X44.；	
N180 G00 Z2.；	
N190 G70 P60 Q170；	调用精加工循环

```
N200 G00 X100.  Z100.;
N210 M05;
N220 M30;
```

例 6-5 用 G72、G70 指令加工如图 6-16 所示的零件。

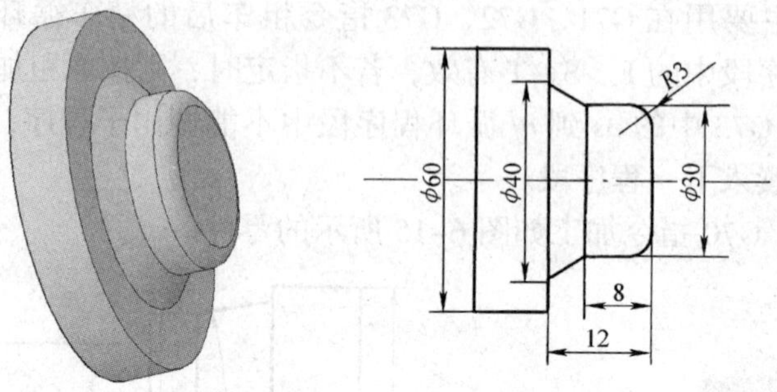

图 6-16 G72、G70 循环加工

```
O0004;
N10 M03 S500;
N20 T0101;
N30 G00 X61.  Z1.;
N35 G72 W2 R0.5;                       每层背吃刀量 2 mm；退刀 0.5 mm
N40 G72 P50 Q100 U0.1 W0.3 F100;       X 向单边精车余量 0.1 mm，Z 向精车余量 0.3 mm，
                                       进给量 100 mm/min
N50 G00 Z-12.;                         将刀具先沿 Z 向移动
N60 G01 X40.  F50;
N70 X30.  Z-8.;
N80 Z-3.;
N90 G02 X24.  Z0 R3.;
N100 G00 Z1.;
N110 G70 P50 Q100;                     调用精加工循环
N120 G00 X100. Z100.;
N130 M05;
N140 M30;
```

例 6-6 用 G73、G70 指令加工如图 6-17 所示的零件。

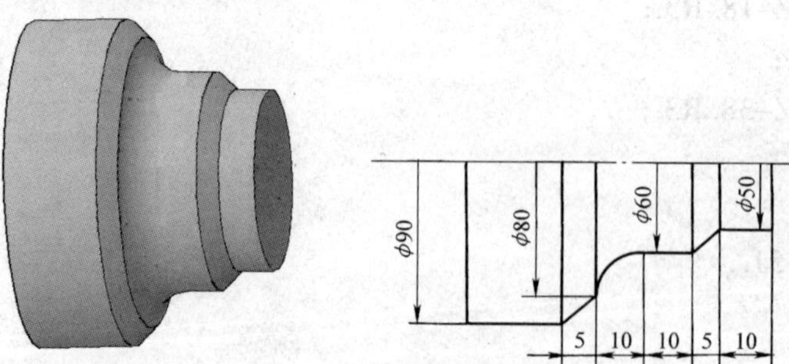

图 6-17 G73、G70 循环加工

1）X、Z 向双向进刀

```
O0005;
N10 M03 S500;
N20 T0101;
N30 G00 X150.   Z30.;
N40 G73 U25.   W10.   R13.;            X向最大切削余量25 mm，Z向最大切削余量10 mm。粗切削循环13次
N50 G73 P60 Q120.U0.3 W0.2 F100;       X向单边精加工余量0.3 mm，Z向精加工余量0.2 mm。粗加工时进给量100 mm/min
……
N110 G00 X150.   Z30.;
……
```

2）X 向进刀

```
O0006;
N10 M03 S500;
N20 T0101;
N30 G00 X150.   Z2.;
N40 G73 U25. W0 R13.;
N50 G73 P60 Q120.U0.3 W0.2 F100;
……
N110 G00 X150.   Z2.;
```

3）Z 向进刀

```
O0007;
N10 M03 S500;
N20 T0101;
N30 G00 X92. Z45.;
N40 G73 U0 W40. R13.;
N50 G73 P60 Q120. U0.3 W0.2 F100;
……
N110 G00 X92. Z45.;
```

例 6–7　编写图 6–18 所示的复杂零件的加工程序（毛坯 ϕ45 mm × 85 mm）。

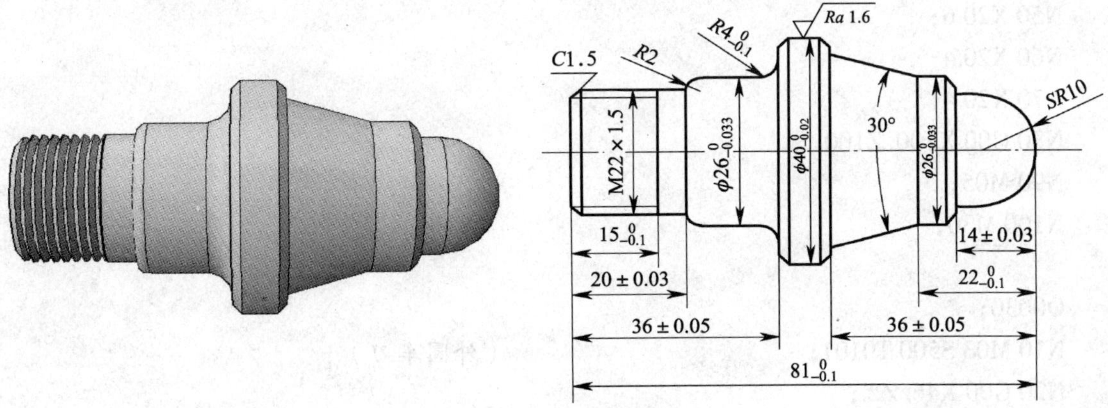

图 6–18　复杂零件加工

```
O0010;                                    （左端）
N10 M03 S500 T0101;                       （外圆车刀）
N20 G00 X46. Z2.;
N30 G71 U2. R0.5;
N40 G71 P50 Q150 U0.5 W0.1 F120;
N50 G00 X0;
N60 G01 Z0. F50;
N70 X19.;
N80 X22. Z-1.5;
N90 Z-20.;
N100 G03 X26. Z-22. R2.;
N110 G01 Z-32.;
N120 G02 X32. Z-36. R4.;
N130 G01 X38.;
N140 X40. Z-37.;
N150 Z-46.;
N160 M03 S800 T0101;
N170 G00 X46. Z2.;
N180 G70 P50 Q150;
N190 G00 X100. Z100.;
N200 M05;
N210 M30;

O0020;                                    （左端螺纹）
N10 M03 S500 T0303;                       （螺纹车刀）
N20 G00 X24. Z2.;
N30 G92 X21.4 Z-15. F1.5;
N40 X21.;
N50 X20.6;
N60 X20.4;
N70 X20.4;
N80 G00 X100. Z100.;
N90 M05;
N100 M30;

O0030;
N10 M03 S500 T0101;                       （外圆车刀）
N20 G00 X46. Z2.;
N30 G71 U2. R0.5;
```

```
N40 G71 P50 Q140 U0.5 W0.1 F120;
N50 G00 X0;
N60 G01 Z0. F50;
N70 G03 X20. Z-10. R10.;
N80 G01 Z-14.;
N90 X24.;
N100 X26. Z-15.;
N110 Z-22.;
N120 X33.5 Z-36.;
N130 X38.;
N140 X40.   Z-37.;
N150 M03 S800 T0101;
N160 G00 X46.   Z2.;
N170 G70 P50 Q140;
N180 G00 X100.   Z100.;
N190 M05;
N200 M30;
```

§6-3 数控铣削

一、数控铣床基本知识

1. 数控铣床的定义

数控铣床是用于完成铣削加工的数控机床，它是一种加工功能较强的数控机床，在数控加工中占据了重要地位，如图 6–19 所示。这主要是由于铣床具有 *X*、*Y*、*Z* 三轴向可移动的特性，更加灵活，且可完成较多的加工工序。世界上首台数控机床就是一台三坐标铣床。现在数控铣床已全面向多轴化发展。目前迅速发展的如图 6–20 所示的加工中心和柔性制造单元，也是在数控铣床和数控镗床的基础上产生的。当前人们在研究和开发数控系统时，也一直把铣削加工作为重点。

2. 机床坐标系中的规定

数控铣床的加工动作主要分为刀具的动作和工件的动作两部分，因此，在确定机床坐标系的方向时规定，永远假定刀具相对于静止的工件运动。对于机床坐标系的方向，均将增大工件与刀具间距离的方向确定为正方向。数控机床的坐标系采用右手定则的笛卡儿坐标系。如图 6–21 所示，左图中拇指的方向为 *X* 轴的正方向，食指指向 *Y* 轴的正方向，中指指向 *Z* 轴的正方向；而右图则规定了 *A*、*B*、*C* 轴的转动正方向。

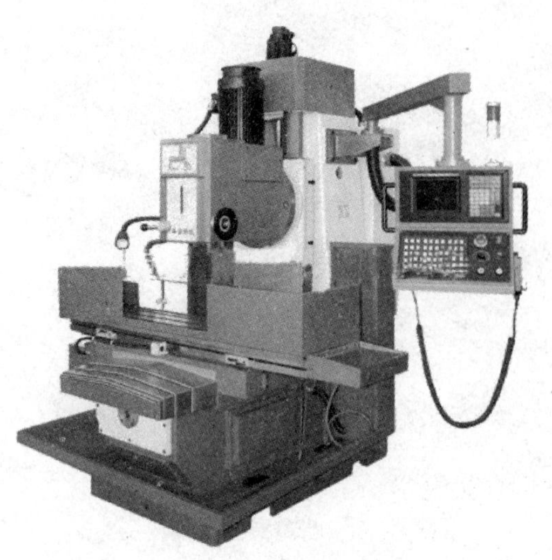

图 6–19　数控铣床

图 6–20　加工中心

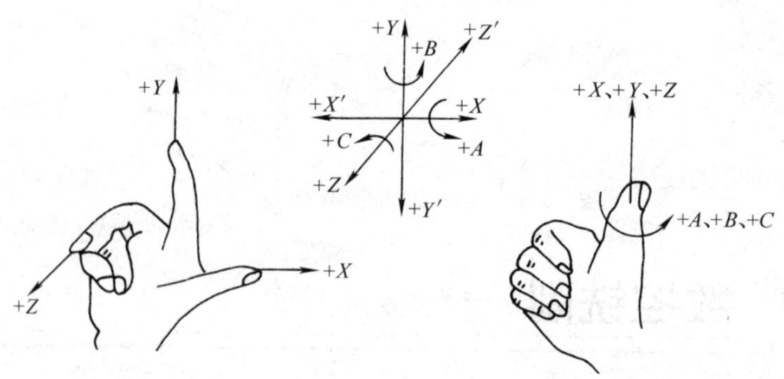

图 6–21　右手笛卡儿坐标系

二、常用指令

1. G00　快速定位

格式：G90 G00 X__Y__Z__；

　　　G91 G00 X__Y__Z__；

说明：式中 X 、Y、Z 分别为坐标点，采用 G90 方式时为绝对值编程（默认方式，可不写），X、Y、Z 坐标分别为到编程原点的距离；当采用 G91 增量编程方式时，X、Y、Z 坐标是相对于起点的增量坐标。在编程时，不运动的坐标可以省略不写。G00 的移动速度可由机床系统参数设置。如图 6–22 所示，*A* 点至 *B* 点其快速移动指令为：

G00 X–200. Y–100.Z300.；

2. G01　直线插补

格式：G90 G01 X__Y__Z__F__；

　　　G91 G01 X__Y__Z__F__；

说明：式中 X 、Y、Z 分别为坐标点，G90 为绝对值编程，G91 为增量值编程，F 为刀具切削进给速度。G00 和 G01 的刀具轨迹与数控车床相似。

例 6–8 已知图 6–23 所示的键槽，铣刀为 ϕ16 mm 且等于槽的宽度，工件坐标系为 G54 设定，加工程序如下：

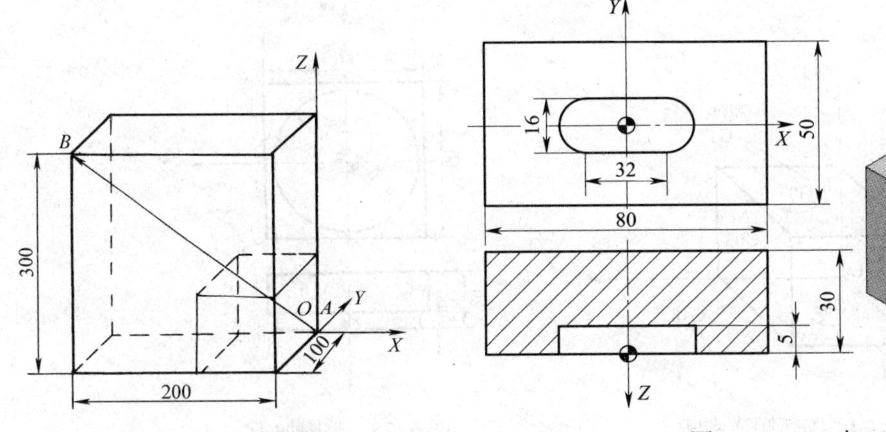

图 6–22 G00 移动轨迹

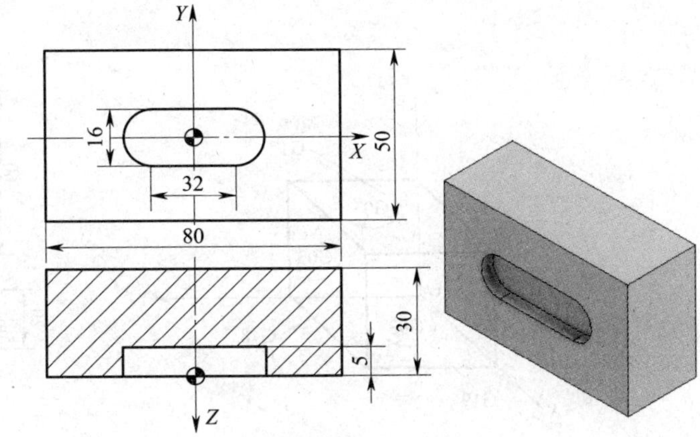

图 6–23 G01 加工实例

```
O0001;
N10 G90 G21 G94 G40 G80 G54;          （程序初始化）
N20 M03 S500;
N30 G00 X-16.   Y0;                   （刀具快速定位）
N40 Z2.                               （Z 向快速定位）
N50 G01 Z-5.   F100;
N60 X16.;
N70 G00 Z100.;
N80 M05;
N90 M30;
```

3. G02/G03 圆弧插补

格式：

$$G17\left\{\begin{matrix}G02\\G03\end{matrix}\right\}X\_\ Y\_\ Z\_\left\{\begin{matrix}R\_\\I\_\ J\_\ K\_\end{matrix}\right\}F\_$$

$$G18\left\{\begin{matrix}G02\\G03\end{matrix}\right\}X\_\ Y\_\ Z\_\left\{\begin{matrix}R\_\\I\_\ J\_\ K\_\end{matrix}\right\}F\_$$

$$G19\left\{\begin{matrix}G02\\G03\end{matrix}\right\}X\_\ Y\_\ Z\_\left\{\begin{matrix}R\_\\I\_\ J\_\ K\_\end{matrix}\right\}F\_$$

说明：G02 表示顺时针圆弧插补，G03 表示逆时针圆弧插补。顺时针和逆时针的判断方法为，从确定圆弧所在平面的两根坐标轴之外的第三根坐标轴的正向向负向看，顺时针方向为 G02，逆时针方向为 G03，可参照图 6–24 加以区分。式中 R 为圆弧半径，当圆心角小于 180° 时，R 为正值；大于 180° 时，R 为负值。加工整圆时可以使用 I、J、K 圆弧插补。I、J、K 值是起点到圆心的对应坐标轴上的增量值，因此该值有正负之分，当增量的方向和坐标轴的方向不一致时为“–”号，反之为“+”号。若 I、J、K 为零时，则可省略。

例 6–9 如图 6–25 所示的圆形凸台，用 ϕ20 mm 的键槽铣刀加工，凸台高为 5 mm，直径为 50 mm，加工程序如下：

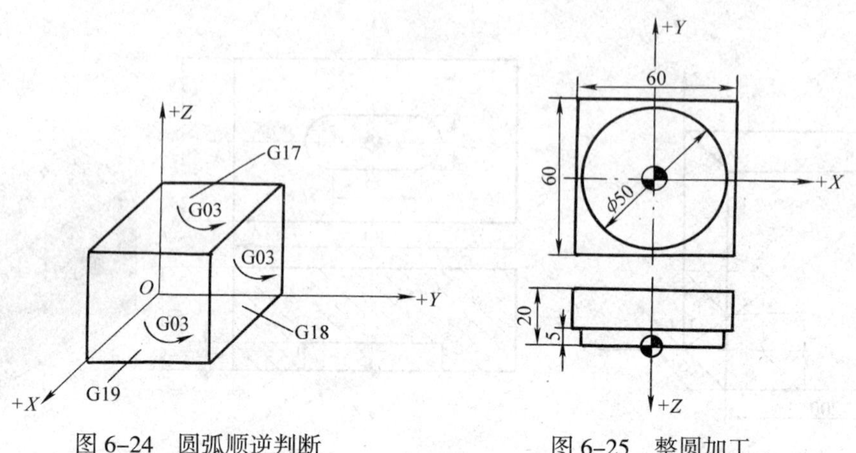

图 6–24 圆弧顺逆判断　　　　图 6–25 整圆加工

```
O0002;
G90 G21 G94 G40 G80 G54;                  (程序初始化)
M03 S600;
G00 X55. Y55.;
Z2.;
G01 Z-5. F120;
Y35.;
X0.;
G03 X0 Y35. J-35.;                        (I、J、K 方式编写整圆加工程序)
G01 X-10.;
G00 Z100;
M05;
M30;
```

三、刀具补偿

1. 刀具半径补偿（G40、G41、G42）

（1）刀具半径补偿的定义。在轮廓加工过程中，由于刀具总有一定的半径（如铣刀半径），刀具中心的运动轨迹并不等于所加工零件的实际轨迹，即数控机床进行轮廓加工时必须考虑到刀具半径。如果不考虑刀具半径，直接按照零件轮廓编程是比较方便的，但是这时刀具中心是按零件轮廓运动，加工出来的形状将会比图样尺寸小一个刀具半径值。为了既能使编程方便，又能使刀具中心沿轨迹运动，加工出合格的零件，就需要有刀具半径补偿功能。

（2）刀具半径补偿指令格式

G41 G01 X__Y__F__D__；

G42 G01 X__Y__F__D__；

说明：G41 为刀具半径左补偿，G42 为刀具半径右补偿。两指令的判断方法是沿刀具的移动方向看，当刀具处在切削轮廓左侧时，称为刀具左补偿；当刀具处在切削轮廓右侧时，称为刀具右补偿，如图 6–26 所示。式中 D 值用于指定偏置存储器的偏置号。补偿值一般指刀具的半径值。G41、G42 指令的撤销可用 G40 进行。

（3）刀具半径补偿的过程。刀具半径补偿的过程可分为三步，具体如图 6–27 所示，*OA*：刀具半径补偿建立，*ABCDE*：刀具半径补偿进行，*EO*：刀具半径补偿取消。

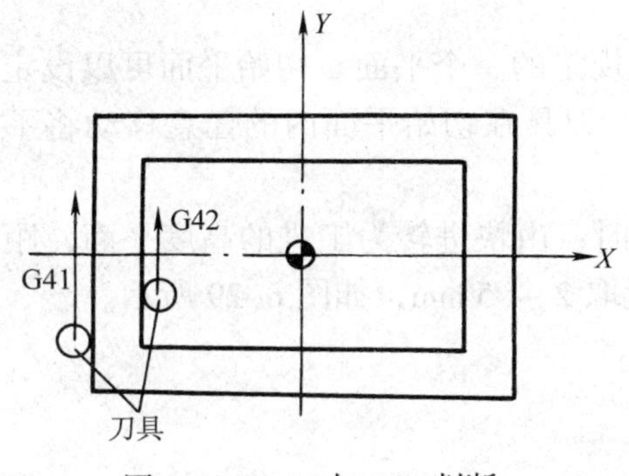

图 6–26　G41 与 G42 判断

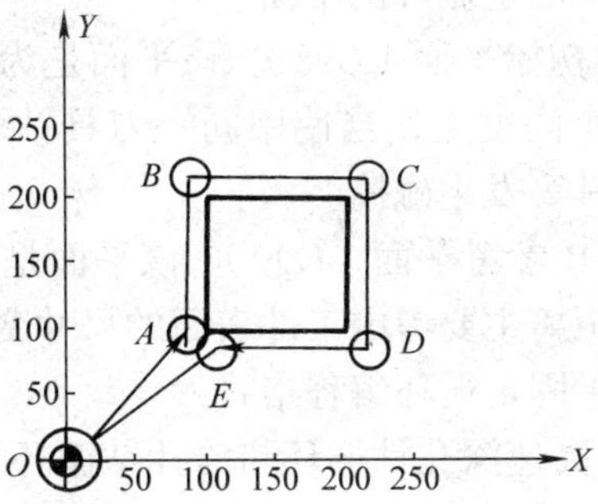

图 6–27　刀具半径补偿过程

例 6–10　如图 6–27 所示，刀具半径补偿程序如下。

```
O0001;
……
N40 G41 G01 X100. Y100. D01;        （左）刀具半径补偿建立
N50 Y200. F100;  ┐
……               ├                 刀具半径补偿进行
N80 X100.;       ┘
N90 G40 G00 X0 Y0;                  刀具半径补偿取消
……
```

2. 刀具长度补偿（G49、G43、G44）

（1）刀具长度补偿的定义。刀具长度补偿是为了补偿假定的刀具长度与实际的刀具长度之间的差值的指令。刀具长度补偿指令一般用于刀具轴向（*Z* 向）的补偿，使刀具在 *Z* 向的实际位移量大于或小于程序的给定量，从而使长度不一样的刀具的底面在 *Z* 向运动终点达到同一个实际位置。

（2）刀具长度补偿指令格式

G43 H__ ；（刀具长度补偿“+”）

G44 H__ ；（刀具长度补偿“–”）

G49；（取消刀具长度补偿）

注意：刀具长度补偿和取消刀具长度补偿在程序中都是成对出现的。

说明：H 值用于指定偏置存储器的偏置号。在实际编程中，为避免发生差错，常采用 G43 的格式，其刀具偏置值通常为正值，即实际的刀长比编程刀长还长。

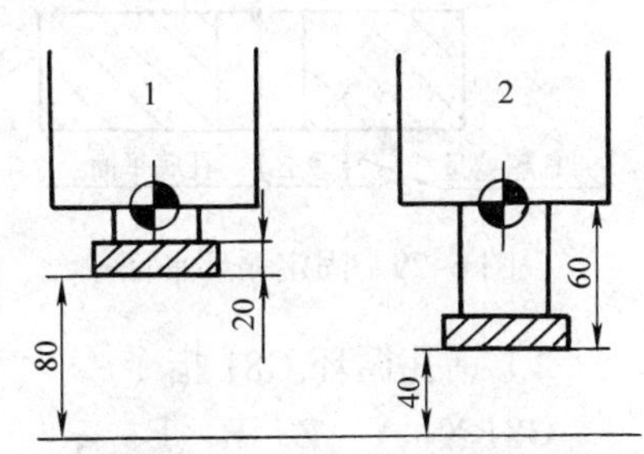

图 6–28　刀具长度补偿过程

例 6–11　以 G43 指令为例，如图 6–28 所示。

1 号刀：

G43 G01 Z-100. H01 F100；（刀具的实际移动量是 -100+20=-80，刀具往下移 80 mm）

2 号刀：

G43 G01 Z-100. H02 F100；（刀具的实际移动量是 -100+60=-40，刀具往下移 40 mm）

3. 钻孔固定循环指令（G80、G73、G81、G83）

（1）固定循环的平面

1）初始平面（G98）。该平面是为安全下刀规定的一个平面。初始平面可以设定在任意一个安全高度上，当使用同一刀具钻多个孔时，刀具在初始平面内的任意移动将不会与工具、夹具等发生碰撞。

2）R 参考平面（G99）。该平面是刀具下刀时，由快进转为工进的高度平面，距工件上表面的距离主要考虑工件表面的尺寸变化，一般取 2 ~ 5 mm，如图 6-29 所示。

（2）固定循环编程格式

1）高速深孔钻循环与深孔钻循环

G73/G83 X__Y__Z__R__Q__F__；

式中 G73——高速深孔钻循环；

G83——深孔钻循环；

X、Y——孔在 *XY* 平面内的定位；

Z——孔底平面的位置；

R——*R* 参考平面的位置；

Q——当有间歇进给时，刀具每次加工深度；

F——孔加工时的进给速度。

说明：G73 指令通过 *Z* 向的间歇进给来实现断屑与排屑。G83 与 G73 指令功能相似，区别是刀具间歇进给后快速退回 *R* 参考平面，再快速进给到 *Z* 向距上次切削孔底面 *d* 处，从 *d* 点处由快进变工进。*d* 值由机床系统指定，因此 G83 多用于加工深孔。G73 与 G83 钻孔动作，如图 6-30 所示。

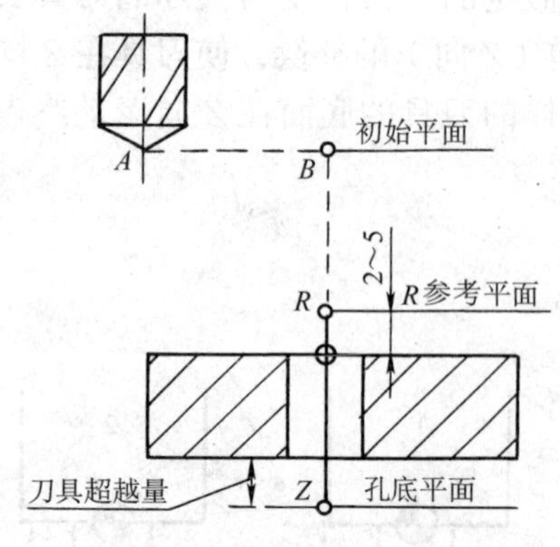

图 6-29 固定循环平面

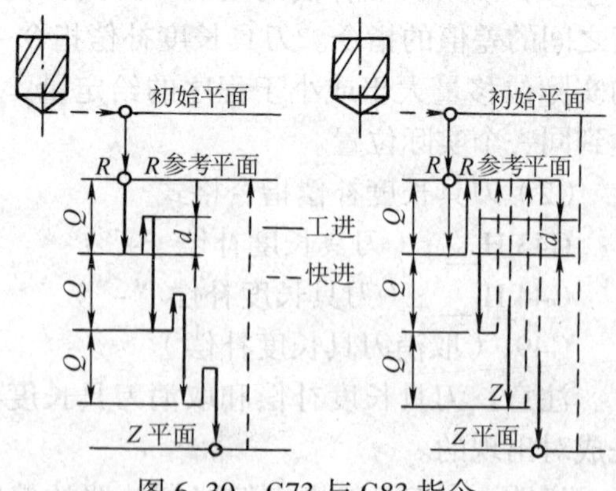

图 6-30 G73 与 G83 指令

2）钻孔循环 G81 指令

G81 X__Y__Z__R__F__；

说明：G81 用于正常的钻孔，切削进给执行到孔底，然后刀具从孔底快速移动退回。

（3）G80 取消钻孔循环。取消孔加工循环采用 G80 指令。此外，如在孔循环加工中出现 G01、G02 这类代码时也会自动取消。

例 6–12　加工如图 6–31 所示的孔，加工程序如下。

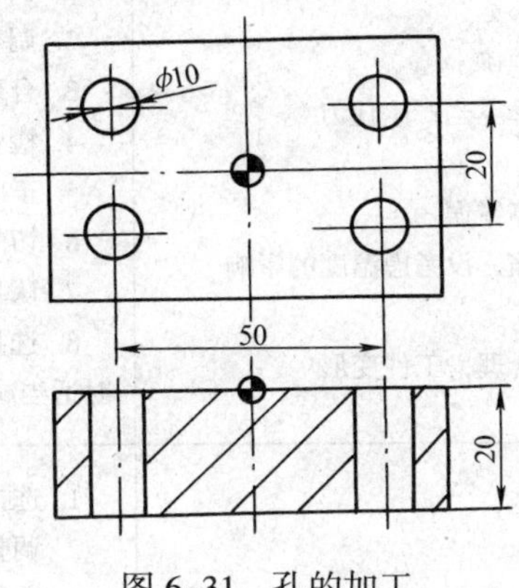

图 6–31　孔的加工

```
O0001;
N10 G90 G94 G40 G80 G21 G54;
N20 G91 G28 Z0;                                  （退刀至 Z 向机床零点）
N30 G90 G00 X0 Y0;
N40 G43 Z50. H01;
N50 M03 S500;
N60 G99 G73 X-25. Y-10. Z-25. R3. Q5. F50;       （固定循环开始）
N70 X25.;
N80 Y10.;
N90 G98 X-25.;
N100 G80;                                        （取消钻孔循环）
N110 G49 G00 Z50.;                               （取消刀具长度补偿）
N120 G91 G28 Z0;
N130 M05;
N140 M30;
```

§6–4　数控加工质量分析

数控机床加工时，零件加工误差分析见表 6–2。

表 6–2　　零件加工误差分析

问题	产生原因	预防方法
工件尺寸超差	1. 对刀不准确 2. 刀具参数不准确 3. 切削用量选择不当产生让刀 4. 程序错误 5. 工件尺寸计算错误 6. 材料热胀冷缩，没考虑温度的影响 7. 测量误差 8. 工件装夹不合理，工件变形	1. 认真操作 2. 调整或重新设定刀具参数 3. 合理选择切削用量 4. 检查、修改程序 5. 正确计算工件尺寸 6. 切削时浇注切削液 7. 认真测量，读准数据 8. 选择合理的装夹方式和装夹部位，精加工时适当减小夹紧力
表面粗糙度差	1. 切削速度太低 2. 刀具跳动太大 3. 切屑缠绕工件表面 4. 刀具磨损 5. 切削液选择不合理 6. 机床和夹具刚度低引起振动 7. 切屑排除不顺畅	1. 选择较高的主轴转速 2. 调整刀具到合适位置 3. 选择合理的进刀方式和背吃刀量 4. 及时更换刀具或刀片 5. 正确选择切削液 6. 提高机床系统刚度 7. 及时排除切屑
台阶处不清角	1. 程序错误 2. 刀具安装不正确 3. 刀具选择错误 4. 刀具损坏	1. 检查、修改程序 2. 正确安装刀具 3. 正确选择加工刀具 4. 更换刀具或刀片
加工时扎刀致工件报废	1. 进给量过大 2. 切屑阻塞 3. 工件安装不合理 4. 刀具角度选择不合理	1. 降低进给速度 2. 采用断、退屑方式切入 3. 检查工件安装，增加刚度 4. 正确选择刀具

习题

1. 什么是数控机床？它由哪几个部分组成？各部分的基本功能是什么？

2. 与普通机床相比，数控机床有什么特点？

3. 什么是 NC、CNC，两者有何区别？

4. 什么是机床原点、机床参考点？

5. 什么是编程原点，如何确定编程原点？

6. 数控铣床中坐标系是如何确定的？

7. 什么叫刀具半径补偿，刀具半径补偿的执行过程有哪几步？

8. 刀具长度补偿有何作用？

9. 已知毛坯为 ϕ45 mm × 81 mm，根据 FANUC 0i 数控系统编写出图 6–32 所示工件的加工程序（未注倒角均为 C1 mm）。

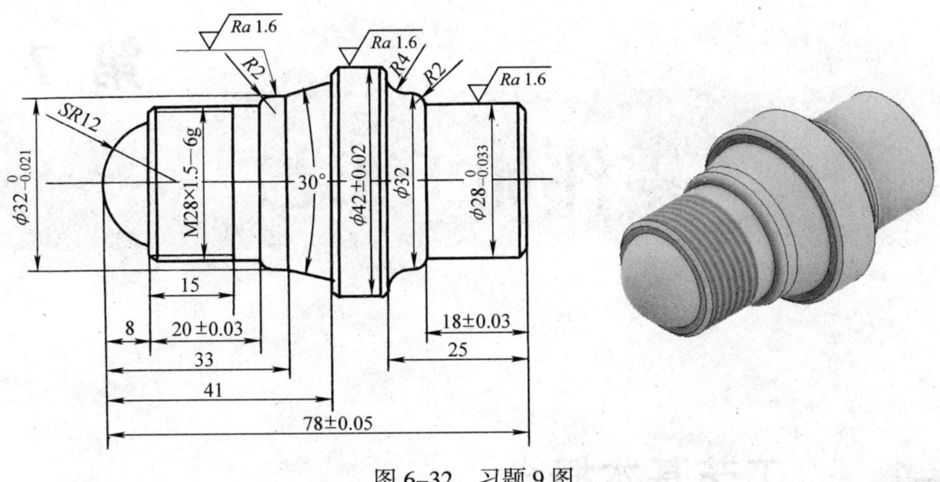

图 6–32　习题 9 图

10. 在数控铣床上加工如图 6–33 所示工件，工件坐标系原点位于上表面中心，写出精加工程序。

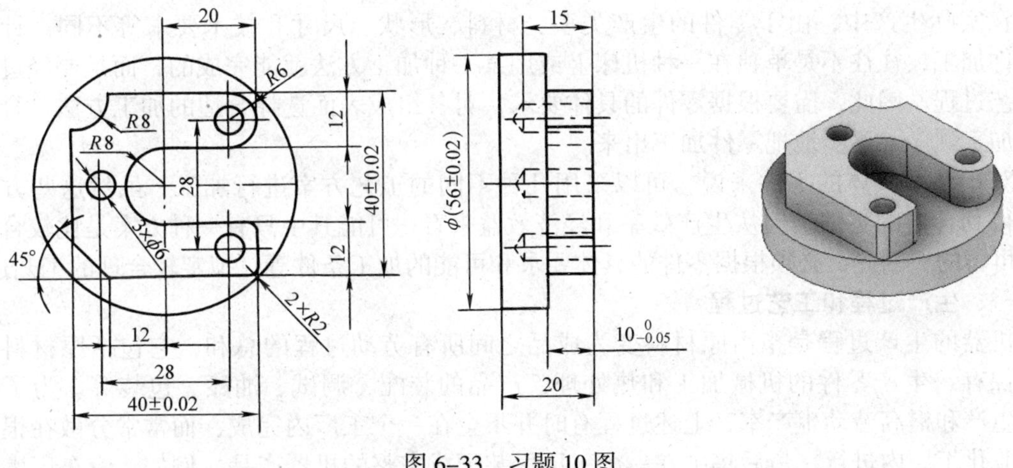

图 6–33　习题 10 图

第 7 章

零件加工工艺

§7-1 工艺基本概念

在实际生产中，由于零件的生产类型、材料、形状、尺寸和技术要求等不同，针对某一零件加工，往往不是单独在一种机床上或用某一种加工方法就能完成的，而是要经过一定的工艺过程。因此，需要根据零件的具体要求，对各组成表面选择合适的加工方法，合理地安排加工顺序，逐步地把零件加工出来。

对于某个具体的零件来说，可以采用几种不同的工艺方案进行加工。虽然这些方案都可以得到合格的零件，但从生产效率和经济效益来看，可能其中只有一种方案是比较合理且切实可行的。因此，必须根据零件的具体要求和可能的加工条件等，拟定较合理的工艺过程。

一、生产过程和工艺过程

机器的生产过程是指由原材料变为成品之间所有劳动过程的总和，它包括原材料的运输和保存，生产零件的机械加工和热处理，产品的装配、调试、油漆、包装等。为了便于组织生产和提高劳动生产率，上述过程有时并不全在一个工厂内完成，而常常分散在很多不同专业化工厂内进行，最后集中在一个工厂里装配成完整的机器产品。例如，汽车厂生产的汽车，其中轮胎、仪表、发动机以及其他许多零部件都是在另外的工厂进行生产的。一个工厂按一定的顺序将原材料（或半成品）制成该厂的产品（有时只是半成品），这些过程的总和，即为该厂的生产过程。

在生产过程中，直接改变原材料（或毛坯）外形、尺寸和性能，使之变为成品的过程称为工艺过程。例如，毛坯的铸造、锻造和焊接，改变材料性能的热处理，零件的机械加工等，都属于工艺过程。工艺过程又包括若干道工序，每道工序又分为装夹、工位、工步、走刀，其相互关系如下。

- 工艺过程
  - 工序 1
    - 装夹 1
      - 工位 1
        - 工步 1
          - 走刀 1
          - 走刀 2
          - ……
        - 工步 2
        - ……
      - 工位 2
      - ……
    - 装夹 2
    - ……
  - 工序 2
  - ……

1. 工序

工序是工艺过程的基本组成部分，并且是生产计划的基本单元。工序是指在一个工作地点，对一个或一组工件所连续完成的那部分工艺过程。划分工序的主要依据是工作地点是否改变和加工程序是否连续。如图 7–1 所示阶梯轴，它的工艺过程共包括六道工序，见表 7–1。表中工序 2、3 在这一工艺过程中认为是在两台车床上完成的，故分为两道工序。如果车完工件的一端后，立即掉头在同一车床上车另一端，则工序 2、3 可合并成一道工序。

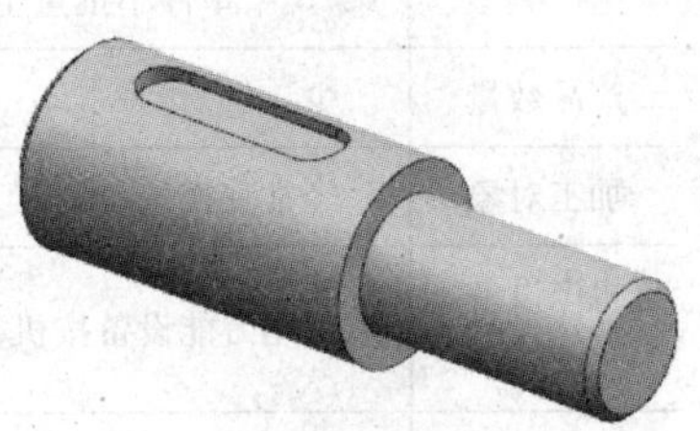

图 7–1 阶梯轴

表 7–1 阶梯轴的加工工序

工序号	工序名称	工序内容	加工设备
1	锯	备料	锯床
2	车	车端面、车大端外圆及倒角	车床（1）
3	车	车端面、车小端外圆及倒角	车床（2）
4	铣	铣键槽	铣床
5	钳	去毛刺	钳工台
6	检	按图样要求检验	

2. 装夹

装夹就是工件装卸一次所完成的那部分工作。应尽可能减少工件装夹次数，因为多一次装夹就多一些误差，同时增加了装卸工件的辅助时间。因此，在生产中常采用不需重新装卸工件而又能改变工件在机床上的位置以加工不同表面的夹具或机床工作台。

3. 工位

在一次装夹中，工件在机床上所占的每个位置上所完成的工序的一部分称为工位。如在台钻上对某一工件的表面钻三个孔，当钻完一个孔后，工件不改变装夹，连同夹具同时移动，然后钻另一个孔，则此工序包括一次装夹、三个工位。

4. 工步

一道工序中，加工表面、刀具、进给量和转速都不变时所完成的那部分工作称为工步。例如在表 7–1 工序 2 中，共有车端面、车大端外圆、倒角三个工步。

5. 走刀

在一个工步中，若所需切去的金属层很厚，可以分几次切削，每一次切削称为一次走刀。

二、生产类型及其工艺特点

零件的年产量计划确定以后，一般要根据生产车间、原材料储备、库房大小及运输等具体情况，将零件分批投产，每批投产的零件数量称为批量。根据产品的大小、特点、年产量、批量及其投入生产的连续性，可分为三种不同的生产类型：单件小批量生产、中批量生产、大批量生产。

拟定零件的工艺过程时，由于生产类型不同，其所采用的加工方法、机床设备、工具、夹具、刀具、量具、毛坯及对工人的技术要求等方面都有很大不同。各种生产类型的工艺特点及要求见表 7–2。

表 7–2　　各种生产类型的工艺特点及要求

生产类型	单件小批量生产	中批量生产	大批量生产
产品数量	少	中等	大量
加工对象	经常变换	周期性变换	固定不变
机床设备和布置	采用万能设备按机群布置	采用万能和专用设备，按工艺路线布置成流水生产线	广泛采用专用设备和自动生产
工夹具	非必要时不采用专用夹具和特种工具	广泛使用专用夹具和特种工具	广泛使用高效专用夹具和特种工具
刀具和量具	一般刀具和量具	专用刀具和量具	高效专用刀具和量具
装夹方法	找正装夹	找正装夹或夹具装夹	夹具装夹
加工方法	根据测量进行试切加工	用调整法加工，有时还可组织成组加工	使用调整法自动化加工
装配方法	钳工试配	普遍应用互换装配，同时保留某些钳工试配	全部互换装配，某些精度较高的配合件用配磨、配研、选择装配，不需钳工试配
毛坯制造	木模造型和自由锻造	金属模造型和模锻	采用金属模机器造型、模锻、压力铸造等
工人技术要求	高	中等	一般
工艺过程要求	只编写简单的工艺过程	除有较详细的工艺过程外，对重要零件的关键工序需有工序操作的详细说明	编制详细的工艺过程和各种工艺文件
生产率	低	中	高
成本	高	中	低

§7–2　零件加工方法选择

机械零件都是由一些简单的几何表面如外圆、孔、平面或成形表面等组合而成的。根据这些表面所要求的加工精度和表面粗糙度，以及零件的结构特点，选用相应的加工方法和加工方案。

一、选择加工方法时应考虑的问题

1. 应先根据每个加工表面的尺寸精度、几何精度和表面粗糙度的要求，确定能达到与其精度要求相适应的经济加工精度的加工方法。所谓经济加工精度，是指在一般条件、正常的操作状态和工人正常的技术水平下，某一加工装备及加工方法所能达到的加工精度和表面粗糙度。相同的加工表面可以用不同的加工方法获得，通常情况下，任何一种加工方法，其加工精度与加工成本之间的关系大致是：加工精度越高，加工成本就越高。

2. 确定机床加工方法时，要考虑工件材料的性质。如淬火钢须用磨削加工；有色金属一般不宜磨削，而采用金刚石刀具进行精加工等。

3. 选择机床加工方法时，须考虑生产批量的大小，即要考虑生产率和经济性的问题。

4. 根据零件的形状选择机床加工方法。如轴类零件可用车削或磨削方法加工，平面可用铣削或刨削方法加工等。

5. 选择机床加工方法时，还要考虑本厂的现有设备情况和技术条件。

二、零件的加工方法选择

由于加工表面的精度和表面粗糙度不是由一种加工方法、一次加工就能达到的，因此，在选择加工方法时，应首先确定主要表面的加工方法，然后再确定其他一系列准备工序的加工方法，即由粗到精逐步达到要求。在选择好主要表面的加工方法后，再选定次要表面的加工方法。在各表面的加工方法初步选定以后，还应考虑各方面工艺因素的影响，例如几个同轴度要求很高的外圆或孔，应安排在同一工序、一次装夹中加工等。

1. 外圆加工方法

外圆是轴、套、盘等类零件的主要表面或辅助表面，这类零件在机器中占有相当大的比例。不同零件上的外圆面往往具有不同的技术要求，对于一般钢铁零件的外圆面，加工的主要方法是车削和磨削；要求精度高、表面粗糙度值小时，往往采用光整加工；对于某些精度要求不高，仅要求光亮的表面，可以通过抛光获得，但在抛光前要达到较小的表面粗糙度值。对于塑性较大的有色金属（如铜、铝合金等）零件精加工，常采用精细车削。

外圆面的加工方案如图 7–2 所示，可作为拟订加工方案的依据和参考。

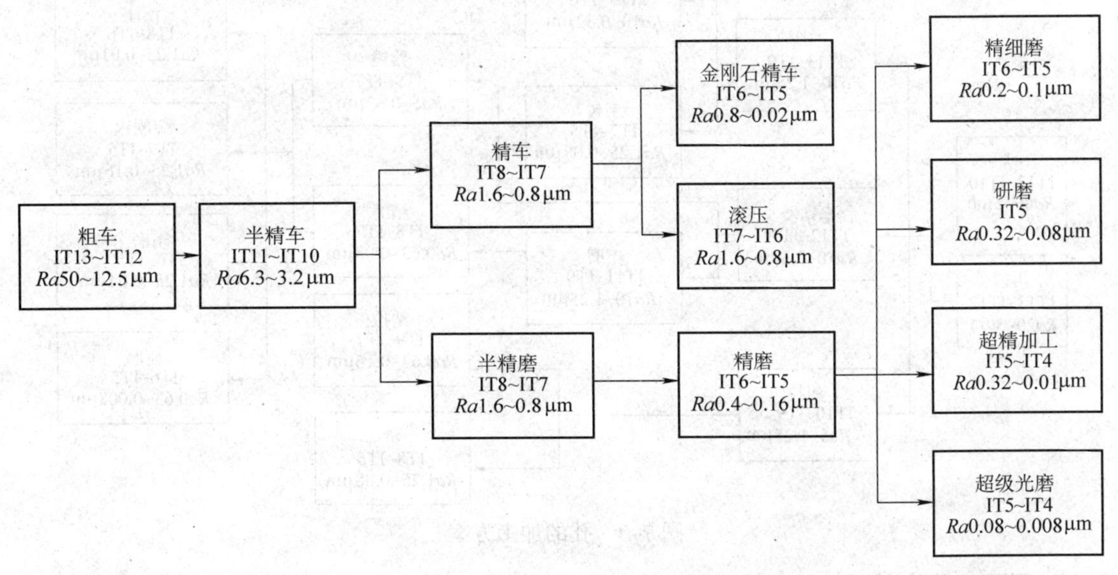

图 7–2　外圆面的加工方案

（1）粗车。对于外圆精度要求低、表面粗糙度值较大的未淬硬工件外圆面，只进行粗车即可。

（2）粗车—半精车。对于中等精度和表面粗糙度要求不太高的未淬硬工件外圆面，均可采用此方案。随着精度要求的提高，可在半精车后再进行精车。

（3）粗车—半精车—磨。此方案最适合加工精度稍高、表面粗糙度值较小、需淬硬的钢件外圆面，也广泛应用于未淬硬的钢件和铸铁件。若加工精度更高、表面粗糙度值更小，则需将磨削分为粗磨和精磨。

（4）粗车—半精车—粗磨—精磨—研磨。此方案可达到很高的精度和很小的表面粗糙度值，但不宜用于加工塑性大的有色金属零件。

（5）粗车—精车—精细车。此方案主要适用于精度要求较高的有色金属零件的精加工。

2. 孔加工方法

孔是组成零件的基本表面之一。零件上有多种多样的孔，常见的有紧固孔、非配合的油孔、回转体零件上的孔、箱体类零件上的孔、深孔和圆锥孔等。由于对各种孔的要求不同，也需要根据具体的生产条件，拟订不同的加工方案。孔加工可以在车床、钻床、镗床、拉床或磨床上进行，大孔和孔系则常在镗床上加工。拟订孔的加工方案时，应考虑孔径的大小和孔的深浅、精度和表面粗糙度等要求，还要考虑工件的材料、形状、尺寸、质量和批量以及车间的具体生产条件。

若在实体材料上加工孔（多属中、小尺寸的孔），必须先采用钻孔；若是对已经铸出或锻出的孔（多为大、中型孔）进行加工，则可直接采用扩孔或镗孔。至于孔的精加工，铰孔适于加工单件小批量未淬硬的中、小直径的孔；拉孔适于加工大批量未淬硬的中、小直径及非圆的孔；中等直径以上的孔，可以采用精镗或精磨；已淬硬的孔只能用磨削方法进行精加工。孔的加工方案如图 7–3 所示。

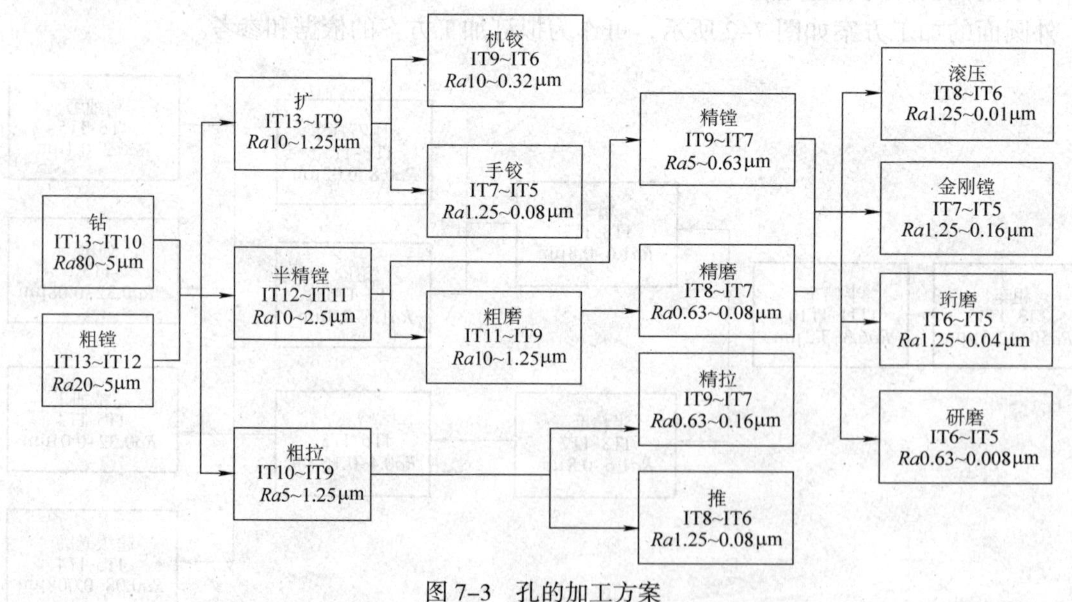

图 7–3　孔的加工方案

3. 平面加工方法

平面可采用车削、铣削、刨削、磨削、研磨、抛光与刮研等。平面的加工方案如图 7–4 所示。

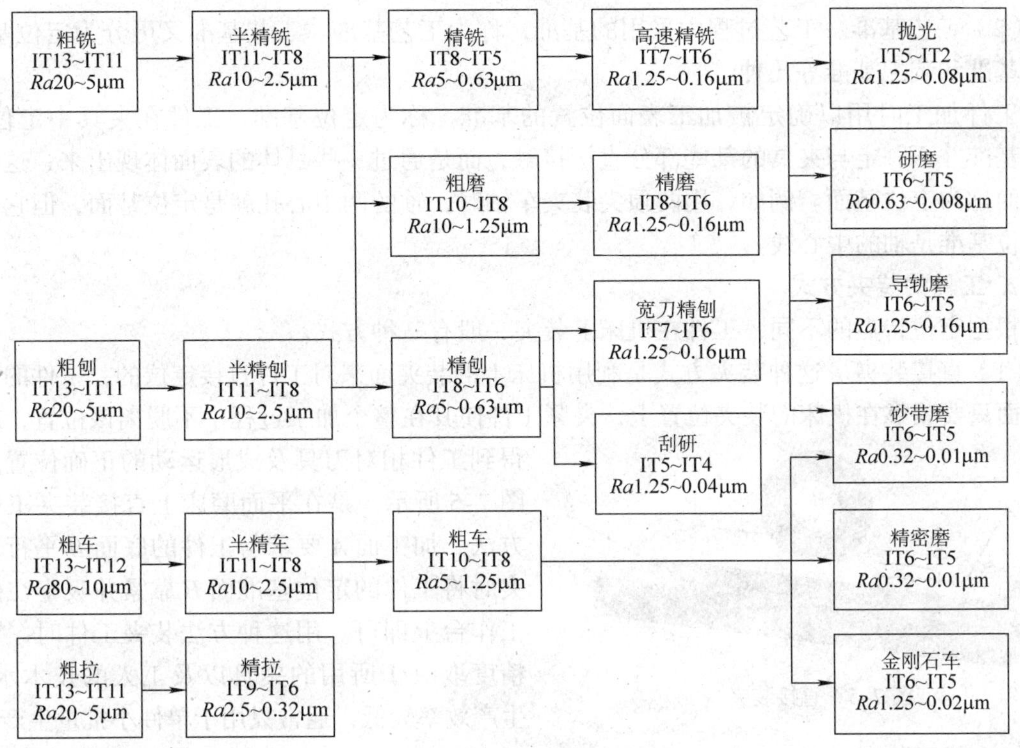

图 7–4　平面的加工方案

§7–3　工件定位与夹紧

机械加工时，为使工件被加工表面获得图样规定的尺寸和位置精度要求，必须使工件在加工前相对机床、刀具占有某一正确的位置，这个过程称为定位。在加工过程中，工件在各种力的作用下应当保持这一正确位置始终不变，这就需要夹紧。定位和夹紧两个过程的总和称为装夹。工件的装夹是否正确、稳固、迅速和方便，对加工质量、生产率和经济性均有较大的影响。因此，工件的装夹是设计工艺规程时必须认真考虑的重要问题之一。

一、基本概念

1. 基准的概念

在零件的设计和制造过程中，必须以一些指定的点、线或面作为依据，来确定其他点、线或面的位置，以保证零件图上所规定的要求。这些作为依据的点、线或面称为基准。根据基准作用的不同，常把基准分为设计基准和工艺基准两大类。

（1）设计基准。图样上采用的基准，称为设计基准。

（2）工艺基准。工艺过程中采用的基准，称为工艺基准。工艺基准又可分为定位基准、测量基准和装配基准等几种。

工件加工时用以确定被加工表面位置的基准，称为定位基准。工件在夹具中定位时，定位基准并不一定与夹具的某些部分直接接触，而是通过一些具体的表面体现出来，这些具体表面称为定位基面。例如，用两顶尖装夹车轴时，轴的两中心孔就是定位基面，但它体现的定位基准是轴的中心线。

2. 工件的装夹方式

根据定位特点的不同，工件在机床上装夹一般有三种方式。

（1）直接装夹。这种装夹方式是利用机床上的装夹面来对工件直接定位的，工件的定位基准面只要紧靠在机床的装夹位置上，夹紧工件使其在整个加工过程中不脱离该位置，就能得到工件相对刀具及成形运动的正确位置。如图 7–5 所示，是在平面磨床上直接装夹工件的方法。加工面 *A* 要求与工件的底面 *B* 平行，装夹时将工件的定位基准面 *B* 靠紧并吸牢在磁力工作台上即可。用这种方法装夹工件时，定位精度取决于所用的夹具以及工人的技术水平，生产效率较低，通常只用于单件小批量生产。

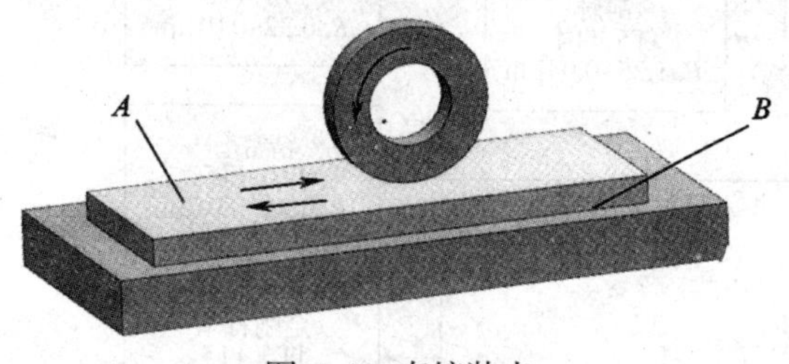

图 7–5　直接装夹

（2）找正装夹

1）直接找正装夹。工件定位时，用量具或量仪直接找正工件的位置，称为直接找正装夹。如在车床上用四爪单动卡盘装夹工件时，就是采用直接找正法进行装夹。直接找正法所需时间长，效果也不稳定，必须由技术熟练的工人使用高精度的量具仔细地操作，因此只适用于单件小批量生产。

2）划线找正装夹。这种装夹方式是先按加工表面的要求在工件上划线，加工时在机床上按划线找正以获得工件的正确位置。如在牛头刨床上按划线找正装夹。这种装夹方式受到划线精度的限制，定位精度比较低，多用于批量较小、毛坯精度较低以及大型零件的粗加工中。

（3）夹具装夹。夹具是指在机械加工工艺过程中用以装夹工件的机床附加装置。常用的夹具有通用夹具和专用夹具两大类。车床的三爪自定心卡盘和铣床的机用虎钳便是最常用的通用夹具。如图 7–6 所示的钻模为专用夹具的示例。轴类零件以其外圆为定位基准，工件放在 V 形铁上，端面靠在夹具挡铁上定位，用夹紧机构夹紧工件，钻头通过夹具上的钻套引导在工件上钻出孔来。

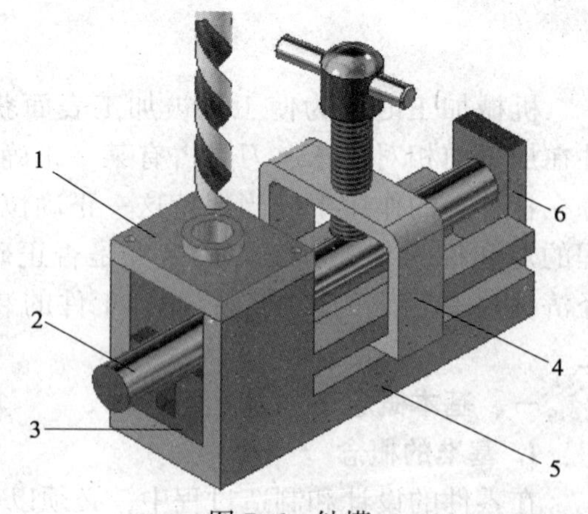

图 7–6　钻模

1—钻套　2—工件　3—V 形铁
4—夹紧机构　5—夹具体　6—挡铁

使用专用夹具装夹时，工件在夹具中迅速

而正确地定位与夹紧，无须找正就能保证工件与机床、刀具间正确的相对位置。这种装夹方式效率高、定位精度好，广泛用于成批和大量生产中。

3. 夹具的组成

夹具的用途和种类各不相同，结构也各异，但其主要组成具有相似性，一般可概括为以下几个部分。

（1）定位元件。夹具上用来确定工件正确位置的零件称为定位元件。如图 7–6 所示，夹具上的 V 形铁和挡铁都属于定位元件。常用的定位元件还有平面定位用的支撑钉和支撑板，如图 7–7 所示；内孔定位用的定位销，如图 7–8 所示。

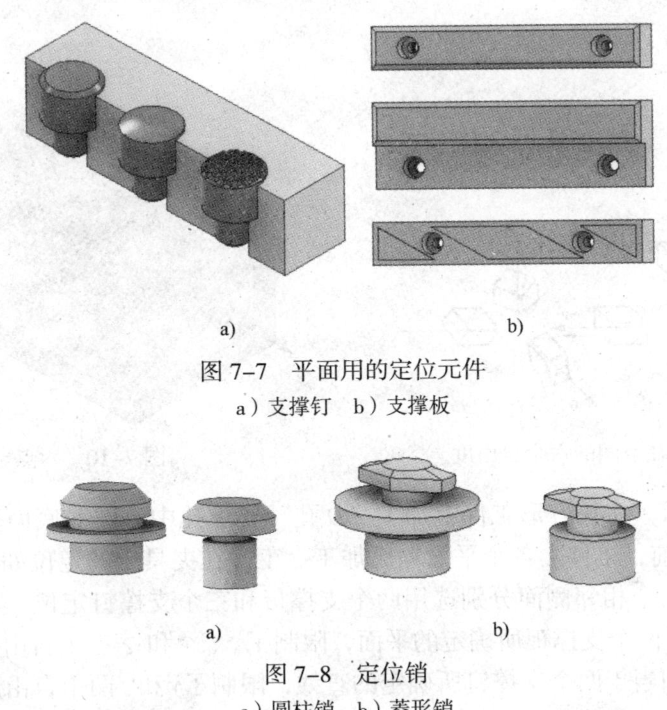

图 7–7　平面用的定位元件

a）支撑钉　b）支撑板

图 7–8　定位销

a）圆柱销　b）菱形销

（2）夹紧机构。夹紧机构是在工件定位后，将其夹紧以承受切削力等作用的机构。如图 7–3 所示，夹具上的丝杠和框架等，就是夹紧机构中的一种。

4. 导向元件

用来对刀和引导刀具进入正确加工位置的零件称为导向元件。如图 7–6 所示，夹具上的钻套就是常用的导向元件。其他导向元件还有导向套、对刀块等。钻套和导向套一般分别用在钻床夹具、镗床夹具上，对刀块主要用在铣床夹具上。

5. 夹具体和其他部分

夹具体是夹具的基准零件，用它来连接并固定定位元件、夹紧机构和导向元件等，使之成为一个整体，并通过它将夹具安装在机床上。

根据加工工件的要求，有时还在夹具上设有分度机构、导向键、平衡铁和操作件等。工件的加工精度在很大程度上取决于夹具的精度和结构，因此，整个夹具及其零件都要具有足够的精度和刚度，并且结构要紧凑，形状要简单，装卸工件和清除切屑要方便。

二、工件定位原理

任何一个自由刚体，在空间均有六个自由度，即沿空间坐标轴 x、y、z 三个方向的移动（用 $\vec{x}$、$\vec{y}$、$\vec{z}$、表示）和绕此三坐标轴的转动（用 $\overset{\frown}{x}$、$\overset{\frown}{y}$、$\overset{\frown}{z}$ 表示），如图 7–9 所示。因此，要使物体在空间占有确定的位置（即定位），就必须约束这六个自由度。

在机械加工中，要完全确定工件的正确位置，必须有六个相应的支撑点来限制工件的六个自由度，称为工件的六点定位原理。如图 7–10 所示，可以设想六个支撑点分布在三个互相垂直的坐标平面内。其中三个支撑点在 xoy 平面上，限制 $\overset{\frown}{x}$、$\overset{\frown}{y}$ 和 $\vec{z}$ 三个自由度；两个支撑点在 xoz 平面上，限制 $\vec{y}$ 和 $\overset{\frown}{z}$ 两个自由度；最后一个支撑点在 yoz 平面上，限制 $\vec{x}$ 一个自由度。

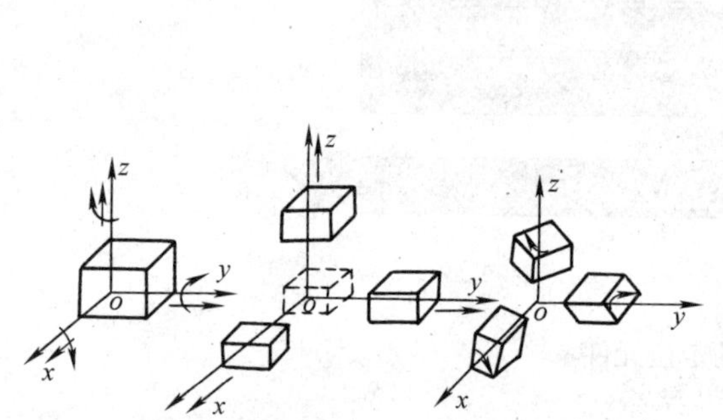

图 7–9　自由刚体在空间的六个自由度

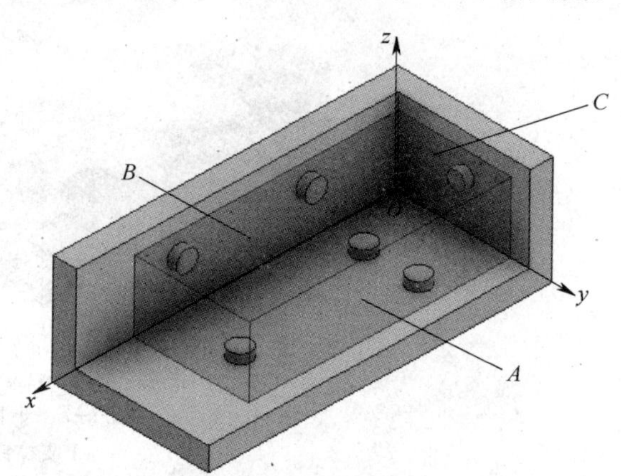

图 7–10　六点定位简图

如图 7–11a 所示，在长方形工件上加工 ϕD 孔，要求孔中心线对底面垂直，对两侧面的尺寸为 A、B。钻孔前，工件上各个平面均已加工。工件在夹具中的定位如图 7–11b 所示，长方形工件的底面及两个相邻侧面分别选用两个支撑板和三个支撑钉定位。与工件底面接触的两个支撑板，相当于两个支撑板所确定的平面，限制了 $\overset{\frown}{x}$、$\overset{\frown}{y}$ 和 $\vec{z}$ 三个自由度；与工件侧面接触的两个支撑钉，相当于两个支撑钉所确定的直线，限制了 $\vec{y}$ 和 $\overset{\frown}{z}$ 两个自由度；与工件端面接触的一个支撑钉，相当于一个支撑钉所确定的点，限制了 $\vec{x}$ 一个自由度，工件实现了完全定位。

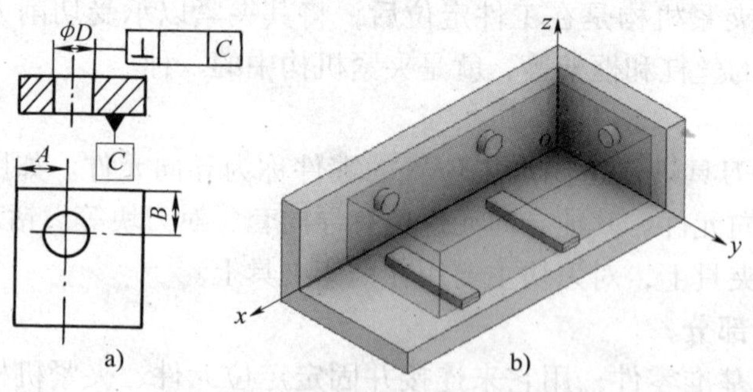

图 7–11　完全定位

有时，要保证工件的加工尺寸，并不需要完全限制六个自由度。如图 7–12a 所示，铣削一批工件的台阶面，为保证两个加工尺寸 A 和 B，只需限制 $\vec{y}$、$\vec{z}$、$\overset{\frown}{x}$、$\overset{\frown}{y}$、$\overset{\frown}{z}$ 五个自由度即可；如图 7–12b 所示，磨削一批工件的顶面，为保证一个加工尺寸 Z，仅需限制 $\vec{z}$、$\overset{\frown}{x}$、$\overset{\frown}{y}$ 三个自由度。像这种没有完全限制六个自由度的定位，称为部分定位。

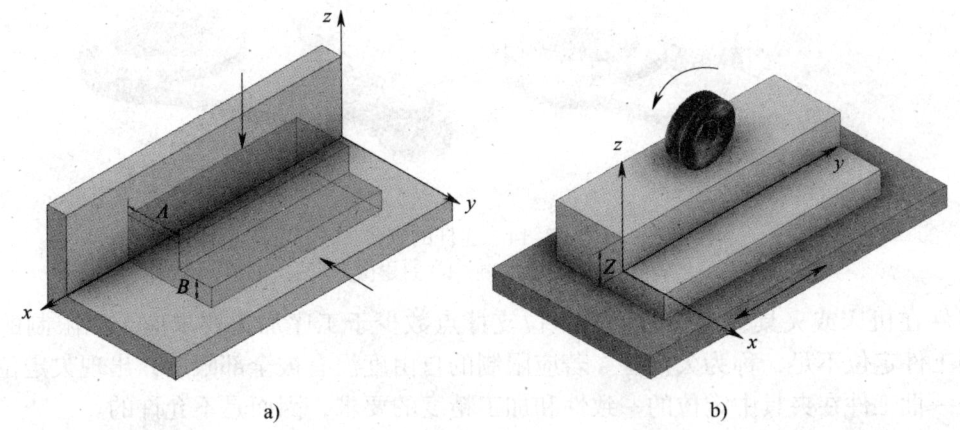

图 7–12　部分定位

有时为了增加工件在加工时的刚度，或者为了传递切削运动的动力，可能在同一个自由度的方向上，有两个或更多的定位支撑点。如图 7–13 所示，车光轴的外圆时，若用前后顶尖及三爪自定心卡盘（夹住工件较短的一段）装夹，前后顶尖已限制了$\vec{x}$、$\vec{y}$、$\vec{z}$、$\overset{\frown}{x}$、$\overset{\frown}{z}$五个自由度，而三爪自定心卡盘又限制了$\vec{x}$、$\vec{z}$两个自由度，这样在$\vec{x}$和$\vec{z}$两个自由度的方向上，定位点多于一个，这种情况称为重复定位。由于三爪自定心卡盘的夹紧力可能会使顶尖和工件变形，增大加工误差，但这是传递运动和动力所需要的。若改用顶尖、鸡心夹头和拨盘带动工件旋转，则没有重复定位。

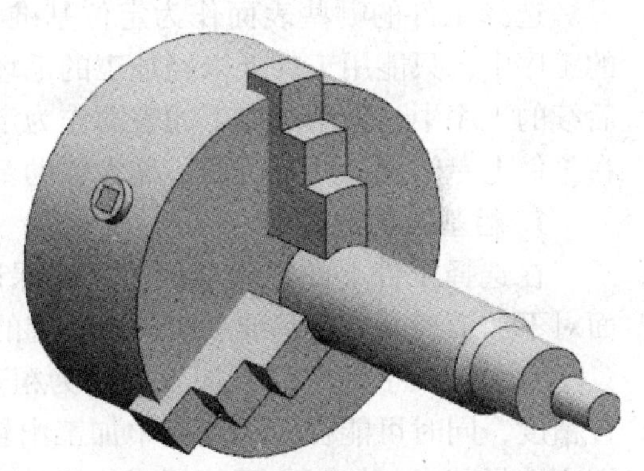

图 7–13　重复定位

如图 7–14 所示，为加工连杆小头孔时的定位方式。底面与支撑板接触，限制了三个自由度（$\overset{\frown}{x}$、$\overset{\frown}{y}$、$\vec{z}$）；大头孔内设一短圆柱销，限制了两个自由度（$\vec{x}$、$\vec{y}$）；杆身靠在挡销上，限制$\overset{\frown}{z}$自由度，实现完全定位。若将孔中的短圆柱销改成长圆柱销，如图 7–11b 所示，且配合间隙较小，则长圆柱销实际上可限制连杆的四个自由度（$\vec{x}$、$\vec{y}$、$\overset{\frown}{x}$、$\overset{\frown}{y}$），孔中心线的方向由长圆柱销决定，而不由支撑板的平面决定。若连杆孔中心线与端面有垂直度误差，连杆套上长圆柱销后，端面将不能完全与支撑板的平面接触而翘起，此时端面只能限制工件的一个自由度。如果一定要端面仍然限制三个自由度，则在夹紧时就必须将翘起的部分强行压向支撑板，就会使连杆或者定位销产生变形，严重地影响加工精度。这种误差是由工件的$\vec{x}$、$\vec{y}$自由度被支撑板和长圆柱销重复限制造成的。这种重复定位称为过定位，是应当尽量避免的。

而在某些条件下，重复定位的现象不仅允许，而且是必要的，此时应当采取适当的措施提高定位基准及定位元件之间的位置精度，以免产生干涉。如车细长轴时，工件装夹在两顶尖间，已限制了所必须限制的五个自由度（除了其轴线旋转的自由度外），为了增加工件的刚度，常采用跟刀架，这就重复限制了除工件轴线方向以外的两个移动自由度，出现了重复定位现象。此时应仔细地调整跟刀架，使它的中心尽量与顶尖的中心一致。

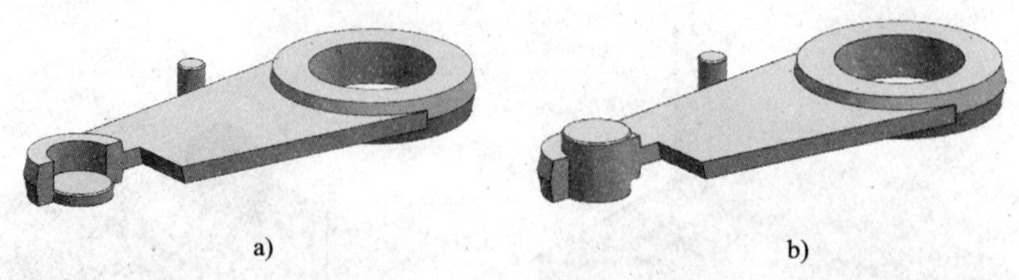

图 7–14　连杆的定位

a）定位正确　b）过定位

工件在机床或夹具中定位时，若定位支撑点数少于工序加工要求应予以限制的自由度数，则工件定位不足，称为欠定位。若应限制的自由度没有被全部限制，出现欠定位，则不能保证一批工件在夹具中定位的一致性和加工精度的要求，因而是不允许的。

三、定位基准的选择

选择工件的哪些表面作为定位基准，是制定工艺规程的一个十分重要的问题。在最初的工序中，只能用工件上未经加工的毛坯表面作为定位基准，这种定位基准称为粗基准；在后续的工序中，采用已加工的表面作为定位基准，称为精基准。另外，为了满足加工的需要在工件上专门设计的定位面，称为辅助基准。

1. 粗基准的选择

在选择工件上的粗基准面时，应保证所有加工表面都有足够的加工余量，且各加工表面对不加工表面（粗基准）应具有一定的位置精度。粗基准的选择原则如下。

（1）选用工件上的不加工表面为粗基准，可保证不加工表面与加工表面之间的相互位置精度，同时可能在一次装夹中加工出较多的表面。如果工件上有几个不需要加工的表面，则应选择其中与加工表面的相互位置精度要求较高的表面作为粗基准。如图 7–15 所示的轮毂以不加工的小端外圆面作为粗基准，能保证轮毂的壁厚均匀，并可在一次装夹中把绝大部分表面加工出来。

（2）选用工件上要求余量均匀的重要表面作为粗基准。如机床床身导轨面是最重要的表面，要切掉较少的余量，保证表面的组织均匀而致密，以增加导轨面的耐磨性。因此，应选择导轨面作为粗基准加工床身的底平面，再以底平面为精基准加工导轨面，如图 7–16 所示。

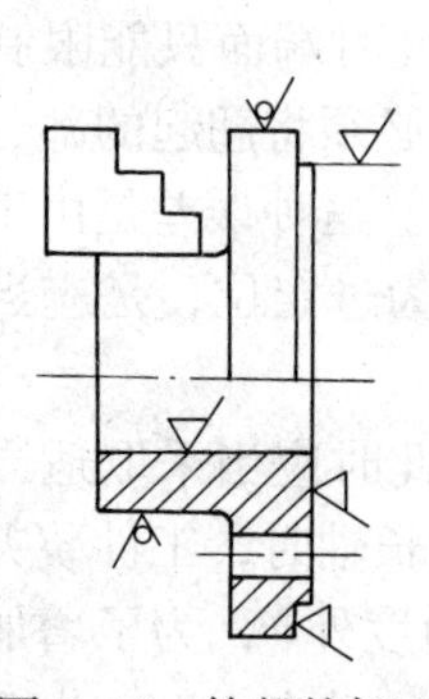

图 7–15　轮毂的加工

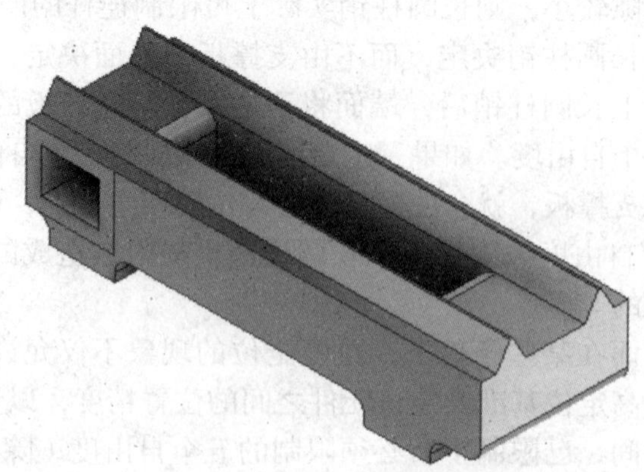

图 7–16　机床导轨加工粗基准的选择

（3）当零件各表面均需加工时，应选择余量或公差最小的表面作为粗基准，避免因该表面的加工余量不足而造成废品。如图 7–17 所示的阶梯轴，如果选择 ϕ108 mm 的外圆为粗基准加工 ϕ55 mm 的外圆表面，当两外圆表面的偏心量为 3 mm 时，由于毛坯的偏心量已超过 ϕ55 mm 外圆表面的半径余量（2.5 mm），而出现部分加工后的表面仍是毛面，使工件报废。所以加工时应选余量较小的 ϕ55 mm 外圆表面作为粗基准。

（4）选用平整、光洁、面积足够大的表面作为粗基准，使工件定位准确，夹紧可靠。还应指出，粗基准不应重复使用，因为粗基准都是毛坯表面，表面粗糙，精度较低，每次装夹工件的位置不可能一致。

2. 精基准的选择

选择精基准时，主要考虑两个问题，一是所选的精基准应有利于保证工件的加工精度，二是应使夹具夹紧方便、牢固、可靠。精基准的选择原则如下。

（1）基准重合原则。选用设计基准作为定位基准。特别是精加工阶段，为保证精度，更应注意遵循这一原则。如果定位基准与设计基准不重合，两基准之间的误差（实际存在）就会反映到被加工表面上形成定位误差。这样，被加工表面与设计基准之间的实际尺寸除了加工误差外，还附加了定位误差（基准不重合误差），如果要获得原来的加工要求，必须减小加工误差，使加工困难，甚至无法加工。

如图 7–18 所示，钻孔工序的设计基准为 *B* 面，如果选择 *A* 端面作为定位基准，定位基准与设计基准 *B* 面不重合。对于一批工件来说，凸缘厚度（$5^{+0.1}_{0}$ mm）不是固定值，此时就会多出 0.1 mm 定位误差。

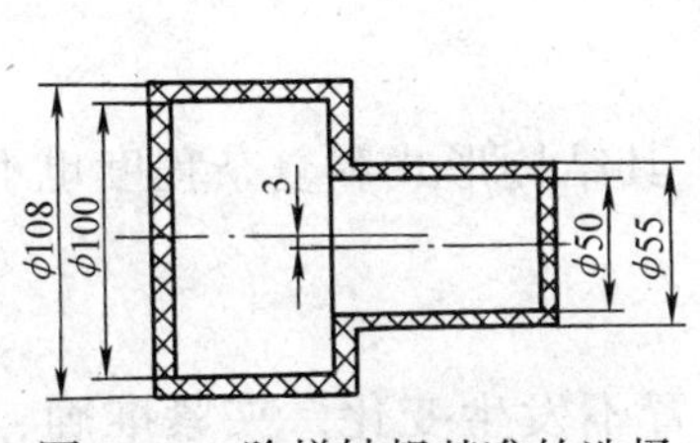

图 7–17　阶梯轴粗基准的选择

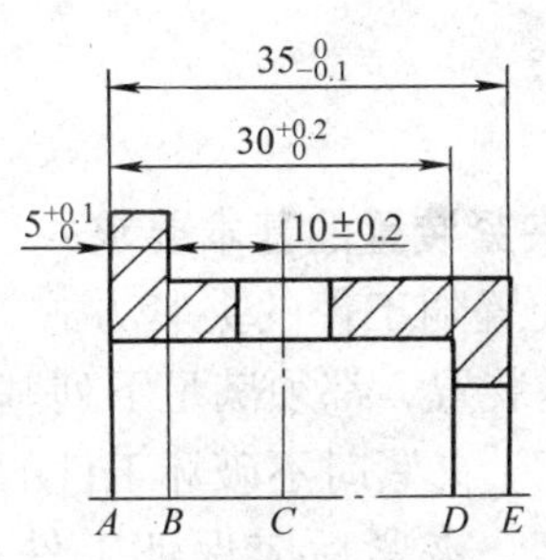

图 7–18　轴套的设计要求

（2）基准统一原则。应尽可能选择多个表面加工都能使用的统一基准作为精基准。采用统一基准加工大多数表面，可以避免基准转换所带来的误差，有利于保证各表面的相互位置精度，并且使各个工序所用的夹具比较统一，减少了夹具设计和制造的时间和费用。例如，轴类零件用两个中心孔作为统一基准，可以加工各种外圆面。

（3）自为基准原则。有些精加工或光整加工工序，要求加工余量小而均匀，应选择加工表面本身作为精基准，但这时被加工表面的位置精度应由前道工序保证。例如，精磨机床导轨面时以导轨面找正定位、用浮动镗刀镗孔、在无心磨床上磨外圆等，都是自为基准的实例。

（4）选用工件上尺寸较大、精度较高的表面作为定位基准，使定位稳固可靠，同时应尽可能使工件装夹和加工方便，夹具设计、制造简单。

上面所列各项精基准选择原则是分别说明某一方面的问题，应用时需根据具体情况灵活运用。当发生矛盾时，应根据加工要求进行取舍。

四、夹紧

在机床加工中，工件定位后必须采用一定的装置把工件压紧夹牢在定位元件上，使工件在加工过程中不会由于切削力、工件重力、惯性力等的作用而发生位置变化。工件定位后将其固定，使其在加工过程中保持定位位置不变的操作称为夹紧，把工件压紧夹牢的装置称为夹紧装置。

夹紧装置的分类如下。

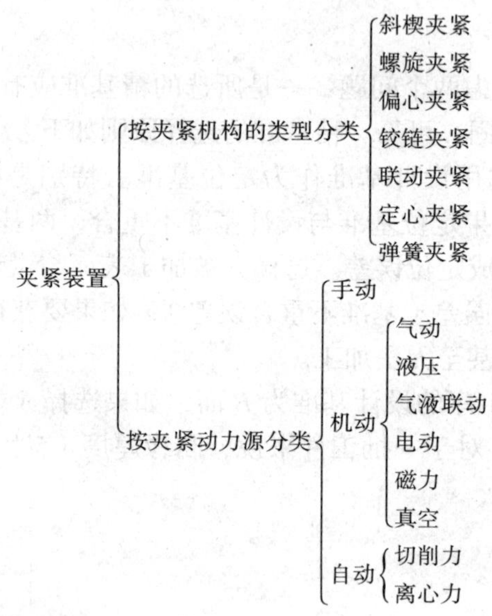

1. 对夹紧装置的基本要求

夹紧装置随工件的夹紧方式、夹紧动力源不同，其结构形式和复杂程度也不同。不管是何种夹紧装置，都须满足下列基本要求。

（1）正。夹紧时不破坏工件的正确定位。

（2）牢。夹紧后应保证工件在加工过程中的位置不发生变化，夹紧准确、安全、可靠。

（3）快。夹紧动作迅速，操作省力方便。

（4）简。结构简单，制造容易。

（5）调。夹紧力或夹紧行程在一定范围内可进行调节和补偿。

2. 夹紧力及夹紧工件时的注意事项

夹紧装置在夹紧时是否安全、可靠，不破坏工件的定位，决定于夹紧力的大小、方向和作用点是否恰当、合理。

（1）夹紧力的方向应尽可能垂直于工件的主要定位基准面，并且作用点应落在支撑面的几何中心附近，以利于定位稳定。图 7–19 所示为镗削的工件，要求工件孔轴线垂直于基准面 *B*。若按图中的夹紧方法，其夹紧力垂直于 *A* 面，使工件的 *A* 面紧靠在夹具上。当工件的 *A*、*B* 面存在角度误差时，则加工出的孔轴线与基准面 *B* 的垂直度就不能保证。

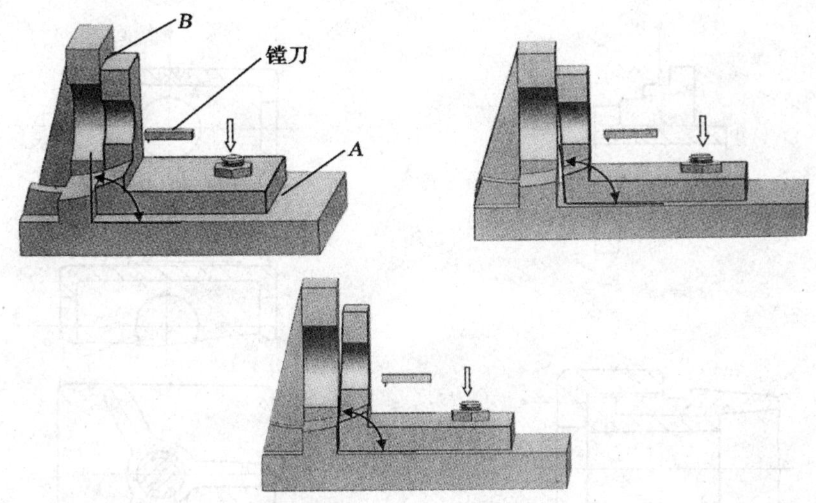

图 7–19　夹紧力垂直于基准面

（2）夹紧力的方向与切削力的方向尽量一致。图 7–20 所示为铣床夹具。图 7–20a 中的切削力与夹具的夹紧力方向一致，作用在夹具的固定支撑上，比较稳固；图 7–20b 所示装夹方式使铣削力作用在夹具的夹紧元件上，与夹紧力方向相反，减小了夹紧力的作用，从而使工件在切削时不稳固，容易产生振动，降低了工件加工表面的质量，甚至造成事故。

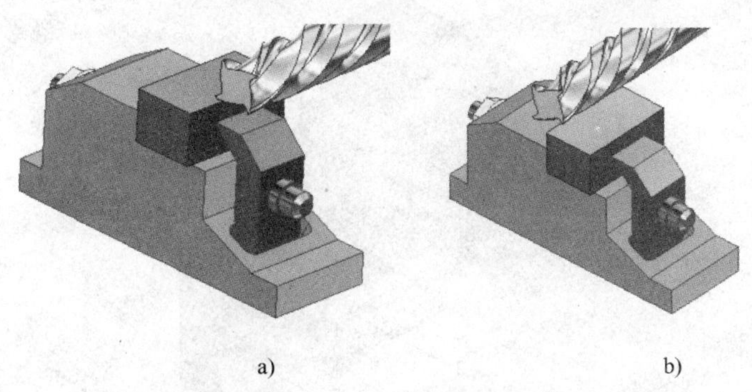

图 7–20　夹紧力与切削力方向一致

（3）夹紧力的方向和作用点位置应施于工件刚度较好的方向和部位。对于套类（特别是薄壁套）工件和箱体类工件，在不同的方向和不同的部位，其刚度是不同的，夹紧时应注意防止变形。如图 7–21a 所示的套类零件，当用三爪自定心卡盘径向夹紧时，刚度较低，容易发生变形；而因其轴向刚度较高，沿轴向夹紧时，其变形情况就大为改善。又如图 7–21b 所示的箱体零件，若采用单点夹紧，则工件容易变形；若改成三点夹紧，夹紧力分散，并作用在立壁附近，工件的变形可大大减小。

3. 机床夹具中常用的夹紧装置

（1）斜楔夹紧机构。图 7–22 所示为斜楔夹紧机构，它由测微螺杆 1、楔块 2、铰链杠杆 3、弹簧 4 和夹具体 5 组成。当转动测微螺杆时，推动楔块向前移动，使铰链杠杆转动而夹紧工件。

（2）螺旋夹紧机构。螺旋夹紧机构在生产中应用十分普遍，它结构简单，夹紧可靠，但夹紧和放松时比较费时费力。

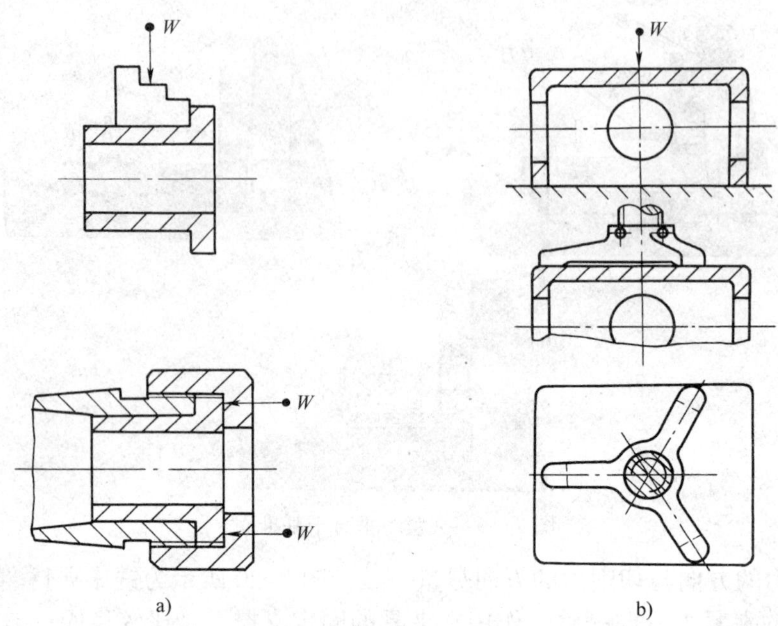

图 7-21　夹紧力与工件刚度

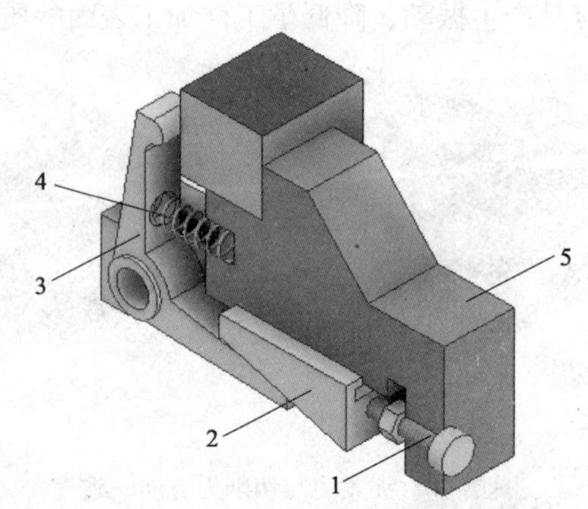

图 7-22　斜楔夹紧机构

1—测微螺杆　2—楔块　3—铰链杠杆　4—弹簧　5—夹具体

1）螺钉夹紧机构。如图 7-23 所示，它通过旋转螺钉，直接压在工件上，螺钉前端的圆柱部分通常淬硬。为了防止拧紧螺钉时其头部压伤工件表面，常做成压块与螺钉浮动连接，压块结构如图 7-24 所示。

2）螺母夹紧机构。当工件以孔定位时，常用螺母来夹紧。螺母夹紧机构具有增力大、自锁性能好的特点，很适合于手动夹紧，但夹紧缓慢，因此在快速机动夹紧中应用很少。螺母夹紧机构如图 7-25 所示。

（3）螺旋压板夹紧机构。如图 7-26 所示，它是螺旋机构与压板及其他机构组合成的复合式夹紧机构，根据压板及支点位置的不同，有多种形式。图 7-26a 中的螺旋压板位于中间，螺母下用球面垫圈，压板尾部的支柱顶端也做成球面，以便在夹紧过程中能少量偏转，以适应工件的外形；图 7-26b 是 L 形压板，结构紧凑，但夹紧力小；图 7-26c 是可调高度的压板。

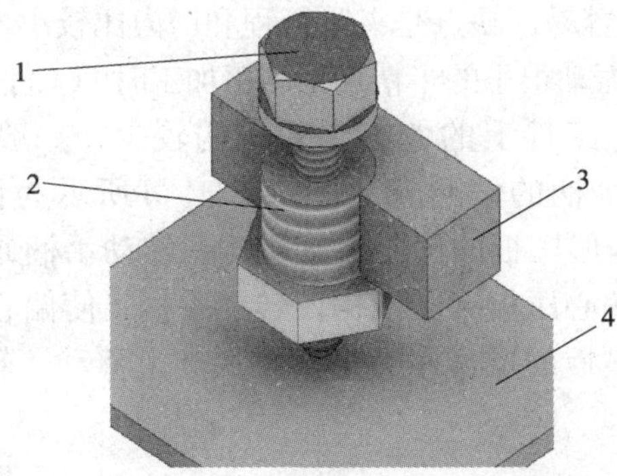

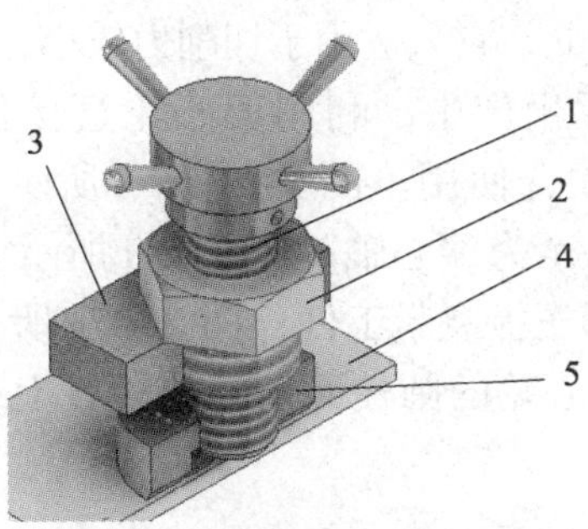

图 7–23　螺钉夹紧机构

1—螺钉　2—螺母　3—夹具支架　4—夹具体　5—压块

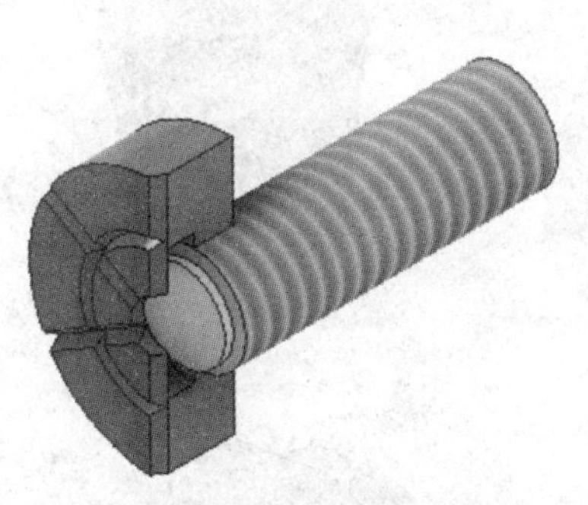

图 7–24　压块结构

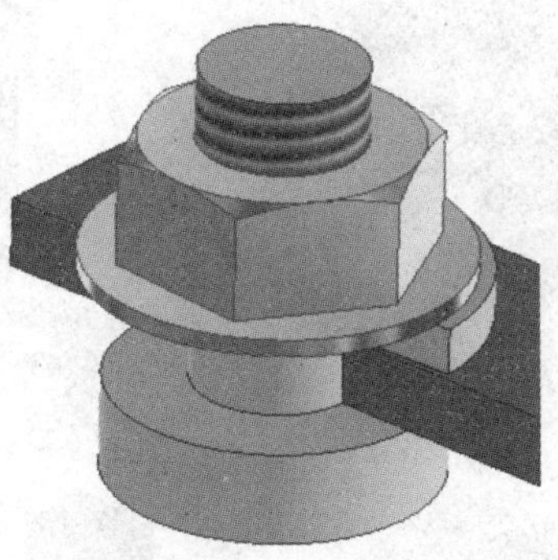

图 7–25　螺母夹紧机构

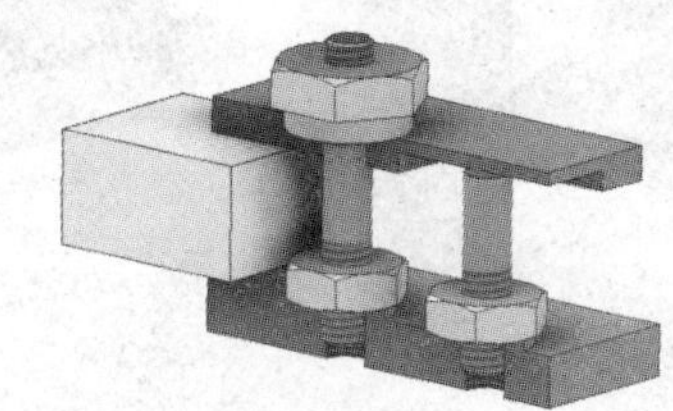

a)

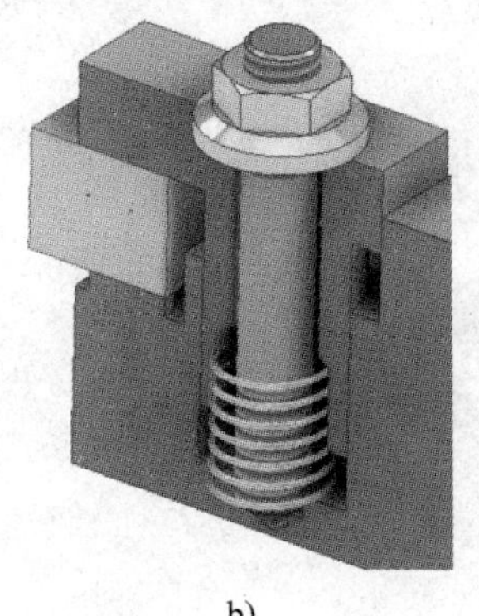

b)

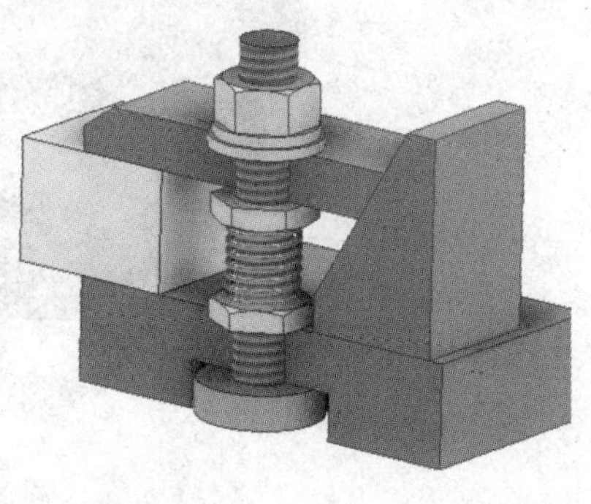

c)

图 7–26　螺旋压板夹紧机构

（4）偏心夹紧机构。偏心夹紧机构是指由偏心轮或偏心凸轮实现夹紧的夹紧机构。偏心夹紧机构结构简单、制造方便、夹紧迅速、操作容易，缺点是夹紧行程和增力比较小，自锁性能比较差。因此，它只适用于切削力较小，并且振动很小的半精加工和精加工时的工件装夹。

在实际生产中，利用偏心轮直接作用在工件上的偏心夹紧机构较少，一般多与其他夹紧元件联合使用。图 7–27a、b 所示为带手柄的偏心轮；图 7–27c、d 所示为偏心凸轮；图 7–27e 所示为偏心轴；图 7–27f 所示为带钩形压板的偏心夹紧机构，转动手柄通过活动螺栓而使钩形压板夹紧工件；图 7–27g 所示为偏心压板夹紧机构，转动手柄 1 使偏心轮 2 绕轴 3 转动，偏心轮的圆柱面压在垫板 4 上，在垫板的反作用力下，轴 3 向上移动，转动压板 5 压紧工件。

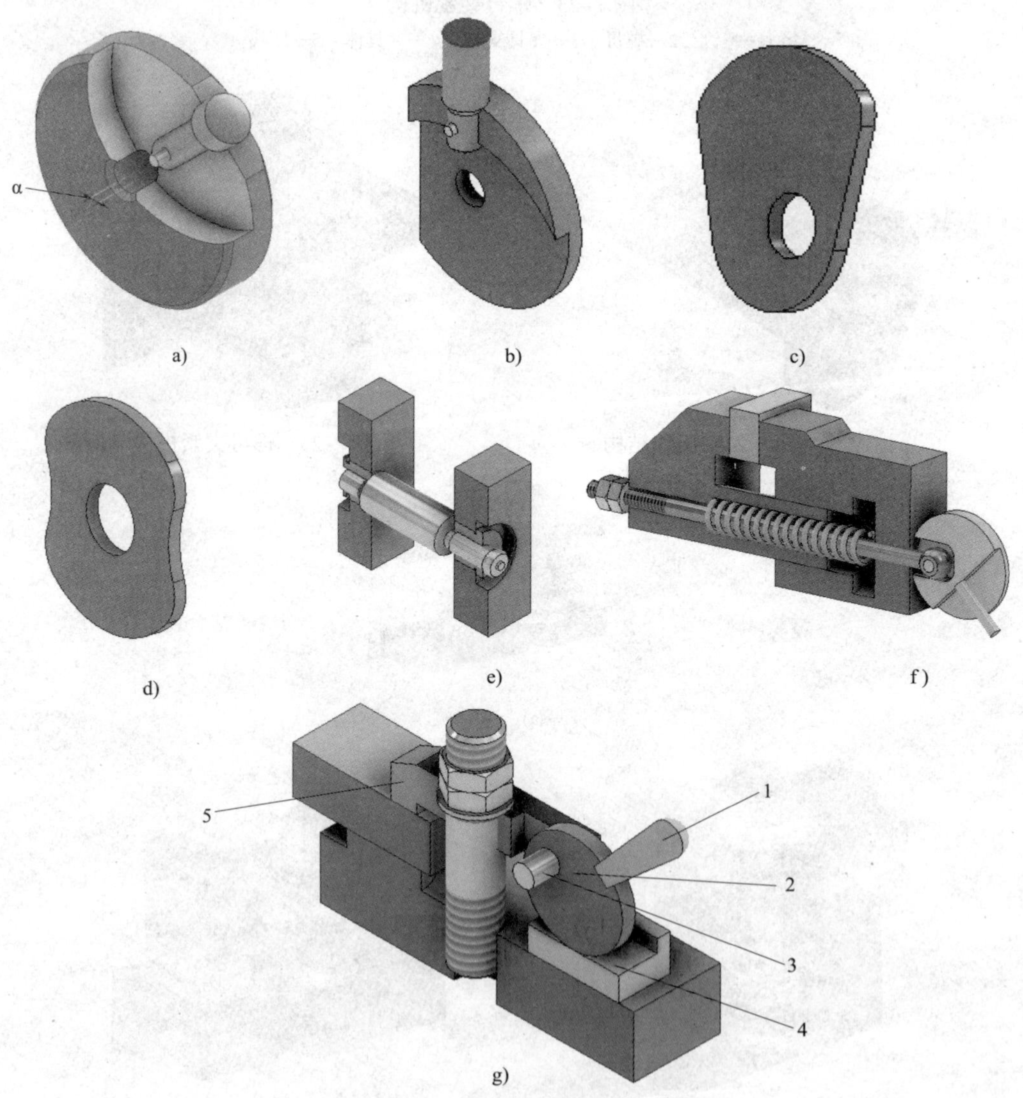

图 7–27　偏心夹紧机构

a）、b）带手柄的偏心轮　c）、d）偏心凸轮　e）偏心轴　f）带钩形压板的偏心夹紧机构　g）偏心压板夹紧机构

1—转动手柄　2—偏心轮　3—轴　4—垫板　5—压板

（5）定心夹紧机构。定心夹紧机构是一种在装夹过程中，同时实现定位、夹紧作用的机构。当工件的被加工面以中心要素（轴线、中心平面）为工序基准时，用定心夹紧机构可以使定位基准与工序基准重合，以提高定位精度。

定心夹紧机构包括弹簧夹头和弹簧心轴，是利用薄壁弹性元件的均匀变形来实现定心并夹紧工件，常用于轴类及套类工件的定心夹紧。

图 7–28a 所示是一种弹簧夹头，常用于轴类工件的定心夹紧。它由夹具体 1、弹性筒夹 2、锥套 3、螺母 4 等组成。其主要元件弹性筒夹上开有 3 ~ 4 条轴向槽，筒夹的结构又分为三个部分：端部倒锥为卡爪；中间部分是簧瓣，它的壁较薄，以便产生弹性变形；后面是导向部分，如图 7–28b 所示。旋转螺母 4 迫使锥套 3 收缩变形，从而使工件以外圆定心并被夹紧。

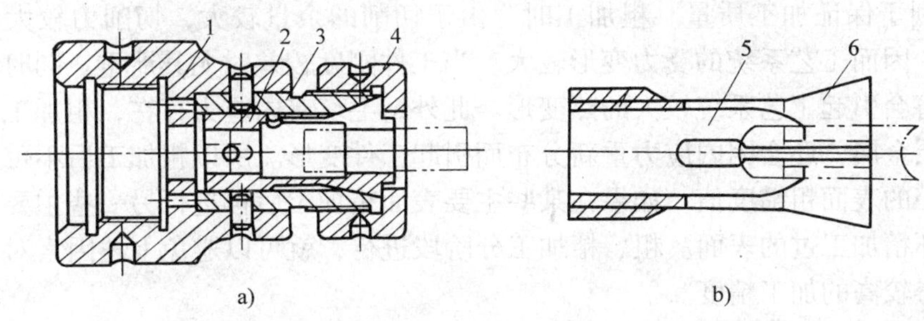

图 7–28　弹簧夹头及其导向部分

a）弹簧夹头　b）导向部分

1—夹具体　2—弹性筒夹　3—锥套　4—螺母　5—簧瓣　6—锥套

图 7–29 所示为弹簧心轴，常用于套类工件的定心夹紧。它由心轴体 1、弹簧套筒 2、锥套 3、螺母 4 等组成。旋转螺母 4 时，由于锥套 3 与心轴体 1 的圆锥面作用，迫使卡爪外张，从而使工件以内圆定心夹紧。

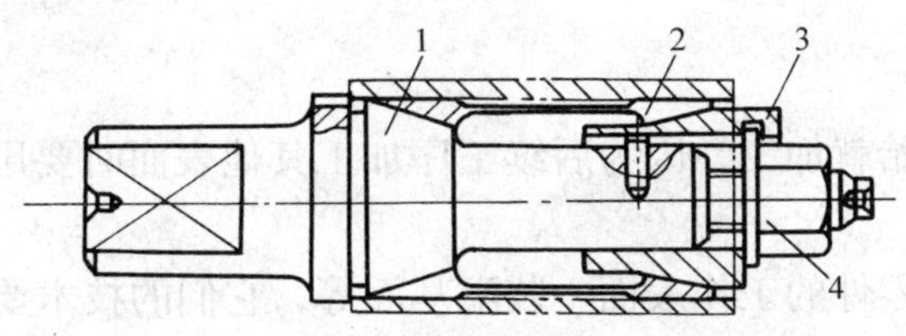

图 7–29　弹簧心轴

1—心轴体　2—弹簧套筒　3—锥套　4—螺母

§7–4　工艺规程

机械加工工艺路线包括选定各个表面的加工方法，确定是否要划分加工阶段，确定工序集中与分散的程度，确定各个表面的加工顺序和装夹方法，详细拟定工序的具体内容，制定工艺规程等。

一、确定加工方案

根据零件每个加工表面（特别是主要表面）的技术要求，选择较合理的加工方案（或方法）。在确定加工方案（或方法）时，除了表面的技术要求外，还要考虑零件的生产类型、材料性能以及本单位现有的加工条件等。

二、加工阶段的划分

加工阶段的划分应遵循以下几项原则。

1. 粗、精加工要分开

先安排粗加工，中间安排半精加工，最后安排精加工。粗、精加工分开有以下优点。

（1）有利于保证加工质量。粗加工时，由于切削的余量较大，切削力较大，所需的夹紧力也较大，因而工艺系统的受力变形较大，当工件刚度较差时尤其严重。同时粗加工时切削温度高，将会引起工艺系统较大的热变形。此外，毛坯有内应力存在，粗加工在工件表面切去较大一层金属，还会因内应力重新分布而引起工件变形。所以粗加工后不可能得到较高的精度和较小的表面粗糙度值。如果在某些主要表面精加工后再进行另一些主要表面的粗加工，势必破坏精加工过的表面。粗、精加工分阶段进行，就可以避免上述因素对精加工表面的影响，获得较高的加工精度。

（2）有利于合理地使用设备。粗加工可用刚度大、功率大、精度低的机床；精加工在精密机床上进行，由于切削力小，有利于长期保持机床的精度。

（3）粗加工安排在前，可及早发现毛坯的缺陷（如铸件的砂眼、气孔等），以免继续加工造成工时的浪费。

（4）有利于热处理工序的安排。例如，在精密主轴的加工中，在粗加工后进行消除残余应力的时效处理，半精加工后进行淬火，精加工后进行冷处理和低温回火，最后再进行光整加工。

2. 基准面先加工

精基准面应在一开始就加工，因为后续工序加工其他表面时要用它定位。

3. 主要表面先加工

主要表面一般是指零件的工作表面、装配基面等，它们的技术要求较高，加工工作量较大，故应先安排加工。其他次要表面如非工作面、键槽、螺钉孔、螺纹孔等，一般可穿插在主要表面加工工序之间或稍后进行加工，但应安排在主要表面最后精加工或光整加工之前。

一般零件的加工顺序是：精基准的加工；主要表面的粗加工；次要表面的加工；热处理；主要表面的精加工；检验。

三、工序的集中与分散

安排零件的工艺过程时，还要解决工序的集中与分散问题。所谓工序集中，就是在一台机床上尽可能多地加工工件的几个表面。工序分散则相反，整个工艺过程的工序数目较多，工艺路线长，而每道工序所完成的加工内容较少，在极端情况下，每个工序中只有一个工步。

1. 工序集中的特点

（1）有利于采用高效的专用设备和工艺装备，显著提高劳动生产率。

（2）减少了工序数目，缩短了工艺过程，简化了生产计划和生产组织工作。

（3）减少了设备数量，相应地减少了操作工人人数和生产场地面积，工艺路线短。

（4）减少了工件装夹次数，不仅缩短了辅助时间，而且由于一次装夹加工较多的表面，就容易保证它们之间的位置精度。

（5）专用机床设备、工艺装备的投资大，调整和维修较费事，生产准备工作量大，转为新产品的生产也比较困难。

2. 工序分散的特点

（1）所使用的机床设备和工艺装备都比较简单，容易调整，生产工人也便于掌握操作技术，容易适应更换产品。

（2）有利于选用最合理的切削用量，减少机动工时。

（3）机床设备数量多，生产面积大，工艺路线长。

工序分散和集中各有特点，必须根据生产规模、零件的结构特点和技术要求、机床设备等具体生产条件综合分析，以便决定采用哪一种原则。

在大批量生产中，广泛采用多刀车床、单轴及多轴自动和半自动车床、多轴龙门铣床、各类组合机床等高效机床和专用机床，使工序集中。但也有些零件例如连杆、活塞等，因为这些零件的表面不便集中加工，各工序则可采用效率高而结构简单的专用机床和夹具来加工，这样容易保证零件的加工质量，各工序的时间也便于平衡，同时也方便组织流水生产，因此，可以按照工序分散的原则制定工艺过程。

在成批生产中，应尽可能采用多刀半自动车床和六角车床等高效机床使工序集中起来。在单件小批量生产中，为了使生产计划和生产组织工作简化，也应尽可能在一台万能机床上加工更多的表面。特别是重型机器上的大型零件应集中在一个工序中加工尽可能多的表面，可以明显减少装卸工件和运输工件的劳动量。

四、热处理工序的安排

根据工件的材料和热处理的目的，热处理工序在工艺过程中的安排大致有以下几种情况。

1. 为改善金属的组织和加工性能而进行的预先热处理，如退火、正火等，一般安排在机械加工之前。

2. 为消除内应力而进行的时效工序，一般安排在粗加工之后、精加工之前，或者在各加工阶段之间安排数次，视零件的加工要求和性能而定。

3. 为提高零件的力学性能而进行的最终热处理，如淬火、氮化等，一般应安排在工艺过程的后期，工件表面的最终加工之前。

4. 装饰性热处理，如发蓝处理等，一般安排在工艺过程的最后进行。

五、辅助工序

除上述切削加工工序和热处理工序外，为保证加工质量及工艺过程的顺利进行，还需要安排必要的辅助工序。其中，检验工序是主要的辅助工序，除了每个操作者须自行检验本工序的加工质量外，还须在下列情况下安排另外的检验工序：粗加工阶段之后；关键工序前后；特种检验（如磁粉探伤、密封性试验、动平衡试验等）之前；转换车间前；全部加工结束之后。

除检验工序外，还应考虑去毛刺、倒棱、清洗、涂油漆等工序的安排。必须注意辅助工序，虽非关键但却很有必要。例如，未去尽的毛刺会给工件装配造成困难，还会对装配工人等造成伤害；润滑油道中的铁屑有时会严重影响机器的正常运转。这些辅助工序的安排，从一个侧面反映了一个企业的工艺、管理水平和技术人员的素质等，因此必须引起足够的重视。

六、工艺文件的编制

将工艺过程按一定的格式用文件的形式固定下来，用来指导生产，这就是工艺规程。它是组织生产、保证产品质量、提高生产效率的重要技术文件。工艺规程一般包括工件的加工路线以及所经过的车间、工段，各工序的具体加工内容及所用的机床、刀具和工艺装备，工件的检验项目和方法，切削用量，工时定额等。

1. 制定工艺规程的原则

制定工艺规程的原则是在一定条件下，以最少的劳动消耗和最低的费用，按计划规定的速度，可靠地加工出符合图样要求的零件。

2. 工艺文件

将工艺规程的内容写入一定格式的卡片，即成为工艺文件。常用的工艺文件有以下几种。

（1）机械加工工艺卡片。工艺卡片是以工序为单位简要表明一个零件的全部加工过程的卡片，广泛应用于成批生产和小批生产比较重要的零件，包括工序名称、工种、所用设备及工艺装备等，其格式见表 7–3。

表 7–3　　机械加工工艺卡片

<table>
<tr><td colspan="3" rowspan="4">（工厂名）</td><td rowspan="4">机械加工工艺卡片</td><td colspan="2">产品名称及型号</td><td></td><td colspan="3">零 件 名 称</td><td></td><td colspan="3">零 件 图 号</td><td colspan="2"></td></tr>
<tr><td rowspan="3">材料</td><td>名 称</td><td></td><td rowspan="2">毛 坯</td><td>种 类</td><td></td><td rowspan="2">重 量</td><td colspan="2">毛 重</td><td></td><td colspan="2">第 页</td></tr>
<tr><td>牌 号</td><td></td><td>尺 寸</td><td></td><td colspan="2">净 重</td><td></td><td colspan="2">共 页</td></tr>
<tr><td>性 能</td><td></td><td colspan="2">每料件数</td><td></td><td>每台件数</td><td colspan="2"></td><td>每批件数</td><td colspan="2"></td></tr>
<tr><td rowspan="2">工序</td><td rowspan="2">装夹</td><td rowspan="2">工步</td><td rowspan="2">工序内容</td><td rowspan="2">同时加工零件数</td><td colspan="4">切削用量</td><td rowspan="2">设备名称及编号</td><td colspan="3">工艺装备名称及编号</td><td rowspan="2">技术等级</td><td colspan="2">工时定额 /min</td></tr>
<tr><td>背吃刀量 /mm</td><td>切削速度 /（m/min）</td><td>转速 /（r/min）或往复次数</td><td>进给量 /（mm/r 或 mm/min）</td><td>夹具</td><td>刀具</td><td>量具</td><td>单件</td><td>准备—终结</td></tr>
<tr><td></td><td></td><td></td><td></td><td></td><td></td><td></td><td></td><td></td><td></td><td></td><td></td><td></td><td></td><td></td><td></td></tr>
<tr><td rowspan="2">更改内容</td><td colspan="15"></td></tr>
<tr><td colspan="15"></td></tr>
<tr><td>编制</td><td colspan="2"></td><td>抄写</td><td></td><td>校对</td><td></td><td colspan="2"></td><td>审核</td><td colspan="3"></td><td>批准</td><td colspan="2"></td></tr>
</table>

（2）机械加工工序卡片。工序卡片是用来具体指导工人进行操作的一种工艺文件，它是根据工艺要求为每个工序制定的，卡片中附有工序简图，并详细记载了该工序加工所需的资料，如定位基准、工件的装夹方法、工序尺寸及公差，以及机床、刀具、工具、夹具、量具、切削用量和工时定额等，其格式见表 7–4。

表 7–4　　　　　　　　　　　　　　　　　　**机械加工工序卡片**

（工厂名）	机械加工工序卡片	（产品名称及型号）	（零件名称）	（零件图号）	（工序号）	（工序名称）	第　页	共　页
（工序简图）			材料名称	材料牌号	力学性能	零件质量/kg	车间	工段
			同时加工件数	材料件数	技术等级	单件时间/min	量具名称、规格	
			设备名称	设备编号	夹具名称	夹具编号	切削液	
			更改内容					

工步号	工步内容	计算数据 /mm			工作行程次数	切削用量				工时定额 /min					刀具及辅助工具			
		直径或长度	工作行程长度	单边余量		背吃刀量/mm	进给量/（mm/r或mm/min）	转速/（r/min）	切削速度/（m/min）	基本时间	辅助时间	布置工作时间	休息时间	准备—终结时间	名称	规格	编号	数量

编制		抄写		校对		审核		批准	

（3）机械加工检验卡片。机械加工检验卡片是检验人员的工艺文件，内容有检验项目、要求、方法和检验工具等，并附有检验简图，其格式见表 7–5。

表 7–5　　　　　　　　　　　　　　　　　　**机械加工检验卡片**

车间	检验图表	型号	件号	件名	材料		硬度	工序名称	工序	第　页
										共　页
					项目	检验内容			量具	备注
					索引号					
					更改单号					
					签名日期					
					编制		校对		审核	

3. 制定工艺规程的步骤

（1）分析研究产品图样。了解整个机器的原理和所加工零件在机器中的作用；分析零件图的尺寸公差和技术要求；分析产品的结构工艺性，包括零件的加工工艺性和装配工艺性；检查图样的完整性，发现问题及时处理。

（2）确定毛坯类型。

（3）拟定各表面的加工方法和工艺路线。拟定工艺路线主要有两个方面的工作：一是确定加工顺序和工序内容、加工方法，划分加工阶段，安排热处理、检验及其他辅助工序；二是选择工艺基准。

（4）确定各工序所用的机床和工艺装备。

（5）计算加工余量、工序尺寸及公差。

（6）确定切削用量。

（7）估算时间定额。

（8）确定各主要工序的技术要求和检验方法，必要时，要设计和试制专用检验工具。

（9）填写工艺文件。

（10）对工艺文件进行校对和审批。

制定工艺规程时，在保证工艺先进性的同时，还应考虑其经济性，既能保证零件的加工质量，又能取得较好的经济效益。

§7–5 提高劳动生产率的途径

对于机械加工而言，现代的机械制造工业正向着高精度、高效率和低成本的方向发展。对社会来说，就是更合理地使用自然资源，减少消耗，增加社会产品，满足社会需要。对生产厂家和企业来说，就是在保证产品质量的基础上，不断提高劳动生产率，降低生产成本，提高经济效益。

劳动生产率是衡量生产效率的一个综合性指标，它是指在单位劳动时间内制造出合格产品的数量。提高劳动生产率应该以优质、高产、低消耗为目的。生产条件不同，提高劳动生产率的途径也不同。

一、时间定额的组成

劳动生产率也可以用完成某一工作的必需劳动时间来衡量，这一时间越短，劳动生产率越高。一个零件往往需要多个工序的加工才能完成，每个工序时间在整个生产过程中各占一定比例。因此，减少工序中某一部分时间定额就可以提高劳动生产率。

完成一个零件的一个工序所用的时间，称为单位时间定额，用符号 T_d 表示，简称单位工时，它由以下几部分组成。

1. 基本时间 T_j

基本时间是指直接改变生产对象的尺寸、形状、相对位置、表面状态或材料性质等所耗费的时间。对机床加工来说，是指刀具切去工件切削层金属所耗费的机床运转时间。

2. 辅助时间 T_f

辅助时间是指为实现工艺过程所必须进行的各种辅助工作耗费的时间，如装卸工件、开动和停止机床、改变切削用量、检测工件、进刀和退刀等辅助动作所耗费的时间。

3. 休息和生理需要时间 T_x

休息和生理需要时间是为保证精力和恢复体力必须留有的时间。

时间定额由以上各时间组成，即：

$$T_d=T_j+T_f+T_x$$

除以上时间外，在加工一批零件时，还有准备时间，如领取、研究图样和工艺文件，安装刀具、夹具，调整机床等；在加工结束时，卸下和归还工具、夹具，发送成品等也需要一定的时间。

因此，要提高劳动生产率，必须缩短基本时间、辅助时间以及准备和结束时间。

二、缩短基本时间的方法

基本时间的长短，取决于加工余量的大小、切削用量的高低和切削行程的长短等。采用减小加工余量、加大切削用量、缩短切削行程长度或采用多刀切削等方法，均能减少切削时间，从而缩短基本时间。

1. 减小加工余量

从毛坯到成品，需切除的工件表面的多余金属层即为加工余量。加工余量大，切削工作量大，这样，不仅增加了切削时间，还增大了原材料的消耗，加剧刀具的磨损及功率的消耗。因此，减小加工余量是减少基本时间、提高劳动生产率、降低成本的有效途径。在保证加工要求的前提下，毛坯的加工余量越小越好。

为了减小加工余量，同时保证工件的精度要求，毛坯制造多采用精密铸造、精锻、冷挤压、粉末冶金等新工艺，以缩短基本时间。

2. 加大切削用量

增加背吃刀量可以减少走刀次数，从而减少基本时间。背吃刀量应在保证精加工余量的前提下，根据工件的刚度、机床的刚度和功率大小等情况进行合理选择。过大的背吃刀量会引起振动、刀具崩刃和工件顶弯等事故。

在金属切除量相同的情况下，加大进给量比加大背吃刀量更有利。前者对切削力的影响小，机床功率消耗也较少，与提高切削速度相比，采用加大进给量的方法刀具磨损也比较小。

加大切削速度也是缩短基本时间的一种途径。加大切削速度可抑制鳞刺、积屑瘤的产生，降低表面粗糙度值，但易加剧刀具的磨损。

为了保证加工质量，提高劳动生产率，粗加工时首先应尽可能一次走刀切除大部分加工余量，以减少走刀次数；其次是选较大的进给量，减少单次走刀的时间；最后选择合理的切削速度。精加工时，首先根据刀具的耐用度尽可能选用最大的切削速度，其次选较大的进给量。

3. 采用多刀切削

多刀切削加工是在工件一次装夹中，利用多把刀具或刀具的多个切削刃一次加工出多个加工表面的方法。这样，不仅减少了切削的基本时间，也相应减少了装夹、找正等辅助时间，是提高劳动生产率的有效方法。例如，转塔车床、多刀车床、多轴钻床、龙门铣床、龙门刨床等，均是可采用多刀切削的设备。

（1）减少切削行程长度。采用多刀切削时，可以减少切削行程长度。如图 7–30a 所示，采用三把刀同时切削阶梯轴，每把刀实际切削长度只有 $L/3$；如图 7–30b 所示是用三把车刀切去加工余量的示例，用这种方法可减少 2/3 的加工时间；如图 7–30c 所示工件，采用三把刀具车削，纵向进给变成横向进给，其切削长度仅为加工余量，大大减少了切削行程长度。

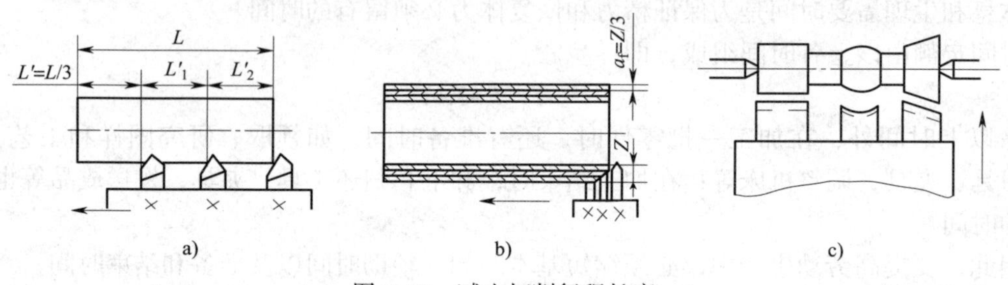

图 7–30　减少切削行程长度

（2）合并工步。用几把刀具对一个零件的几个表面进行加工或用一把复合刀具对同一个表面同时进行加工，可将原来的若干个工步集中为一个复合工步，可使工步的基本时间全部或部分重合。

图 7–31 所示为活塞环槽的多刀车削。槽用四把刀具同时切出，不仅可以缩短基本时间，而且切出的环槽距离和深度也比较一致。图 7–32 所示是内螺纹组合车刀。该车刀由切槽刀，左、右成形刀三把车刀组合而成，能将切槽、成形在一次加工中完成。

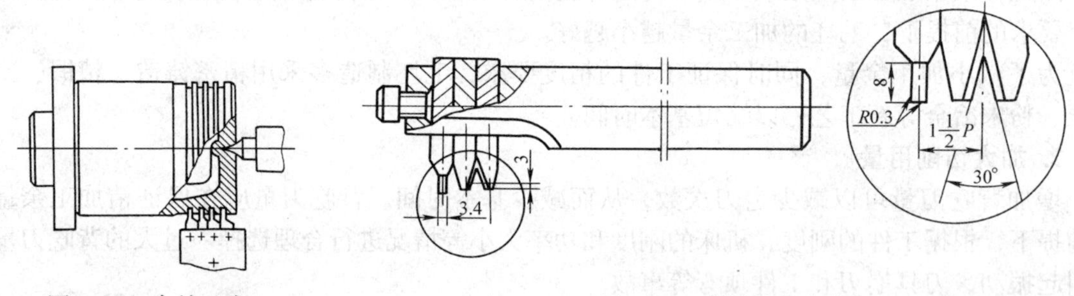

图 7–31　合并工步

图 7–32　内螺纹组合车刀

三、缩短辅助时间的方法

在基本时间减少后，辅助时间在单位时间中所占的比例越来越高（达 55% ~ 75%），如不减少辅助时间，提高生产率就不会产生明显的效果。缩短辅助时间的方法有：采用先进高效夹具以缩短工件的装卸、找正时间；采用各种快换刀夹、自动换刀装置以节省刀具装卸、刃磨、对刀的时间；采用限位装置，缩短测量时间等。

1. 缩短工件装卸时间

在大批量生产中，采用液压、气动、气液联动夹具，不仅可以大大减少装卸工件的时间，还可以减轻工人的劳动强度；在批量不大时，可采用成组夹具或组合夹具；单件小批量生产则多采用通用夹具等。

车削加工成批工件时，常采用简单方便的简易夹具和多件装夹加工方法，来减少工件的装卸、找正和夹紧等辅助时间，如图 7–33 所示的蜗杆多件加工。当工件有孔且长度较短时，可采用这种方法提高劳动生产率。

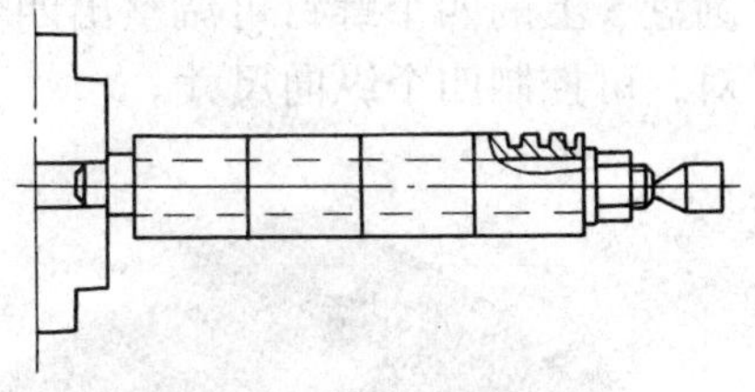
图 7–33　蜗杆多件加工

2. 减少回转刀架及装夹车刀的时间

当加工完一个表面后，往往要转换刀架或更换刀具等。为了减少刀具的装卸、刃磨、调整等所用的时间，可采用各种快换刀夹或自动换刀装置。快换刀夹须预先对好刀，使用时整体更换，很快就能投入使用，磨损的刀具则由专人去刃磨和调整，这样，可使机床得到充分利用，缩短了辅助时间。

为了减少回转刀架及调换车刀的时间，车床上可采用多刃车刀。图 7–34 所示是车外圆和切退刀槽的多刃车刀，它将外圆车刀和退刀槽车刀合并在一起，外圆车到长度后，就横向切槽，减少了转换刀架和进退刀等辅助时间。图 7–35 所示是用多刃车刀加工齿轮坯的情况，该车刀可依次车外圆、端面、外圆倒角，车内孔、内圆倒角等。

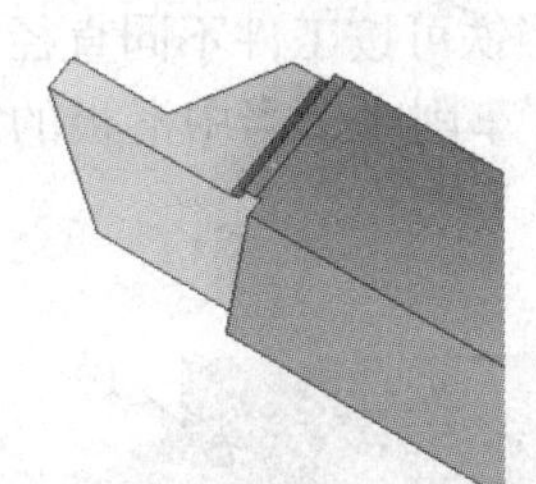
图 7–34　车外圆与切退刀槽多刃车刀

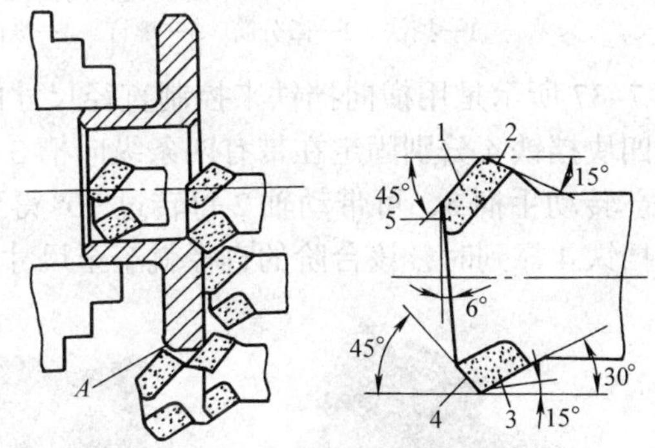

图 7–35　齿轮毛坯加工用多刃车刀

1—用于车外圆、车端面、车端面外倒角　2—用于对 *A* 处倒角
3—用于由内向外车内孔　4—用于由外向内车内孔及内孔倒角

3. 缩短工件的测量时间

在机床上加工工件，一般用试切法来控制尺寸，往往需要经过多次测量和调整，才能获得工件所要求的尺寸、形状及位置精度，测量时间在辅助时间内占了很大的比例。因此，减少测量工件的时间，可提高生产效率。

目前，在各类机床上已开始配备和应用数字显示自动测量装置。这种装置能够显示刀具在切削过程中的位移量，减少了停机测量时间。在成批生产中，利用反馈控制，自动调整工作参数，直到加工尺寸达到图样要求，从而大大缩短了测量时间。

在卧式车床上加工成批零件时，用刻度盘控制往往不够快捷，常采用定位块和挡铁来控制工件的尺寸，即在适当的位置上安装定位块和挡铁，以限制刀具与工件的相对位置。当定位块与挡铁相接触时，表明工件已加工到尺寸。

在车床上用纵向挡铁控制工件的长度尺寸时，定位块装在车床的床鞍上，挡铁装在车床的导轨上。图 7–36a 所示是带微分筒的纵向挡铁。转动挡铁上的微分筒，可以对挡铁顶部的位置进行微量调节，提高尺寸控制精度。图 7–36b 所示是具有四个纵向定位的挡铁装置，圆盘 5 上的四个螺钉可调整出四个定位长度，通过转动圆盘 5，用不同的螺钉与限位挡铁相对，可控制四个纵向尺寸。

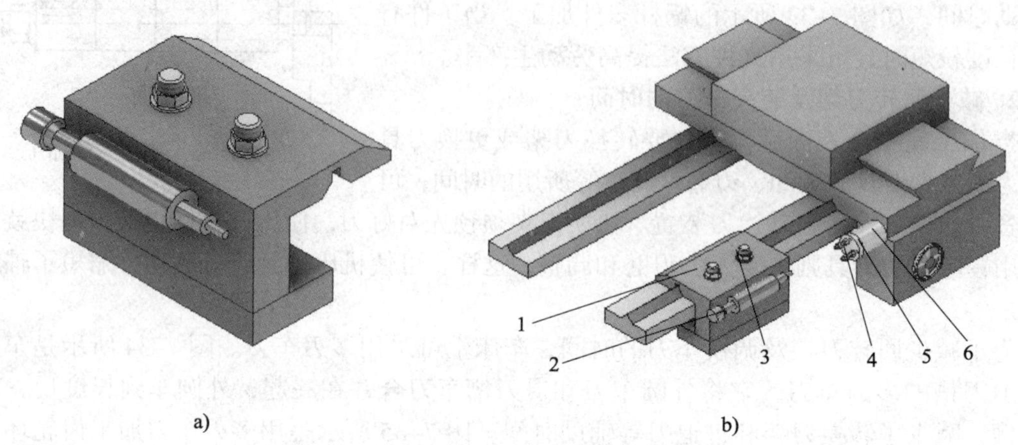

图 7–36　带微分筒的挡铁

a）带微分筒的纵向挡铁　b）四位纵向挡铁

1—挡铁　2—微分筒　3—螺钉　4—纵向定位挡铁　5—圆盘　6—固定座

图 7–37 所示是用横向挡铁来控制直径尺寸的装置。定位块 1 用螺钉紧固在中滑板的侧壁上。四块挡铁 4 分别固定在带有四条纵向槽 3 的轴 2 上，这些挡铁可按工件不同直径预先调整好。转动手柄 5，可带动轴 2 每转过 90° 得到一个限位位置。车削时，当中滑板的定位块 1 与挡铁 4 靠到时，该台阶的直径就车至尺寸了。

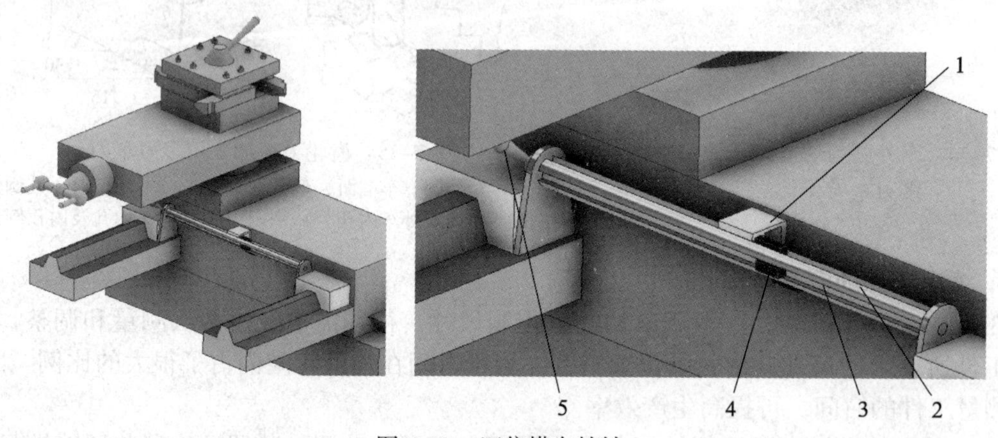

图 7–37　四位横向挡铁

1—定位块　2—轴　3—纵向槽　4—挡铁　5—手柄

四、用先进设备和工艺以提高劳动生产率

1. 尾座四头钻装置

卧式车床的尾座上，一般只能装夹一把刀具，若要完成两个以上工步（钻、扩、铰或攻螺纹等），就要相应地更换刀具，增加辅助时间和劳动强度。

如图 7–38 所示为尾座四头钻装置，这一装置可以装夹四种刀具，可依次完成四个工步。换刀时只需将刀具转位即可，先拔出定位销 1，转动圆盘 2 到所要求的位置，将定位销插入另一定位孔中，实现换刀。

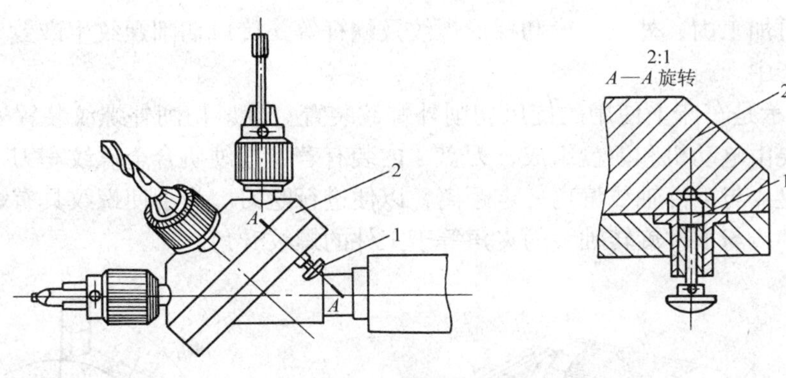

图 7-38　尾座四头钻装置

1—定位销　2—圆盘

2. 高速切削螺纹的自动退刀架

高速切削螺纹是一种提高螺纹车削效率的有效方法。在高速切削螺纹时，尤其在高速车削具有台阶的螺纹时，由于车床主轴转速高，要求在几十分之一秒的时间内把车刀退出工件，这一操作使工人精神上十分紧张，稍有不慎就会造成工件和机床的损坏。

如图 7-39 所示是高速车螺纹自动退刀装置。刀架体 4 装夹在原方刀架位置上，刀架体中具有纵、横两个圆柱孔，内部装有刀杆 2 和具有缺口的挡杆 5，刀杆后面有一根强力弹簧 7。车削前，先调整好挡块 12 在床身上的位置，使车刀 1 在所需的位置退出。

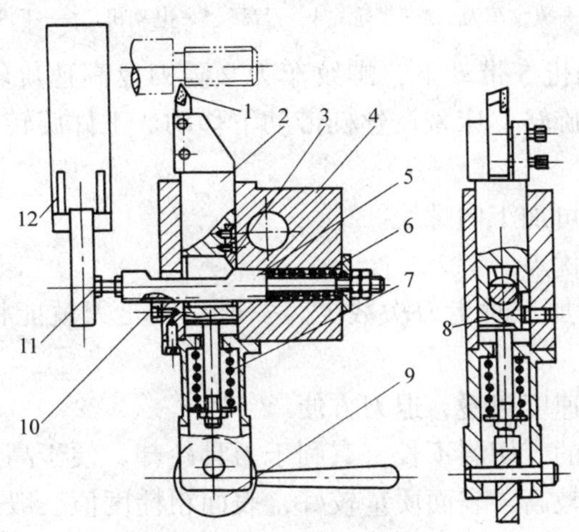

图 7-39　高速车螺纹自动退刀装置

1—车刀　2—刀杆　3—触片　4—刀架体　5—挡杆　6、7—弹簧　8—刀杆防转销

9—偏心手柄　10—挡杆防转块　11—螺钉头　12—挡块

车螺纹时，车刀将要碰到工件的台阶时，螺钉头 11 先碰到挡块 12 上，把挡杆 5 向右压入，连接在刀杆上的触片 3 在弹簧 7 的作用下，使刀杆迅速落入挡杆 5 的缺口中，车刀高速向后退出。

车第二刀前，只需扳动偏心手柄 9，把刀杆向前推出，挡杆 5 在弹簧 6 的作用下伸出，车刀恢复到退刀前的位置。

3. 旋风切削螺纹

旋风切削螺纹是一种特殊的高速切削螺纹的方法，它能在一次走刀中把螺纹切削成形，这种切削方法可加工内、外三角形和梯形螺纹及蜗杆等。旋风切削螺纹生产效率高，适用于批量较大的生产中。

图 7–40 所示是车床上使用的旋风切削外螺纹装置。旋风切削外螺纹装置安装在车床的床鞍上，它主要由电动机和刀盘组成，刀盘 4 内装有若干把硬质合金螺纹车刀。工件 6 由卡盘 7 装夹，刀盘 4 与工件轴线偏离一定距离，以便进行吃刀。为了使螺纹具有螺纹升角，应使刀具的旋转轴线与工件旋转轴线的夹角等于工件的螺纹升角。

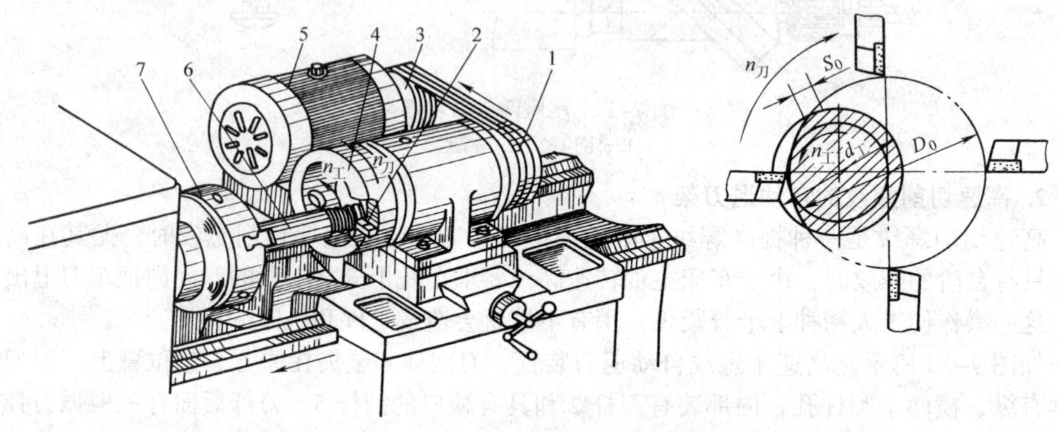

图 7–40 旋风切削外螺纹装置

1—V 带 2—螺纹车刀 3—带轮 4—刀盘 5—电动机 6—工件 7—卡盘

切削螺纹时，在电动机 5 带动下，螺纹车刀 2 随刀盘高速旋转，形成主切削运动；工件在车床主轴带动下低速旋转；床鞍在丝杠带动下移动。工件旋转方向与刀盘旋向相反时为顺切法，反之为逆切法。

卸下刀盘，装上刀杆可加工内螺纹。

旋风切削螺纹有以下优点。

（1）采用多刀切削，加工时走刀次数少。一般一次走刀就能将所需加工的螺纹切削成形，生产效率高。

（2）切削时轴向进给速度很慢，退刀方便。

（3）切削是断续进行的，切屑不长，有利于刀具冷却，便于高速切削。

（4）加工的螺纹精度较高，表面质量较好，表面粗糙度值一般可达 $Ra1.6$ μm 以下。

§7–6 典型零件切削工艺分析

一、轴类零件的加工

轴类零件的表面一般由圆柱面、端面组成，为了传递转矩，在轴上往往开有键槽。轴类零件的主要加工内容有车削和磨削，其次是铣键槽和钻孔。

以图 7–41 所示内圆磨具接长轴的加工为例，说明在单件小批量生产中，轴类零件的一般加工方法。

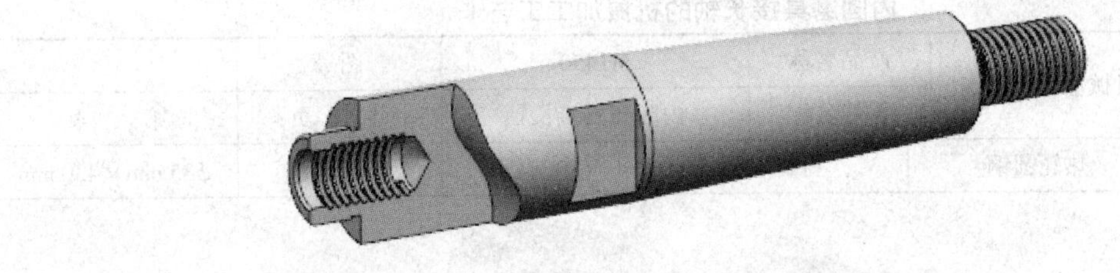

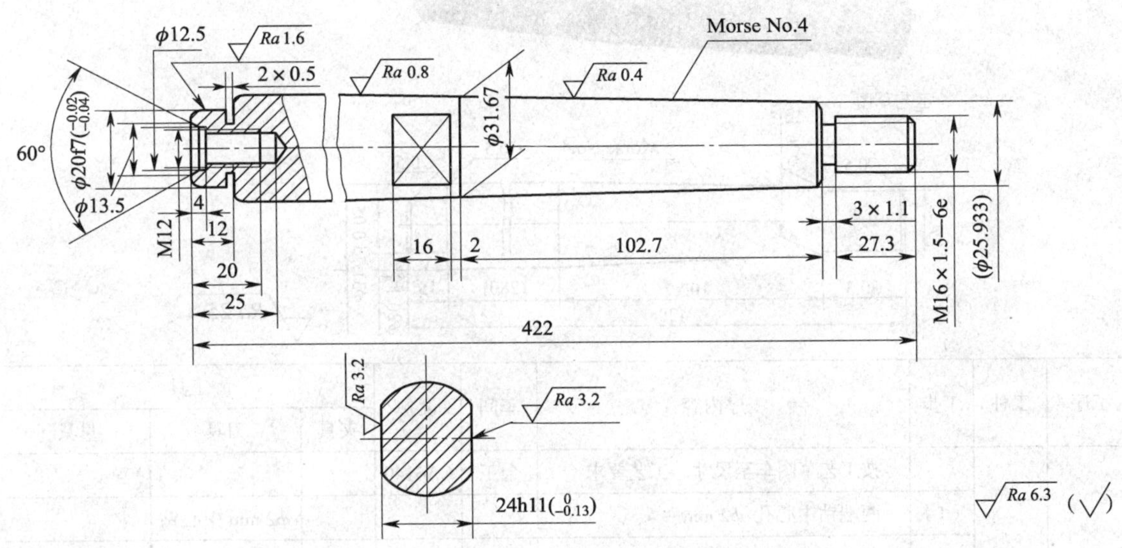

图 7–41　内圆磨具接长轴

该零件为低碳钢渗碳件，每批生产 50 件，其精度要求高。M12 及 M16 × 1.5—6e 螺纹和中心孔不需淬硬，工艺分析如下。

1. 接长轴用低碳钢 20Cr 渗碳淬硬。工件上不需渗碳的部分有螺纹、中心孔等，表面上必须留 2.5 ~ 3 mm 的去碳层。

2. 螺纹部分淬火后，在车床上将无法加工。如果先车好螺纹后再淬火，会使螺纹产生变形。因此，螺纹一般不允许淬硬，并且在工件螺纹部分的直径和长度上必须留去碳层。对于内螺纹，在孔口也应留出 3 mm 的去碳层。

3. 渗碳轴加工工艺比较复杂，粗加工工序一般比较集中，最好绘制工艺草图。

4. 为保证中心孔的精度，工件中心孔也不允许淬硬。因此，毛坯总长应适当放长。

5. 为保证工件外圆的磨削精度，热处理以后，必须安排研磨中心孔工序。

6. 为消除磨削应力，在粗磨后必须安排低温时效工序。

7. 为保证加工的高精度要求，首先必须保证基准面的高精度和很小的表面粗糙度值。因此，磨削外圆前，必须研磨中心孔。另外，粗磨、半精磨、精磨工序应分开进行，并且把精磨安排在高精度磨床上进行。

8. 磨削时，为了保证工件轴向位置不变，一批工件的中心孔深度应相等，磨削高精度圆锥面时更应注意。

内圆磨具接长轴的机械加工工艺卡见表 7–6。

表 7–6　　　　内圆磨具接长轴的机械加工工艺卡

厂名	机械加工工艺卡	产品名称	M1450	图号	
		零件名称	内圆磨具接长轴	共　页	第　页
材料种类	热轧圆钢	材料成分	20Cr 钢	毛坯尺寸	ϕ35 mm × 430 mm

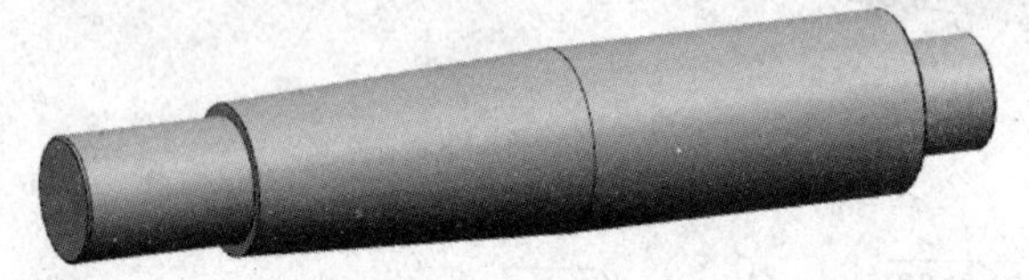

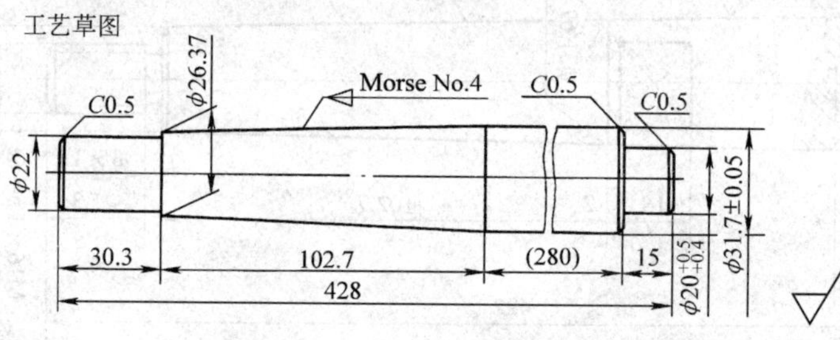

工序	工种	工步	工序内容	车间	设备	工具		
						夹具	刀具	量具
1	车		按工艺草图车至尺寸、工艺要求	金工	CA6140			
		(1)	两端钻中心孔 ϕ2 mm				ϕ2 mm 中心钻	
		(2)	莫氏 4 号锥度涂色检验，接触面大于 50%					莫氏 4 号锥度套规
		(3)	各级外圆同轴度误差小于（等于）0.1 mm					
			检查					
2	热处理		渗碳	热处理				
			检验					
3	车		去碳	金工	CA6140			
			一端夹住，一端搭中心架					
		(1)	车长 30.3 mm 至 27.3 mm，修整中心孔				ϕ3 mm 中心钻	
		(2)	掉头，车长度 422 mm 至尺寸					
		(3)	钻孔 ϕ10.2 mm 深 25 mm				ϕ10.2 mm 钻头	
		(4)	锪平 ϕ12. 5 mm × 4 mm				ϕ12.5 mm 锪钻	
		(5)	锪 60° 中心孔至 ϕ13.5 mm				60° 锪钻	

续表

工序	工种	工步	工序内容	车间	设备	工具		
						夹具	刀具	量具
3	车		一端夹住，一端顶住					
		（6）	车 $\phi20f7$ 外圆至 $\phi20_{+0.3}^{+0.4}$ mm					
		（7）	车 M16×1.5 螺纹外圆至 $\phi16_{+0.1}^{+0.2}$ mm，车退刀槽 3 mm×1.2 mm					
		（8）	倒角 $C1$ mm					
			检查					
4	铣		铣两平面 24h11 至 $24_{-0.13}^{0}$ mm	金工				
			检查					
5	热处理		淬硬至 59HRC	热处理				
			检查					
6	磨		安装在两顶尖之间	金工				
		（1）	磨 $\phi20f7$ 外圆至 $\phi20_{+0.15}^{+0.20}$ mm					
		（2）	磨 M16×1.5 螺纹外圆至 $\phi16_{-0.136}^{+0.067}$ mm（去硬层）					
		（3）	磨 $\phi31.7$ mm 外圆至 $\phi31.7_{+0.15}^{+0.20}$ mm					
		（4）	磨莫氏 4 号锥度留精磨余量 0.15 ~ 0.2 mm，用涂色检查接触面大于 60%					莫氏 4 号锥度套规
			检查					
7	热处理		低温时效处理（烘），消除内应力	热处理				
			检查					
8	车		一端夹住，一端搭中心架	金工				
		（1）	攻 M12 深 16 mm 至尺寸					
		（2）	车 M16×1.5 至尺寸					M16×1.5 螺纹环规
			检查					
9	研		研磨两端中心孔	金工				
10	磨		安装在两顶尖之间					
		（1）	磨 $\phi31.67$ mm 外圆至尺寸					
		（2）	磨莫氏 4 号锥度至尺寸，用涂色检查接触面大于 70%					莫氏 4 号锥度套规
		（3）	磨外圆 $\phi20f7$ 外圆至尺寸					
			检查					
11	普		清理内外螺纹，清洗，涂防锈油					

二、轴承座的加工工艺分析

轴承座是非回转体零件，这类零件的主要表面为平面或孔，通常在铣床、刨床、镗床或磨床上加工。

图 7–42 所示为一轴承座的零件图，工件数量为 6 件，材料为 HT200。

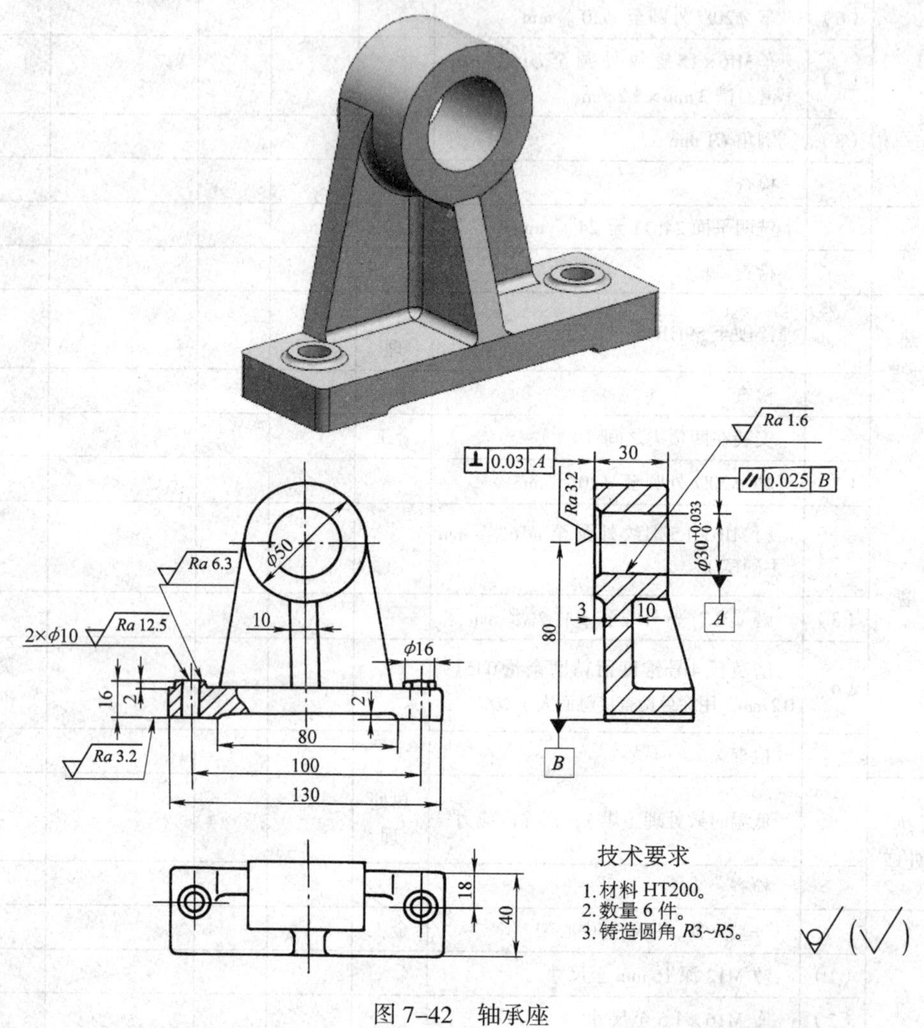

图 7–42　轴承座

1. 工艺分析

（1）由于工件较复杂，且形状不规则，故采用铸铁材料的铸件毛坯。

（2）轴承座的主要表面为 $\phi30^{+0.033}_{0}$ mm 支撑孔，它与底平面有平行度要求，并与后端面有垂直度要求。因此，加工前应以支撑孔的中心线为基准划线，按划线找正先加工出底面，然后以加工过的底面为精基准，加工支撑孔及后端面。

（3）该工件刚度较好，技术要求不高，加工时不必分粗、精加工两个阶段。

2. 加工方案

根据以上分析，该工件可采用以下两种加工方案。

（1）方案Ⅰ

1）铸造毛坯并时效处理。

2）划线。

3）刨底面。

4）钻 $2\times\phi10$ mm 螺栓孔及锪 $2\times\phi16$ mm 凸台。

5）在车床上以底面定位，钻、镗 $\phi30_{0}^{+0.033}$ mm 支撑孔到要求尺寸，并在这一次装夹中加工出孔的后端面。

6）检验。

（2）方案Ⅱ

1）铸造毛坯并时效处理。

2）划线。

3）铣底面。

4）在卧式铣床上以加工过的底面定位，钻、镗 $\phi30_{0}^{+0.033}$ mm 支撑孔到要求尺寸，并在这一次装夹中加工出孔的后端面。

5）钻 $2\times\phi10$ mm 螺栓孔及锪 $2\times\phi16$ mm 凸台。

6）检验。

方案Ⅰ中，支撑孔是在车床上加工的，加工时利用已加工好的螺栓孔，将工件固定在角铁上，通过调整角铁在花盘上的位置来保证尺寸。

方案Ⅱ中，支撑孔是在铣床上加工的。在卧式铣床上加工时，通过上升或下降工作台来调整支撑孔中心线与底面的距离，比车床调整方便，且可达到较高的尺寸精度。

此外，该工件仅加工 6 件，不必占用多台设备，因此，采用方案Ⅱ更为适宜。综上所述，加工该轴承座的机械加工工艺卡见表 7–7。

表 7–7　　轴承座的机械加工工艺卡

<table>
<tr><td colspan="3" rowspan="2">××厂</td><td rowspan="2">机械加工工艺卡</td><td>产品名称</td><td colspan="2"></td><td colspan="2">图　号</td><td></td></tr>
<tr><td>零件名称</td><td colspan="2">轴承座</td><td colspan="2">共　　页</td><td>第　　页</td></tr>
<tr><td colspan="3">材料种类</td><td>铸　铁</td><td>材料名称</td><td colspan="2">HT200</td><td colspan="2">毛坯尺寸</td><td>130 mm × 50 mm × 110 mm</td></tr>
<tr><td rowspan="2">工序</td><td rowspan="2">工种</td><td rowspan="2">工步</td><td colspan="2" rowspan="2">工序内容</td><td rowspan="2">车间</td><td rowspan="2">设备</td><td colspan="3">工　　具</td></tr>
<tr><td>夹具</td><td>刀具</td><td>量具</td></tr>
<tr><td>1</td><td>铸</td><td></td><td colspan="2">铸造毛坯</td><td></td><td></td><td></td><td></td><td></td></tr>
<tr><td>2</td><td>热处理</td><td></td><td colspan="2">时效</td><td></td><td></td><td></td><td></td><td></td></tr>
<tr><td>3</td><td>钳</td><td></td><td colspan="2">划线（划底面加工线、孔加工线）</td><td></td><td></td><td></td><td></td><td></td></tr>
<tr><td rowspan="4">4</td><td rowspan="4">铣</td><td></td><td colspan="2">铣底面</td><td></td><td>铣床</td><td></td><td></td><td></td></tr>
<tr><td></td><td colspan="2">钻 $\phi30$ mm 孔至 $\phi20$ mm</td><td></td><td>铣床</td><td></td><td>$\phi20$ mm 钻头</td><td></td></tr>
<tr><td></td><td colspan="2">镗 $\phi30$ mm 孔至尺寸要求</td><td></td><td>铣床</td><td></td><td></td><td></td></tr>
<tr><td></td><td colspan="2">铣后端面</td><td></td><td>铣床</td><td></td><td></td><td></td></tr>
<tr><td rowspan="2">5</td><td rowspan="2">钻</td><td></td><td colspan="2">钻 $2\times\phi10$ mm 孔</td><td></td><td>钻床</td><td></td><td></td><td></td></tr>
<tr><td></td><td colspan="2">锪 $2\times\phi16$ mm 凸台</td><td></td><td>钻床</td><td></td><td></td><td></td></tr>
<tr><td>6</td><td>检</td><td></td><td colspan="2">检验</td><td></td><td></td><td></td><td></td><td></td></tr>
</table>

习题

1. 什么是工艺？什么是生产过程？两者有何关系？

2. 生产过程有哪些组成部分？什么是工序？

3. 机械制造业中，一般有哪几种生产类型？不同生产类型各有何工艺特点？

4. 什么是经济加工精度？如何选择表面的加工方案？

5. 为什么加工过程要划分加工阶段？大致可分为哪些阶段？

6. 安排切削加工工序顺序主要有哪几项原则？

7. 定位基准包括哪两种基准？精基准和粗基准分别有哪些选择原则？

8. 什么是定位？什么是完全定位？什么是不完全定位？什么是过定位？什么是欠定位？

9. 什么是夹紧？夹紧有哪些基本要求？

10. 什么是工艺规程？制定工艺规程的步骤有哪些？

11. 工艺文件有哪些主要形式？各用于何种场合？

12. 什么是单位时间定额？它由哪几部分组成？

13. 缩短基本时间的方法主要有哪些？

14. 缩短辅助时间的方法主要有哪些？

15. 渗碳轴加工工艺有哪些特点？加工时常用什么作为定位基准？为什么？

16. 接长轴加工工艺中，为什么要研磨中心孔？

17. 加工轴承座时，常用什么作为定位基准？

18. 根据本校（厂）产品，编制中等复杂工件的机械加工工艺卡。